TRISTIA

PARIS

IMPRIMERIE DE L. TINTERLIN ET Ce

Rue Neuve-des-Bons-Enfants, 3

TRISTIA

HISTOIRE

DES MISÈRES ET DES FLÉAUX

DE LA CHASSE DE FRANCE

PAR

A. TOUSSENEL

Le lendemain du jour où la France aura congédié ses six cent mille soldats, le monde sera à elle...

PARIS

E. DENTU, ÉDITEUR

LIBRAIRE DE LA SOCIÉTÉ DES GENS DE LETTRES

GALERIE D'ORLÉANS, 13 ET 17, PALAIS-ROYAL

—

1863

AVERTISSEMENT AU LECTEUR

LE POURQUOI D'UN TITRE LATIN

Le Lièvre et la Perdrix s'en vont; la broche, la terrine
et les vins naturels aussi et les saines traditions de l'art...
Et les tristes années de chasse que traverse en ce moment la France nous rappellent involontairement le souvenir des vaches maigres qui jadis apparurent au roi
Pharaon dans un songe, avec cette différence que la pro-
longation de la situation actuelle ne laisse pas même
apercevoir aux franges les plus vaporeuses des lointains
horizons, le moindre signe qui annonce la venue du
règne des vaches grasses.

Ce livre est l'exposé fidèle des misères de cette situation. On y voit d'abord le tableau des disgrâces imméritées
de la Perdrix, de la Gelinotte et de la Bécassine, mises

en regard de la prospérité insolente et calamiteuse de l'Aspic. Puis l'histoire de la succession des diverses phases sociales par lesquelles il est nécessaire que l'humanité passe et le droit de chasse aussi. Puis le jeu de la série des sept fléaux limbiques, tournant sur leur double pivot. Le sujet plonge par ses racines aux plus obscures profondeurs des décombres du passé, et touche par sa cime à la sphère radieuse d'harmonie.

L'ouvrage est écrit spécialement en faveur du gibier français, et son but principal est de sauver de la destruction le peu qui nous en reste. L'auteur croit devoir cependant prévenir ses lecteurs que l'observation rigoureuse du tracé de son programme ne l'a pas détourné de résoudre en passant tous les grands problèmes religieux, politiques et autres que le courant de la discussion a fait arriver sous sa plume. C'est ainsi qu'il lui a paru complétement impossible de traiter sérieusement la question de la Bécassine, amie des marécages et ennemie-née de toutes les réformes, sans toucher un peu à celles-ci et aussi aux Marais-Pontins, domaine de l'Église. L'auteur, ne considérant pas comme une faute d'avoir cédé à ces entraînements, n'en demande pardon à personne... Pas plus que d'avoir écrit l'histoire universelle de la superstition dans les deux mondes, à propos des longs démêlés de la femme et du serpent... Pas plus que d'avoir été induit, par une étude approfondie des mœurs de la Vipère de l'Ouest, à présenter les faits de l'insurrection vendéenne et les hauts et les bas de la Révolution française, sous un jour tout à fait nouveau.

Reste à expliquer le pourquoi du titre lamentable et latin de ce livre aux personnes désireuses du succès de mon œuvre, mais que ce titre effraye.

Cette œuvre est une lamentation et une oraison funèbre... Voilà pourquoi je l'ai baptisée TRISTIA.

Tristia, c'est le nom de la muse d'Ovide, une muse encore plus en deuil que l'Élégie française, encore plus chargée de tropes sombres et de prosopopées; celle qui a pleuré en distiques si tendres les *amitiés dissoutes par les temps nébuleux* (tempora nubila). J'ai pensé naturellement que c'était à celle-là d'inspirer les récits des campagnes de chasse qui suivent les étés trop mous... Comme de peindre l'agonie des espèces victimes et leurs dernières stations sur la voie de la mort; et de coiffer d'une sainte auréole le front de toutes ces martyres de nos iniquités.

Et je n'ai pas cru pouvoir invoquer aussi bien la muse des Sept-Psaumes, ni celle de Jérémie, d'Isaïe ou de Job...; par la raison que toutes ces muses-là sont de race sémitique, et que les races sémitiques sont, au dire de M. Renan, professeur d'histoire religieuse, des engeances orgueilleuses, sanguinaires et vindicatives, qui se murent dans leur égoïsme et ne s'attendrissent que sur elles. Le fait est que jamais les Juges ni les Rois de ces races ne se servent du miracle que pour prolonger leurs tueries, et ne demandent la victoire que pour verser à flots le sang de l'ennemi et broyer la cervelle de ses petits enfants contre les piliers des temples. Or, ce n'est pas à ceux que l'odeur du sang chaud écœure et que les massacres d'innocents horripilent ; ce n'est pas à ceux-là de qui toutes les tendances sont à la paix universelle et à la charité, d'aller chercher l'inspiration chez la muse sémitique qui laisse si fréquemment déborder son lyrisme en imprécations furibondes et en malédictions.

Davantage n'ai-je eu confiance en celle de Bénigne, Aigle de Meaux et prince des orateurs funèbres, qui mit les gémissements de la tourterelle délaissée dans la bouche de son Église pour pousser pieusement à la révocation de l'Édit de Nantes et aux Dragonnades des Cévennes, le grand roi attendri.

Et pour toutes ces causes et de préférence à tous les autres titres, j'ai pris le nom de la muse latine qui gémit et ne maudit pas ; un titre harmonieux du reste, suave et mélancolique, et conforme surtout à mes tristes pensées.

Car mon sort est pire que celui de l'infortunée prophétesse Cassandre, qui vit venir de loin le malheur d'Ilion et ne put l'empêcher, faute du peu de foi de ses concitoyens qui avaient l'habitude d'attendre pour croire à ses menaces que l'événement les eût réalisées. Moi, je n'ai pas même eu cette misérable chance, et ma vie se passe à prédire des choses qui arrivent toujours, mais auxquelles personne ne veut croire, pas plus après qu'avant leur réalisation. Impénétrable et cruelle ironie de la fatalité qui refuse aux voyants l'autorité du verbe, après leur avoir accordé la perspicacité de la rétine!

Et ainsi le don de prévoir n'est pour moi que celui de présouffrir !

Or évidemment ce sort-là dépasse en désolation celui des plus illustres pleurards dont la poésie s'honore, comme l'Aloës de l'île Socotora dépasse en amertume la Chicorée, le Vermout et l'Absinthe. Et si le Roi-Psalmiste qui était un grand criminel eut le droit de se plaindre en son style sublime d'être devenu pareil à l'Onocrotale du désert et au Nictycorax, deux moules inconnus dont personne ne sait bien les motifs de tristesse...; à plus forte raison doit-il m'être permis à moi, innocent du meurtre d'Urie, de trouver dur d'avoir été fait comme le Coq de Bartavelle, autrefois le chef glorieux d'une vaillante tribu de colliers noirs, mais à qui l'oiseleur perfide a ravi successivement sa compagne chérie et tous ceux de sa race, et que cette perte irréparable condamne à fatiguer sans fin de sa réclame vaine les échos de la solitude.

Voir tout périr sans pouvoir rien sauver : trônes, gibier, beauté, libertés et le reste, et fatiguer vainement d'éternels cris d'alarme les consuls endormis, telle aura été, en effet, jusqu'à ma dernière heure, ma tâche douloureuse ici-bas. Celle de **M.** de Buffon fut moins ingrate, un obscurant de haut titre à manchettes, qui croyait aux lièvres *cornus*, et prenait la bosse du Chameau, comme celle du Bison, pour des créations de la malice humaine. Celui-là certainement n'entendit jamais plus à l'histoire du futur qu'à celle du passé, à l'histoire des bêtes plus qu'à celle des hommes; et ce n'est pas lui qui aurait annoncé, à vingt ans de distance, comme quelqu'un que je sais, le ralliement harmonique des ramiers des Tuileries et la splendeur écrasante d'Israël. Mais il eut en revanche l'autorité du verbe, l'éloquence creuse et sonore qui captive les masses ignorantes, et les masses ignorantes l'ont proclamé un génie lumineux. J'en appelle à tous les savants, aux Guitton, aux Verreaux, aux Geoffroy Saint-Hilaire, de la gloire usurpée de **M.** de Buffon !

Encore des paroles courageuses et superlativement inutiles contre l'iniquité, et qui passeront sans émouvoir la justice des contemporains, comme ont passé déjà mes autres paroles de sagesse, comme passeront bien plus inécoutées, hélas! les tristes prédictions de ce livre... Car voici ce qui est écrit :

C'est lorsque le gibier de France ne sera plus et que

le gibier d'outre-Rhin l'aura remplacé sur nos tables, et que l'esprit français aura gagné en pesanteur tout ce qu'il aura perdu en grâce et en légèreté... C'est alors, seulement alors, que le penseur sérieux comprendra la portée du célèbre aphorisme formulé par un de nos sages : *Dis-moi ce que tu manges, je te dirai qui tu es!*

C'est après que le tabac, ce narcotique stupéfiant qui tue l'âme et le corps, qui repousse le baiser et appelle la bière, aura refroidi tous les cœurs et obscurci tous les entendements. C'est alors, seulement alors, que le contribuable français qui paiera, mais ne chantera plus, connaîtra bien que les plus lourds impôts ne font pas le bonheur... Alors, que le monde consterné demandera avec anxiété aux analogistes passionnels le sens de l'énigme effroyable d'interversion universelle, proposée par une plante *qui fait respirer par la bouche et manger par le nez!*

C'est quand le rosbif cuit au four et l'impur pudding son complice, importés tous deux d'Albion, auront détrôné parmi nous le culte du rôti, du coulis et de la fondue. C'est après que le gin infect et le poivre de Cayenne auront déshonoré tous nos vins généreux, brûlé tous nos palais... C'est alors, seulement alors, que la France se mordra les doigts de l'énorme sottise qu'elle a faite d'accorder la libre pratique à la cuisine d'un peuple *qui n'eut jamais qu'une sauce pour vingt religions!!!*

C'est après que la taille du citoyen français aura décru d'un nouveau pouce, et que le niveau des caractères et celui des intelligences auront subi une dépression adéquate... C'est après que les derniers spécimens de la beauté parisienne, bien plus adorables cent fois que tous ceux de la Vénus grecque, auront disparu de ce monde où rien ne sera plus... C'est alors, seulement alors que les poëtes, les artistes et les amoureux atterrés aviseront pour la première fois les misères cachées sous la gloire, et les dangers d'une loi imprudente qui, en prélevant chaque année sur la fleur de la population masculine, un tribut de cent mille jouvenceaux pour en recruter la double armée du célibat, *réservait fatalement le monopole de la conservation de l'espèce aux vieux et aux paralytiques, aux notaires et aux écloppés!*

Et tout le monde en ce temps-là comprendra pour quelle cause ce livre a eu nom **TRISTIA!!!**

TRISTIA

ESPÈCES VICTIMES

1

LA BÉCASSINE

Super flumina Babylonis.

La Bécassine se meurt, la Bécassine est morte...
Les agronomes l'ont tuée !

Encore une victime du progrès! Encore une
étoile qui file !

Entendez-vous, là haut, dans le silence des nuits,
un bêlement plaintif, dont la note, fluette et timide
au début, s'enfle insensiblement à mesure qu'elle

approche du sol, puis finit par remplir l'espace, à l'instar des sons du tam-tam? Ce n'est pas la voix du chevreau, bien qu'on puisse s'y méprendre. Le chevreau ne vole pas ainsi que le pigeon et sommeille la nuit sur le sein de la mère. C'est le chant de la Bécassine, la Grande Persécutée, qui promène ses tristesses sur les eaux de nos fleuves, et bêle ses adieux aux quatre points cardinaux du ciel :

« Adieu mes tourbières du Nord et mes lacs salés du Midi, et mes marais de l'Est et mes plages limoneuses d'Aunis, d'Angoumois, de Saintonge! Adieu les étangs de la Brenne, de la Sologne et de la Dombes, chères et brumeuses contrées que peuplent les visages pâles! Adieu les pâtis communaux et les flaques d'eau des brandes, stations si secourables et si hospitalières aux Sarcelles attardées, aux Chevaliers errants! Adieu douce patrie d'où le progrès m'exile! Adieu, France, mes amours, terre d'élection où fleurit la terrine, où croissent tous les lauriers pour parer toutes les gloires, le seul pays où l'art vous fasse un beau trépas! Pleurez, pleurez sur moi comme je pleure sur vous. Le drainage m'avait commencée, l'assainissement m'achève. » Elle dit et s'éloigne à tire d'ailes vers les Marais-Pontins, domaine de l'Église, asile toujours ouvert aux malheureux proscrits.

Et les plaintes de la désolée retentissent au cœur du chasseur de marais, où elles réveillent les regrets douloureux du passé et les soucis de l'avenir, d'un avenir prochain, sombre et désenchanté.

Car la guerre à la lande et la mise en valeur des terrains communaux, c'est la guerre à la bécassine, et la fin de la bécassine est celle de la gloire du chasseur de marais.

Il sait trop, en effet, que la bécassine, qui s'en va, ne s'en ira pas seule, et que son initiative décidera le départ de nombreux rémipèdes et de nombreux échassiers. Il sait que la Marouette et les Râles de France auront bientôt rejoint, dans le pays des mythes, le Grand Tétras, la Grande et la Petite Outarde, et le Pluvier Guignard, qui peuplaient autrefois les forêts et les steppes de sa noble patrie. Pourvu que l'implacable réforme ne s'avise pas de raser les ajoncs et les landes, demeures chères à la Perdrix Rouge, avant d'avoir assuré à celle-ci un refuge sortable en nos monts reboisés, sans quoi c'en serait fait du dernier honneur de nos plaines.

L'âme du chasseur de marais est triste jusqu'à la mort ; mais elle sera plus forte que sa douleur, et la voix de la bécassine qui s'adresse à son cœur n'empêchera pas celle de l'intérêt public d'arriver jusqu'à sa raison. Le chasseur de marais sait souffrir et se taire quand le bien du pays l'ordonne. Il courbera la tête sous la main de l'adversité, parce qu'il sait par l'histoire que le vent du progrès, de quelque part qu'il souffle, est mortel à la bécassine. Au besoin, il se souviendrait que le grand chasseur Hercule n'hésita pas lui-même à sacrifier les intérêts de la bécassine à ceux de l'humanité, quand il entreprit de dessécher le fameux marais de Lerne, si célèbre par son hydre.

Le chasseur de marais n'ignore pas qu'il aurait pu faire valoir, à l'encontre de l'assainissement de sa patrie, une foule de considérations respectables, et entre autres la nécessité de conserver les marais, *foyers de la fièvre nationale...* dans le triple intérêt de la cuisine française, de la médecine française et de la fabrication de la quinine, qui sont assurément des industries éminemment nationales; mais sa loyauté scrupuleuse a répugné à l'emploi de ces arguments vulgaires, dont il veut laisser le monopole aux avocats sans foie de la prohibition.

Pareil au cacique magnanime qui sait endurer la torture sans laisser parler sa souffrance, il s'irrite des lâches doléances de la filature nationale, à qui la moindre piqûre arrache des cris de paon, et il ne daigne pas même se retourner sur son gril pour demander : Et moi, suis-je donc sur des roses?

Et quand la prélature, rebelle à la réforme comme la filature, s'avise de pleurer sur Sion en phrases éloquentes, le chasseur de marais demeure insensible à ses larmes. Et quand elle menace le gouvernement de descendre dans les catacombes, il se borne à gémir de l'emploi vicieux de cette figure de rhétorique, souverainement intempestive aux jours d'indifférence religieuse où nous sommes, où il n'y a plus de catacombes d'abord, et où ensuite personne ne brûle de subir le martyre, pas plus que de l'infliger.

Encore moins s'est-il soucié de prendre son rang

de combat parmi les enrôlés de la coalition nouvelle que mènent les fils des croisés, unis sous l'étendard de la foi catholique aux plus illustres vétérans des luttes parlementaires d'après 1830; coalition renouvelée des beaux jours du Papa Doliban, où la Charte portait : *Le roi reçoit des balles et ne gouverne pas.* Coalition des pieux, des riches, des honnêtes, où Genève embrasse Rome, où l'éclectisme contrit demande son pardon à l'ultramontanisme... Coalition du goupillon, de la navette et de la béquille, dont le plus beau triomphe aura été d'offrir à l'art contemporain un superbe sujet de concours : Calvin ouvrant les portes de l'Académie française au bienheureux saint Dominique, moins papiste, moins Romain que lui !

Comme si l'on ne devrait pas prendre sa retraite d'âge et se tenir tranquille, quand on a déjà eu l'honneur d'avoir un gouvernement tué sous soi. Certes, Célestin Nanteuil a eu raison de dire : « Le vieux est l'ennemi du bien, » et moi, raison d'écrire : Le philosophe est un tartuffe qui prêche aux autres la nécessité de réprimer leurs passions, pour gagner de quoi entretenir les siennes.

Espérons que la postérité qui commence dès aujourd'hui pour le tireur de bécassines, lui tiendra compte de l'attitude héroïque qu'il a su conserver en ces temps difficiles. Espérons que cette sublime leçon de résignation chrétienne et de désintéressement patriotique donnée par un simple chasseur de marais aux professeurs d'histoire et de philosophie du présent, ne sera pas perdue pour ceux de l'avenir.

Mais, sérieusement parlant, objecte le fâcheux, cet acte de civisme du chasseur de marais qui accroche son fusil au clou pour laisser passer la justice du progrès, est-il aussi méritoire qu'on l'affirme?

— Plus méritoire, hélas! qu'on ne saurait le dire, car la chasse au marais a des séductions enivrantes, des charmes qui vous acoquinent, qui font qu'après elle rien n'est plus, et qu'y renoncer c'est déchoir. Aucune chasse ne stimule à un degré pareil l'enthousiasme ou la composite (double essor de l'âme et des sens). Aucune n'exige, comme elle, la double sûreté du coup d'œil et du pied, la passion de l'art unie à un tempérament de fer, le mépris de la fièvre et du rhume de cerveau, l'entente cordiale du chasseur et du chien. La bécassine est le pain des forts et le prix des habiles. Il y a de la chasse au faisan à celle de la bécassine, sous le rapport du mérite artistique, la même distance, à peu près, que de la chair du coureur à celle de l'échassier, sous le rapport de la délicatesse. Le tir de la bécassine est l'épreuve solennelle qui distribue les rangs parmi les chasseurs de haut titre. Je décerne, de mon autorité privée, le numéro 1 de la série, à M. le comte de Laroche T..., de Châtellerault, que j'ai rencontré cet automne sur les rives fleuries d'un étang de la Brenne, où je l'ai vu, de mes yeux, abattre quarante-neuf pièces en cinquante coups de fusil, quarante-neuf pièces dont trente-six bécassines. Il est difficile de faire mieux.

Du reste, la supériorité du titre caractériel du chasseur de marais n'a jamais fait question chez la gent chasseresse, chez les chiens encore moins. Le jour des trente-six bécassines, le chien du gentilhomme poitevin, un pointer noir, crotté jusqu'aux sourcils, mais portant haut l'oreille, refusa fièrement de saluer nos braques, qu'il traita de chiens de boucher, à cause du sang de lièvre dont leurs robes étaient rouges. Le propos était dur, mais non immérité, et la bête étant dans son droit, nous la laissâmes dire. Malheureusement, ma chienne, qui était une très-grande dame de la race Dupuis, n'accepta pas aussi philosophiquement la leçon et l'outrage, et oncques depuis ne voulut rapporter que la bécassine. Encore une, celle-là, qui ne mordait pas volontiers aux réformes et qui abominait les chemins de fer, et qui ne demandait pas mieux que de s'en aller aussi vers les Marais-Pontins.

La nature elle-même a marqué le parfait tireur de bécassines d'un signe particulier au visage, pour qu'on le reconnût, et tous les jours on entend dire, dans le monde, de quelqu'un qui n'a pas le regard expressif, qu'il n'a pas une figure à tuer des bécassines.

Ainsi, les plus puissants de tous les mobiles animiques, le soin de sa dignité, l'intérêt de sa gloire, retiennent le chasseur enchaîné au culte de la bécassine; et il est à elle tout entier, à elle corps et âme, quand chez lui le parfait tireur se double du gastrosophe de haut titre. Beaucoup d'exemples prouvent, en effet, que la chair de la bécassine participe de la vertu des plantes vénéneuses qu'employait l'enchanteresse Circé dans la composition de ses philtres, lesquels faisaient passer, à ceux qui en buvaient, l'envie des autres lieux.

Aux temps heureux de la foi et des grasses abbayes, l'Angleterre fut aussi une des demeures aimées du gibier de marais. Mais on sait que depuis trois siècles les ravages combinés de l'hérésie et de l'agriculture savante, ont empoisonné l'île sainte et réussi à en faire le pays le plus riche et le plus productif de l'Europe. Alors la bécassine, ennemie-née des réformes et fatiguée de reculer sans cesse devant les empiétements de la charrue, a fini par prendre son essor pour les contrées lointaines, sans esprit de retour, et naturellement ses fidèles l'ont accompagnée dans sa fuite.

Les trois quarts environ des bécassines d'Europe doivent le jour aux contrées marécageuses du Nord, Suède, Russie, Finlande, contrées émaillées de grands lacs comme leurs homologues du nouveau continent. Ces oiseaux voyageurs quittent leur patrie dès les premiers brouillards, pour descendre

aux plages heureuses que mouillent les flots tièdes
de la mer du Midi. Leurs deux grandes stations
d'hivernage s'appellent les Marismas du Guadal-
quivir, en Espagne; les Marais-Pontins d'Italie.

Ce qui est cause que ces terres d'élection de la
bécassine sont envahies chaque année, vers l'arrière-saison, par une émigration considérable de
chasseurs britanniques taillés tous sur le même
patron, longs, secs, droits, tout d'une pièce, au
demeurant les meilleurs fusils du monde et dignes
de porter l'étendard de la corporation de Saint-
Hubert. C'est l'amour de la bécassine en mode composé qui les arrache tous les ans aux délices du *at
home*, et les fait passer hardiment par dessus les
craintes vulgaires du buffle, du taureau sauvage et
de la malaria, trois obstacles redoutés que la nature semblait avoir placés en avant des lieux saints
pour en défendre l'accès aux chasseurs infidèles.
Pauvre défense, hélas! depuis que ces damnés hérétiques ont découvert que le véritable spécifique
de la fièvre paludéenne n'était pas le sulfate de quinine, comme on l'avait pensé jusqu'à ce jour, mais
bien le salmis de bécassines, convenablement ar-

rosé de bordeaux très-ancien. Il paraît que la Providence, de tout temps propice au chasseur, avait placé le remède à côté du mal même. La chasse est la mère des arts et le premier des fruits de l'Arbre de Science.

Ce n'est pas en Espagne ni en Italie, mais en France, dans nos maigres marais, que j'ai eu occasion d'étudier le tireur de bécassines d'Albion, et d'apprécier ses hautes et puissantes facultés morales et stomacales. Les marais de la France, en raison de la position centrale de cette terre, ont été très-longtemps les stations obligées de repos des bécassines du Nord, dans leurs migrations semestrielles vers le Sud et retour. Il est, vers les confins du Berry et de la Touraine, une contrée ignorée qui s'appelle la Brenne, du nom de son illustrateur Brennus, et qui fut autrefois le rendez-vous favori des bandes voyageuses, aux deux époques de la *descente* et de la *remontaison.*

La Brenne est le canton de France le mieux fourni de gibier de toute sorte, les chasses de la couronne et celles de M. de Gâville exceptées. Le cerf, le sanglier, le chevreuil et le loup n'y sont pas inconnus ; la grande outarde et le cygne y abordent par les grands hivers ; le lièvre s'y vend encore 1 franc, 1 franc 50, la perdrix rouge 75 centimes, la bécasse guère plus ; mais c'est le gibier d'eau et celui de marais surtout qu'on y rencontre en plus grande abondance, et qui donne au pays son titre cynégétique spécial.

La Brenne est un plateau sablonneux dont la superficie mesure quarante mille hectares tout au plus, moitié eau, moitié terre. Contemplé du haut d'un ballon, il présente à l'observateur l'image d'un chapelet d'étangs égrenés parmi les bruyères et les ajoncs fleuris, un spectacle enchanteur pour les yeux du chasseur artiste. Une réunion de circonstances heureuses, l'absence des grandes voies de communication, l'éloignement des grands centres et des chemins de fer, une réputation d'insalubrité mal fondée, mais bien établie, avaient réussi jusqu'à ce jour à maintenir cette contrée privilégiée à l'état de désert... un désert adorable comblé de tous les dons de la terre et du ciel, où se plaisait la tortue d'eau douce, où les cailles demeuraient l'hiver., où les domaines de cinq cents hectares s'affermaient 6,000 francs et se vendaient 120,000 francs [1].

Mais voici que la fin de ces beaux jours approche; voici venir la réforme qui réclame sa proie; je l'aperçois qui s'avance, la pioche et le niveau d'eau à la main, pour saigner le pays aux quatre veines, sous prétexte de l'assainir. Ah! laissez-moi pleurer sur les folies du siècle, qui rêve d'améliorer les domaines de la bécassine en y plantant des choux! Laissez-moi m'attendrir sur les gloires perdues de ce dernier de mes paradis de chasse, et prendre sa portraiture à son heure suprême, pour la transmettre pieusement aux chasseurs de la génération qui va suivre, et qui demain chercheront sa trace aux lieux où il était et ne la trouveront pas! Échos de Saint-Cyran, du Blizon, de Cherrine, qui avez retenti tant de fois de la détonation de mon arme, répétez aux châtelaines hospitalières de vos nobles manoirs mes adieux désolés!

Car c'était là que l'appréciation judicieuse d'une foule d'avantages locaux, aidée de destins peu pros-

[1] Historique : le domaine du Loup, près Mézières, acheté par M. Duval en octobre 1859.

pères, m'avait déterminé à déployer ma tente sur le tard de ma vie. C'était là qu'il m'eût été doux de me coucher pour mourir ; là que la passion commune de la perdrix rouge et de la bécassine m'avait fait de nombreuses et vives amitiés. Et le caractère menaçant du programme de la réforme agricole ne me permet plus de me faire illusion sur la durée de mon dernier bonheur. La Brenne n'est déjà plus, au moment où je parle, que l'ombre d'elle-même. Déjà l'ingénieur de l'État a dessiné les plans de l'assainissement général et entamé le creusement de ses canaux collecteurs, et aucun obstacle ne s'oppose à ce qu'il change en quelques campagnes la face du pays. Le projet ministériel le dit en termes positifs : le curage des cours d'eau de la Brenne est presque entièrement terminé.

C'est que les marécages de la Brenne ne sont pas, comme les Marais-Pontins, d'institution divine, mais bien de création humaine, et que l'homme peut toujours détruire ce que l'homme a créé.

Je veux dire que ce plateau sablonneux était couvert, dans l'origine, d'une sombre forêt, comme beaucoup d'autres localités de la Gaule, et que la conversion du bocage en marais ne remonte pas plus haut que l'expédition de Brennus, qui prit Rome et qui la saccagea, il y a deux mille deux cents ans. L'histoire rapporte que le pays s'étant trouvé fort dépeuplé à la suite de cette expédition qui avait emporté tous les mâles, ceux qui restaient se virent réduits, pour vivre, à convertir leurs forêts en étangs, et à se livrer à la pisciculture, qui est de toutes les industries agricoles celle qui exige le moins de bras et de travail humain. Ce serait alors, seulement, que les eaux du plateau auraient été emprisonnées à tous les étages du sol, et que la face de la terre aurait appris à réfléter le ciel ; alors que les forêts de roseaux auraient remplacé celles de chènes, et convié tous les rémipèdes et toutes les bécassines des contrées ambiantes à élire domicile au sein de leurs massifs ou à se goberger sur leurs rives limoneuses. De façon que la Brenne, telle qu'elle se contient et comporte aujourd'hui, peut être assimilée à une vaste cuve munie d'un robinet qu'il n'y a qu'à tourner pour la vider à fond.

Si j'ai cru devoir fournir cette explication toute nouvelle des origines des étangs ci-dessus, où j'ai fait intervenir les noms de Brennus et de Rome, ce n'était pas pour étaler un vain luxe d'érudition pédantesque, comme on pourrait le croire, mais seulement pour prouver que ce n'est pas d'hier que la question de la bécassine se lie à la question romaine. Le projet d'assainissement du ministre de l'agriculture a cru devoir attribuer à la création des étangs de la Brenne une date un peu plus récente que celle que je lui ai assignée ; j'ai des raisons particulières pour ne pas chicaner son auteur sur ce terrain dangereux.

Du moment que la bécassine avait adopté le pays comme station de passage, on devait y voir des Anglais, de même qu'on y verra des Belges quand l'eau sera partie. C'est donc là qu'il m'a été donné d'admirer, dans la personne d'un enfant d'Albion, le sublime assemblage du parfait chasseur de marais et de l'homme juste d'Horace, *de l'homme juste et tenace à sa proposition, justum ac tenacem propositi virum.* Ce mortel, unique en son genre, avait fait vœu, en entrant dans la Brenne, de ne jamais tirer d'autre gibier que la bécassine. Il y a chassé vingt ans, et tiré vingt mille coups de fusil, sans faillir une seule fois à ses engagements, sans que jamais le canon de son arme ait menacé les jours d'une perdrix ou d'un lièvre. Si bien que ces espèces, instruites de ses mœurs, loin de fuir à son approche, accouraient sur ses pas ! Admirable tireur, du reste, et modeste à l'avenant, ne disant pas, *j'ai tué*, mais simplement *j'ai vu*, pour ne faire de peine à personne.

De pareils exemples de fidélité au serment sont rares dans toutes les histoires étrangères et même dans la nôtre ; mais je suis pleinement convaincu qu'il n'y a que la chasse au marais pour tremper de la sorte les âmes et les corps. On ne s'expliquerait même pas, sans cette vertu secrète des eaux bourbeuses, la raison qui porta jadis Thétis, mère d'Achille, à tremper son fils dans le Styx.

Voilà donc ce qui est : la réforme agricole va passer sur la bécassine de France et celle-ci ne sera plus ; la réforme agricole va tuer le chasseur de marais dans sa gloire et sa félicité et elle ne lui laisse déjà plus à opter qu'entre le suicide et l'exil. Et quand son malheur est complet, sa ruine irréparable, pas un murmure encore n'est sorti de ses lèvres et l'analogiste passionnel pleure seul sur son infortune.

Avais-je tort ou raison de préconiser tout à l'heure, en termes si élogieux, le silence méritoire du chasseur de marais, surtout dans ce temps où l'on voit tant de filateurs de coton et d'autres entrepreneurs d'industries soi-disant nationales, usurper le rôle de victimes et invectiver si bruyamment le libre-échange, pour quelques misérables millions qu'ils gagneront de moins.

Je les connais à fond les prétendues souffrances de ces prétendues industries nationales, et c'est parce que je les connais que je ne crains pas d'affirmer derechef que le chasseur de marais est la seule et unique victime intéressante des réformes de l'époque, la seule à qui les roues de la locomotive du progrès aient vraiment passé sur le corps. Et je vais le prouver.

Et d'abord, commençons par nous entendre sur la valeur de cette expression d'industrie nationale, dont les souteneurs de la prohibition abusent d'une façon si indigne. Qu'est-ce qu'une industrie nationale ?

Pour tous les gens sensés, une industrie nationale est celle qui est dans le caractère, dans les
goûts et les aptitudes naturelles d'une nation, et
aussi dans la productivité spéciale de son sol et de
son climat. L'industrie nationale est celle qui est
dans les dons d'une nation, celle que Dieu lui a
assignée par privilége notoire. Quelles sont, à ce
compte-là, les industries nationales de la France ?
Je réponds sans hésiter :

Puisque l'esprit, qui est la gaieté du bon sens, a
été départi à la nation française plus libéralement
qu'à toute autre, il est clair que cette nation a
été créée et mise au monde pour amuser les autres
et les tenir en joie. Et de fait, pour que la nation
française pût remplir convenablement sa mission de
récréatrice universelle, la nature a voulu que la
France fût la mère-patrie du vaudeville *qui conduit
par le chant*, de la femme spirituelle *qui conduit par
le charme*, et des vins généreux *où se noient les
soucis*. Auxquelles fins tous les travailleurs de ce
plaisant pays, apportent en naissant une attraction suprême pour l'industrie de luxe.

Donc l'industrie nationale de la France est celle

qui a pour objet exclusif la fabrication des articles raffinés de haut goût et de haut style, et aptes à faire aimer la vie, tels que vins féminins, vins masculins et neutres, volailles et pâtés, vaudevilles et romans, parfumerie, ébénisterie, toilette, etc. Et les seuls vrais produits de cette industrie privilégiée sont ceux qui portent le sceau de l'élégance et de la distinction comme marque de fabrique. Je le répète, la mission industrielle assignée par Dieu à la France, est d'être essentiellement *agréable* à l'humanité ; d'où il suit que l'industrie française ne peut être supérieure que dans les productions artistiques. Aussi voyons-nous qu'elle tire d'au delà de ses frontières tous les agents des fonctions inférieures, ses bottiers d'Allemagne, ses banquiers de Juda, de Bâle ou de Genève.

Maintenant il y a d'autres nations dont la fonction industrielle est de produire des objets de nécessité première et déplaisants, mais essentiellement *utiles*. Il y a des peuples d'agrément, comme le Français et l'Italien ; il y a des peuples de peine, comme l'Anglo-Saxon, l'Auvergnat et le Belge. La nature a été particulièrement désobligeante pour le natif de la Grande-Bretagne.

Premièrement, en lui refusant le soleil, elle l'a réduit à la fàcheuse obligation de remplacer l'astre du jour par le charbon de terre, qui sent mauvais et salit le linge, et elle l'a condamné par là au supplice éternel des mines. Ensuite, elle lui a mis au cœur, dès l'âge le plus tendre, une envie incessante et furieuse de s'en aller de son pays brumeux, qui n'est pas une patrie ; elle l'a pourvu de longues jambes dévorées d'une inquiétude perpétuelle, pour qu'il fût perpétuellement poussé à enjamber de nouvelles mers, à labourer de nouveaux sols, à tenter de nouvelles conquêtes. La race anglo-saxonne n'a pas été créée pour amuser le monde, mais pour le mettre sens dessus dessous, ce qui n'est pas la même chose. Il faut qu'elle soit toujours à guerroyer quelque part pour donner un aliment à son activité maladive ; c'est la grande entrepreneuse des déménagements de l'humanité. Les historiens qui ont reproché à la Grande-Bretagne la perfidie de sa politique et l'insatiabilité de ses convoitises, n'ont pas tenu assez de compte à la coupable des désagréments de son climat et des dispositions erratiques de ses indigènes. N'ayant pas le temps de plaider ces circonstances atténuantes de la politique britannique, je m'arrête et conclus que l'industrie nationale de l'Anglais consiste essentiellement dans l'extraction de la houille et du fer, dans la fabrication des machines qui abrégent le travail humain, et encore dans le dégrossissage des matières premières ; ce qui peut constituer une foule d'industries estimables, mais d'industries très-peu attrayantes et où l'art n'a que faire. J'ajoute que l'industriel anglo-saxon n'obtiendra jamais la supériorité que dans le domaine de la production *utile*, et qu'il s'exposera à des comparaisons dangereuses toutes les fois qu'il voudra sortir de sa spécialité. Cela est si vrai, que l'Angleterre, qui nourrit tant de bétail et qui récolte tant de grains, n'a jamais pu réaliser la farine *pour gâteau* ni la volaille *truffée!* Cela est si vrai que l'Angleterre, qui est si fertile en savants, n'a jamais pu enfanter un dessinateur sur étoffes ! C'est que la volaille superfine, le gâteau et le dessin appartiennent au domaine de l'art ou de *l'agréable*, dont la propriété a été dévolue presque exclusivement à la France.

Les rôles ainsi distribués par le suprême Ordonnateur des choses, il est évident que la France n'a qu'à demeurer dans le sien pour devenir, dans un temps donné, l'arbitre souverain des destinées du monde..... N'ayant à faire, pour cela, qu'à exercer loyalement sa fonction humanitaire de distributrice de charme et de plaisir.... Puisque le plaisir est l'article qui fait le plus besoin à tous les enrichis, et celui dont le débit est le plus avantageux et le plus assuré ; puisque l'on ne s'enrichit que pour acquérir les moyens de s'amuser. La France, qui a reçu du ciel le monopole de ce produit, est donc toujours en position de contraindre tous les peuples de la terre à lui payer tribut sans employer la force ni le canon rayé, qui sont des procédés barbares et bons pour des Anglais. Le plus grand de tous les malheurs, pour le genre humain et pour la France, est que la sagesse ait manqué jusqu'à ce jour aux conseils de cet État, et que pas un de ses gouvernements n'ait encore compris les vues de Dieu sur lui.

Si la France n'est pas la reine des nations, comme elle devrait l'être et comme elle le sera un jour, quoi qu'on fasse ou qu'on dise, la faute en est surtout au système financier qui régit ses relations commerciales et industrielles. Un système qui a nom le régime de la prohibition et de la protection, et qui a pour objet de protéger les industries non viables en tuant les viables.... Un système qu'on pourrait appeler celui de la politique à rebours ou en raison inverse du carré du bon sens.

J'ai quelquefois déploré le sort du porteur d'eau et du casseur de pierres ; je n'ai pas souvenance de l'avoir envié. Je comprends donc très-bien qu'une nation qui vit à l'air libre, à la douce clarté du soleil, plaigne le destin de celle que la fatalité condamne à vivre au fond des puits, dans la société de la houille. Je comprends que la France, qui rembourse grandement, avec un seul tonneau de bourgogne ou de champagne, récolté agréablement, *cent* tonneaux, *mille* tonneaux de produits britanniques arrachés très-péniblement des entrailles du sol, je conçois, dis-je, que la France, qui a eu la meilleure part, prenne en grande pitié la misère de sa pauvre voisine. Mais qu'elle se montre jalouse de cette misère-là et qu'elle veuille ravir à l'Angleterre ou à la Belgique le monopole de leurs industries déplaisantes, voilà ce qui me passe, voilà ce qui confond les puissances de mon intellect.

Si l'on venait vous dire que la fraîche Hébé aux blanches mains, déesse de la jeunesse et qui verse le nectar aux dieux, a renoncé spontanément à ses fonctions célestes et déserté l'Olympe pour s'établir marchande de ferraille ou de charbon, rue de Lappe, vous auriez quelque peine à croire à ce coup de tête déplorable. Cette folie-là, pourtant, ne serait que la répétition de celle que la France a commise en adoptant le système protecteur;... attendu que ce système absurde n'a guère eu d'autre effet que de lui imposer le troc de fonctions que je viens de décrire; troc dégradant et ridicule qui l'a déshonorée au dehors et ruinée au dedans.

L'application du système protecteur à la France serait le plus déplorable monument de la sottise gouvernementale humaine, si elle n'était autre chose, c'est-à-dire si elle n'était l'une des combinaisons les plus grandioses et les plus sataniques du génie de la contre-révolution. Écoutez! écoutez!

L'institution du régime prohibitif est l'œuvre de la Restauration. L'audace de la branche aînée l'a fondé, la couardise de la branche cadette l'a maintenu et consolidé. Le régime prohibitif a pour code la loi douanière de 1821-22, date célèbre dans l'histoire de la féodalité financière.

Cette prétendue loi de douane n'était, au fond, qu'une mesure politique, mais une mesure politique dont la confection eût fait honneur au génie de Machiavel. Elle a pris naissance dans le cerveau de M. de Villèle, le seul grand ministre de la Restauration. M. de Saint-Cricq s'en est fait l'éditeur responsable. Cette loi visait hardiment à la reconstitution de l'ancien ordre social détruit par la révolution de 89. Son but exclusif et secret était de réédifier l'ancienne aristocratie territoriale en la fortifiant de l'alliance des hauts barons du capital. Elle était le complément obligé ou plutôt le point de départ de toutes les lois réactionnaires de l'époque, lois de justice et d'amour, majorat, droit d'aînesse, double vote, sacrilége.

Le gouvernement de droit divin disait à ses amés et féaux serviteurs. par cette loi douanière :

« Je voudrais bien affranchir de l'impôt vos terres et vos industries par un acte de mon bon plaisir, et

vous rendre, ainsi faisant, vos immunités d'autrefois ; malheureusement la chose n'est pas possible,
parce que çà ferait crier, et parce qu'il est écrit en
tête de la Charte que tous les citoyens contribueront
aux charges de l'État, proportionnellement à leur
fortune... Mais j'ai trouvé un moyen judaïque et ingénieux de tourner l'obstacle, n'osant pas le briser,
et, s'il plaît à Dieu, j'arriverai à mon but sans vio-
ler trop outrageusement mes promesses. Ce moyen,
simple comme bonjour et perfide comme l'onde,
consiste à accorder une prime à tous les produits,
quels qu'ils soient, de la grande propriété et de la
grande industrie. Entendez et jugez :

« Vous, par exemple, les grands propriétaires
herbagers et les grands éleveurs de bétail, je proté-
gerai vos produits par une prime *indirecte* de 55 fr.
dont je vais frapper à l'entrée chaque tête de bétail
étranger. C'est absolument la même chose que si je
vous donnais cet argent de la main à la main,
comme si je vous accordais une prime *directe* de
50 francs pour chacun de vos élèves, puisque je vais
chasser les bœufs de l'Allemagne et de la Suisse du
marché *national*, dont vous aurez désormais l'appro-

visionnement exclusif et où vous ferez naturellement monter de 50 francs le prix de vos bestiaux.
De cette façon-là, je vous rembourserai de la gauche ce que je vous aurai pris de la droite ; je vous
restituerai par la prime *sur le produit*, l'impôt pré-
levé *sur le fond!* Que si, par hasard, le prix de la
viande *nationale* s'élevait démesurément, par suite
de la mesure, de manière à fournir à quelque mauvais plaisant l'occasion de s'exclamer, avec une
certaine apparence de raison, que la première condition d'une viande nationale devrait être d'être
abordable à la bourse et à l'estomac des consommateurs nationaux, dame! nous le laisserions dire ;
l'important est qu'il paie et que vous ne payiez pas.

« Entendez-vous, comprenez-vous, grands propriétaires herbagers? Comprenez-vous. grands propriétaires de forêts, grands charbonniers, grands
forgerons, grands sucriers?... J'assure désormais à
chacune de vos industries le monopole de l'appro-
visionnement du marché national. Je vous assure
à tous une part du gâteau de la prime, une part des
dépouilles opimes de la Révolution. Car cette prime
que je vais consacrer à la protection de vos *nobles*

industries, je la prélèverai naturellement sur l'impôt, c'est-à-dire sur le travail du petit producteur, du petit industriel, du petit vigneron, maudites engeances imbues des doctrines subversives du siècle et qu'il est opportun de punir. Et en procédant de la sorte, je force les enfants à rendre gorge des rapines de leurs pères, les pillards des biens nationaux... Entendez-vous, comprenez-vous?... et j'enchaîne le Satan de la Révolution, et j'abats l'insolent article de la Charte qui décrète l'égalité des fortunes devant l'impôt. Vous comprenez?... Suffit.

« Bien entendu que, pour donner le change au pays sur nos projets contre-révolutionnaires et pour en arriver à nos fins, il nous faudra user de déguisement et de ruse. C'est ainsi que nous nous poserons comme les défenseurs à outrance de l'intérêt *national,* et que nous nommerons notre système le système protecteur de l'industrie *nationale.* Il sera bien aussi de déclarer, dès le commencement, que le régime de la protection sera essentiellement provisoire et ne durera que le temps strictement nécessaire pour permettre à l'industrie française de parfaire son outillage et son éducation, et de se mettre en mesure de lutter avec l'étranger. Et peut-être qu'avec notre argent et le désir de bien faire, nous finirons par trouver des organes consciencieux de l'opinion publique, qui célébreront nos louanges et fermeront la bouche aux feuilles mal pensantes et aux économistes avec des phrases superbes sur la nécessité de protéger les producteurs français contre leurs rivaux d'outre-Manche, d'outre-Rhin. Nul ne sera Français hors nous et nos amis. Gardez-moi seulement le secret et soutenez-moi de votre influence et de vos suffrages, et je vous garantis la réussite de l'affaire; je connais mes libéraux de la finance et du coton, et mes économistes : ils n'y verront que du feu! »

Or, la Chambre des Députés, en ce temps-là, ne se composait guère que de grands propriétaires, à qui les dents étaient devenues longues pour avoir trop mâché à vide pendant l'émigration. Elle vota d'enthousiasme le projet protecteur; les libéraux et les économistes n'y virent que du feu; le principe de protection s'incrusta peu à peu dans nos mœurs, et voilà quarante ans que le provisoire dure. La monarchie du droit divin et la citoyenne ont péri, mais leurs œuvres sont restées. On évalue de nos jours encore, à un milliard, un milliard et demi, le chiffre de la prime annuelle d'encouragement que les hauts barons de l'industrie, dite nationale, prélèvent sur la bourse de leurs serfs, les malheureux consommateurs de France, en leur faisant payer le double de leur valeur la plupart des produits manufacturés qu'ils leur vendent : chemises, vêtements, outils, chauffage, et, par suite, le pain, le vin, le reste. Comptez le nombre de milliards que la prospérité de ce monde-là nous coûte.

Le système protecteur qui fut, dit-on, la guerre de l'estampille substituée à celle du canon, a eu ce résultat fâcheux pour la France, qu'il a déshabitué le monde de ses produits, attendu que l'Europe, à qui nous avions interdit l'accès de notre marché commercial, a bien été obligée d'user de représailles à notre égard. Il est encore arrivé, de là, que nos industries toutes faites ont été sacrifiées à nos industries à faire : c'est la soie et le meuble qui ont payé pour le coton et le lin ; c'est l'article Lyon et l'article Paris qui ont payé pour l'article Roubaix-Turcoing-Darnetal. C'est, comme je l'ai déjà dit plus haut, l'industrie vinicole, la plus française de toutes nos industries, qui a le plus souffert de la protection. On lui a fait cruellement expier ses tendances révolutionnaires, à ce malheureux Jean Raisin : on lui a mis à l'intérieur seize impôts sur le corps, en même temps qu'on lui interdisait de voyager à l'étranger. Du reste, Jean Raisin n'a pas volé la haine dont les tyrans l'honorent. Machiavel, à coup sûr, n'eût pas blâmé ceux-ci de chercher à restreindre la consommation d'un produit qui fait la langue libre et pousse à l'anarchie ; bien différent, sous ce rapport, de la bière et du gin, qui rendent les esclaves gouvernables. Les nez rouges ont sauvé la France révolutionnaire ; ses plus implacables ennemis ne l'ont pas oublié.

En revanche, pendant ce temps, il s'est fait dans les industries protégées des fortunes scandaleuses, la contrebande aidant. Car le premier soin de chaque industrie appelée au bénéfice de la protection, a été naturellement d'organiser sa contrebande spéciale, qui lui a mis chez elle, à la porte de son atelier et moyennant une misérable prime d'assurance de 5 à 6 0/0, toutes les matières premières prohibées ou taxées à l'entrée en France d'un tarif protecteur de 33 à 50 0/0. Qui de 33 paye 5, reste 28... le protégé a empoché le reste de la prime. Aussi la haute contrebande a-t-elle toujours occupé une haute position sociale et financière dans toutes les places industrielles de nos départements frontières. On cite un ministre des finances de la monarchie citoyenne, dont la fortune venait de là.

Il meurt de temps à autre en nos villes de fabrique d'Alsace, de Normandie, de Flandre, un pauvre filateur de coton, qui laisse en mourant, à ses hoirs, vingt millions, trente millions, quarante quelquefois. Le dernier s'est éteint dans la Seine-Inférieure, laissant trente-sept millions, dit-on, et des centimes. Le journal de la localité a publié sur la vie, sur les mœurs et le désintéressement du pauvre homme, des détails qui m'ont fait pleurer.

Cependant, de bons esprits ont fini par s'émouvoir de la fréquence de ces fortunes scandaleuses, et la question économique se pose aujourd'hui en ces termes : A savoir si la France n'a pas fait assez de sacrifices comme ça pour l'éducation de ses charbonniers, de ses forgerons et de ses filateurs, et s'il n'est pas grand temps que le provisoire cesse. Il y a de longues années, pour mon compte, que j'ai résolu cette question par l'affirmative; mais je n'ai pas été fâché de voir le gouvernement de mon pays adopter mon opinion. J'ai même besoin de confesser à ce sujet, dans la sincérité de ma conscience, que le gouvernement français actuel a pris maintes fois des mesures qui m'ont moins réjoui que celle-ci. Aucuns pensent que le traité de commerce avec la Grande-Bretagne, basé sur les principes du libre-échange, pourrait bien être le commencement de la fin de la féodalité industrielle. Les personnes qui m'ont fait l'honneur de lire *Les Juifs, rois de l'époque*, savent combien cet événement me trouvera résigné.

En attendant, il me serait excessivement pénible de voir la sensibilité publique se détourner du chasseur de marais, qui a droit de l'accaparer, pour s'égarer sur les héritiers bénéficiaires de la contre-révolution. Attendu que le chasseur de marais n'a jamais édifié de fortune scandaleuse, ni sur la contrebande ni sur la misère de quiconque, et que son éducation n'a coûté de milliards à personne. Le poëte persan a dit : « Défie-toi du bonnet de coton qui pleure, parce que ses larmes sont des larmes de crocodile et que sa bourse est une des trois choses qui ne sont jamais soûles. »

Je serais tenté de renchérir sur les conseils de la sagesse orientale, disant : Défiez-vous de ceux qui *implorent*, parce qu'ils n'osent plus *menacer*. Défiez-vous de toutes les institutions politiques, commerciales ou industrielles que vos ennemis de la contre-révolution ont fondées. Défiez-vous des industries inviables et paralytiques qui sont obligées, pour se tenir, de s'appuyer sur la contrebande et la protection. Défiez-vous des systèmes protecteurs qui ne protégent que les grands et ruinent les petits. Défiez-vous des industries nationales dont les intérêts les plus chers sont fatalement hostiles à ceux de la nation.

Si le lecteur curieux désirait quelques preuves de cet antagonisme fatal, on les lui trouverait sans peine dans l'histoire du temps présent.

Une fois que la Belgique, embarrassée de son indépendance, voulait se donner à nous, ce qui plaisait assez au parti national de France, les charbonniers d'Anzin intervinrent aux débats, et considérant que l'annexion des charbonnages belges, voisins de ceux du Nord, ferait un grand tort à ceux-ci, décidèrent, sans plus informer, que l'annexion n'aurait pas lieu, et elle ne se fit pas. *Charbonnier est maître chez lui.*

Je ne déplore pas ce résultat final, parce que je ne suis pas partisan de la réunion de la Belgique à la France pour des raisons d'ordre grammatical qu'il est parfaitement inutile de déduire. Je cite seulement le fait pour démontrer que l'esprit de nationalité, comme nous le comprenons, n'est pas généralement celui qui domine dans les conseils de la haute industrie.

Une autre fois qu'on parlait à la Chambre de réduire le tarif du bétail étranger (la chose se passait sous le règne de la bourgeoisie), un illustre guerrier, qui était en même temps un illustre éleveur, monta à la tribune pour dire que non-seulement la réduction du prix de la viande nationale serait une calamité publique, mais qu'il ne redouterait guère plus une nouvelle invasion de Cosaques qu'une invasion de bœufs allemands. La Chambre, intimidée par la puissance de cette argumentation nationale, se hâta d'enterrer la proposition incongrue. Par malheur l'expérience a prouvé, depuis ce temps-là, que l'excessive sensibilité de l'honorable général, à l'endroit de l'intérêt des herbagers nationaux, l'avait fait se tromper sur les conséquences de la réduction demandée. Un décret de 1853, je crois, a ramené le tarif de 55 francs à 3 francs, et le repos de la France n'a pas été ébranlé; le prix de la viande nationale n'a pas même diminué.

Qui veut trop prouver ne prouve rien. La comparaison de l'invasion du bétail étranger avec celle des Cosaques a porté un coup redoutable au système protecteur.

Vous remarquerez que c'est la haute compagnie de charbonniers ci-dessus qui a fourni les plus vaillants hommes d'État à la branche cadette, et notamment les pilotes habiles qui tenaient le gouvernail du navire au moment où il a sombré, sombré sous voiles et en plein calme... un sinistre dont il n'est pas sûr que l'histoire impartiale les acquitte honorablement.

Les mines d'Anzin ont eu longtemps pour principaux propriétaires, de puissants manipulateurs d'écus et de politique, ayant nom Thiers et Casimir Périer.

Reconnaissons, pour être juste envers tous, que les drapiers des Ardennes, les filateurs du Nord et les herbagers du Centre ont prêté un utile concours aux charbonniers d'Anzin et puissamment contribué à leur œuvre.

Pour être juste aussi envers les fabricants du sucre national, il convient de leur assigner une place d'honneur parmi les avocats terribles de la prohibition.

On sait que le sucre de betterave, né de l'état de guerre sous le premier Empire, est un sucre moral et philosophique, dont le moindre défaut est de faire des bonbons qui donnent la colique et des conserves qui ne sont pas de garde. La fabrication de cette denrée impolitique et malsaine a joui pendant un quart de siècle d'une immunité scandaleuse, au très-grand détriment des intérêts de la fortune publique et au très-grand mépris des termes du contrat synallagmatique passé entre la France et ses colonies des Antilles. On a calculé dans le temps que la prime accordée par la tolérance du pouvoir aux producteurs de la betterave à sucre, s'élevait à 720 francs environ par hectare. Les deux arrondissements de Lille et de Valenciennes étaient alors, comme aujourd'hui, les principaux chefs-lieux de cette production. Je regrette de n'avoir pas les moyens d'offrir une récompense honnête à l'auteur du meilleur Mémoire sur la question ci-après : Calculer par sous et deniers le nombre de millions que la prospérité de l'arrondissement de Valenciennes et celle des charbonnages d'Anzin ont coûtés depuis cinquante ans à la France.

Donc la culture de la betterave indigène était encouragée par une prime de 720 fr. par hectare, pendant que le sucre de canne des Antilles payait au trésor un impôt de 49 fr. 50 c. par cent kilogrammes. (Disons cinq sous par livre.)

Cependant, quand le gouvernement de la branche cadette, pressé par la nécessité, s'avisa de vouloir mettre un terme à cette immunité qui ruinait ses finances et parla d'imposer la racine indigène,

il s'éleva du camp des victimes un tel cri de ré-
probation contre l'audacieux projet, violateur de
toutes les lois divines et humaines, que les ministres intimidés reculèrent par deux fois devant cette
manifestation toute nationale. Et notez qu'il ne s'a-
gissait, dans le principe, que d'un tout petit impôt,
d'un impôt paternel qui ne devait s'élever que progressivement, pour arriver, avec le temps, à la pé-
réquation. Mais les intérêts menacés ne tiennent
jamais compte des chiffres, et il n'y eut qu'une
voix parmi les producteurs pour déclarer que leur
industrie n'était pas de force à porter la plus légère
taxe. La betterave robuste, qui prospère dans la
boue et méprise le froid des hivers les plus rudes,
la betterave hypocrite ne rougit pas de se donner tout à coup des airs de sensitive, une plante
qu'un rien fait tomber en faiblesse. M. Mathieu
de Dombasle, un homme des vieux jours, qui ché-
rissait la betterave, plante philosophique, de toute
la haine qu'il avait pour la vigne, plante sainte,
M. Mathieu de Dombasle publia dans *le Constitu-
tionnel* de 1837, un article où il était dit que
l'établissement de l'impôt sur le sucre indigène

empêcherait le défrichement des landes de la Bretagne !

Même, un fanatique s'écria que la betterave était inviolable et sacrée, et que la moindre atteinte à son inviolabilité devait être considérée non-seulement comme une profanation criminelle, mais comme une répudiation formelle de tous les souvenirs glorieux de l'Empire : Austerlitz, Wagram et le reste....

Or, le gouvernement passa outre à la profanation; l'impôt du sucre national fut voté; il s'est même progressivement élevé jusqu'au niveau de celui du sucre colonial, et voici ce qu'il est advenu de la mesure. La production annuelle du sucre de betterave, qui arrivait à peine à un misérable chiffre de huit à dix millions de kilogrammes, sous le régime de l'immunité absolue, a VINGTUPLÉ sous l'oppression de l'impôt de 49, 50, et s'élève aujourd'hui à cent quarante millions de kilogrammes, sans que le nombre des fabriques, qui était de trois cents environ en 1837, se soit sensiblement accru.

Résultat merveilleux sans doute et bien fait pour surprendre les imaginations trop crédules aux plaintes des victimes; mais résultat qui prouve de deux choses l'une — ou que les sucriers se trompaient de bonne foi, quand ils arguaient du faible tempérament de leur industrie pour repousser l'impôt, ce qui ne fait pas honneur à leur perspicacité, — ou qu'ils mentaient consciencieusement, ce qui ne fait pas honneur à leur moralité.

Maintenant, l'analogiste se demande avec un saint effroi ce que ces trois cents producteurs, qui gagnent honorablement leur vie sous le régime de l'impôt de 49 fr. 50 c. (réduit depuis à 25, puis reporté à 32), gagneraient aujourd'hui, si le gouvernement avait prêté l'oreille à leurs criailleries.

Calculons : une réduction de 49 fr. 50 c. pour cent kilogrammes (disons, de 50 c. par kilog.), cela fait une réduction de frais ou une augmentation de bénéfices de soixante millions de francs pour une production de cent vingt millions de kilogrammes seulement, et j'ai dit que la production s'était élevée à cent quarante. Or, la répartition entre les trois cents preneurs de ces soixante millions dérobés à l'impôt, eût donné à chacun un petit supplément de bénéfice de 200,000 fr. par année. C'est un joli denier.

Il est certain cependant que le tarif protecteur du coton a fait à ses protégés de plus brillants revenus ; car j'ai connu dans cette industrie-là, des mortels généreux qui se plaignaient que la mariée fût trop belle.

Pour en revenir à la betterave, il faut dire que l'analogiste est de tous ses ennemis naturels, celui qui l'a combattue le plus vaillamment dans le temps, et qui regrette encore aujourd'hui avec le plus d'amertume que les Chambres n'aient pas adopté le projet gouvernemental de 1837, qui proposait franchement la suppression de l'industrie indigène avec indemnité préalable et rachat. Mais pourquoi, me demandera-t-on, tant de haine contre une racine innocente ?

Innocente, la betterave... une racine impure qui se nourrit de préférence des sucs les plus infimes ! Comme je les reconnais bien là, les enfants de leurs pères ! Ah ! vous êtes curieux de savoir la raison de mes antipathies mortelles pour cette plante. Écoutez en ce cas, car l'analogie passionnelle, qui est la science des sciences, révèle quelquefois à ceux qui la consultent les secrets qu'ignore le profane. et l'analogiste n'avait pas eu besoin de regarder à deux fois dans le jus de la betterave, jus rougeâtre et douceâtre, de couleur fausse et de saveur morale, pour y découvrir le principe de toutes les passions mauvaises qui fermentaient secrètement dans le sein de la plante.

La dominante de ces passions mauvaises est, en effet, une ambition sans frein, caractérisée par la tendance à l'accaparement universel. (On sait que la couleur rouge, si chérie des barbares, est emblême d'ambition). Or, c'en était assez pour que l'analogiste prévît ce qui est arrivé, à savoir : que la betterave, plante des froids climats, qui ne peut donner que de faux sucre, ne se bornerait pas à substituer son produit déloyal au sucre franc de la canne; mais qu'une fois nantie du monopole de cette fourniture précieuse, elle aspirerait audacieusement à arracher à la vigne le monopole de la production du vin et de l'alcool, et qu'elle ne reculerait pas même devant la tentative insensée de remplacer le caféier pour la fourniture du moka...

Et, ce que l'analogiste avait prévu, il l'avait dit à tous, suivant son habitude de ne rien garder pour lui ; il l'avait crié sur les toits ; mais nul ne s'est ému de ses prévisions, et sa voix s'est perdue dans le désert, et l'usurpatrice insolente a poursuivi le cours de ses spoliations, couvrant la France de nouvelles turpitudes et de nouvelles misères, et traînant après elle les désordres et les dérangements de toute nature qui ruinent les constitutions des peuples les plus forts.

Voilà les raisons de cette haine que les ans n'ont pas attiédie : qu'on m'en trouve de plus sainte et de plus charitable.

Je crois en avoir assez dit par les exemples qui précèdent, pour démontrer qu'en aucun cas les monopoleurs privilégiés de la Restauration ne sauraient aspirer à occuper, dans la circonstance, une position de victime aussi intéressante que le chasseur de marais. Comme il n'y a pas de raison de supposer que les plaintes des autres victimes de la réduction des tarifs soient plus fondées que celles des herbagers, des charbonniers et des fabricants de sucre qui n'ont jamais manqué d'excellents avocats, je veux faire désormais semblant de ne pas les entendre. Je regrette vivement pour eux qu'ils n'aient pas saisi cette occasion magnifique de se réhabiliter, qui était, au lieu de geindre, de brûler tous leurs priviléges et de donner au pays une seconde édition de la nuit du 4 août. En somme, tous ces prêteurs d'argent prennent plus d'intérêt qu'ils n'en inspirent, comme l'a dit Arnal.

Autre considération touchante et qui donne au chasseur de marais des droits exceptionnels à la sympathie des âmes tendres : il n'a pas sur sa tête attiré ses malheurs par sa propre imprudence, comme a fait autrefois le pasteur Aristée, comme ont fait de nos jours la plupart des victimes de nos discordes civiles. Beaucoup d'institutions politiques sont tombées, en effet, depuis un demi-siècle, dont la chute a entraîné bien des ruines et causé bien des deuils; mais j'avoue que ma compassion pour ces grandes infortunes a fort diminué quand j'ai reconnu, à l'examen, que toutes avaient péri par leur faute : celle-là pour avoir trop aimé à jouer au soldat, celle-ci pour avoir trop aimé à jouer à la chapelle, la troisième pour n'avoir voulu jouer à rien. Dans toutes ces catastrophes, hélas! la démence des mortels a continué de justifier la colère des dieux.

Ainsi le chasseur de marais serait seul, aujourd'hui, en possession d'offrir aux immortels le spectacle qui leur plaît le plus, au dire de Sénèque.

Le chasseur de marais est pareil à Œdipe, qui se donna tant de peine pour conjurer le sort et n'y réussit pas. Le doigt de la fatalité l'a marqué de sa craie sinistre, parce que son existence est soudée à celle de la bécassine, et parce qu'il est dans le destin de celle-ci de faire obstacle au progrès et d'être broyée par lui.

Que la suppression de la bécassine entraîne celle de la chasse au marais, c'est un fait historique, un fait incontestable qui s'énonce et ne se prouve pas. J'en pourrais dire autant de l'hostilité systématique de la bécassine à tout ce qui s'appelle réforme. Toutefois, le sujet me semble assez neuf encore pour me permettre d'entrer à son égard en quelques développements; d'autant que ces développements aboutissent tout droit à faire voir l'intime solidarité d'intérêts qui rattache le sort de la bécassine à la solution de la question romaine.

Il n'est pas nécessaire d'être d'une force surprenante en histoire naturelle pour comprendre que la bécassine, qui a le bec très-long, très-effilé, très-mou, doit rechercher de préférence les terrains détrempés, marécages, queues d'étangs, rivages des eaux mortes, c'est-à-dire les seuls lieux où elle puisse trouver ample pâture de vers.

Or, une fois reconnue la vérité de cette proposition si limpide, posée comme un principe par le projet ministériel : que toute amélioration agricole doit débuter par l'assainissement du pays et le curage des cours d'eau,... la première conséquence que la logique en tire, est qu'il y a antagonisme fatal entre les intérêts de l'agriculture et ceux de la bécassine.

La logique accorde également, à l'oiseau au long bec, le droit de refuser toute transaction sur un pareil terrain, puisqu'il s'agit pour lui d'être ou de n'être pas.

Voici venir maintenant une troisième proposition, qui ne semble pas moins vraie que les deux précédentes : c'est que toutes les réformes sont sœurs et débutent fatalement par une amélioration agricole. Le sort de l'infortunée bécassine est écrit en ces lignes.

Ainsi, la découverte de la boussole fait découvrir le Nouveau-Monde. — La découverte de Christophe Colomb fait découvrir bientôt que la terre est ronde et que c'est elle qui tourne autour du soleil, contrairement à une opinion reçue depuis des siècles et sanctionnée par de nombreux miracles. — Les découvertes de Galilée et de Copernic font découvrir, à leur tour, que les historiens de l'Écriture sainte ont commis de graves erreurs dans leurs comptes rendus des faits et gestes du soleil.

La découverte de ces erreurs engendre en beaucoup de mauvais esprits le pernicieux soupçon que ceux qui les avaient écrites et propagées pouvaient bien n'être pas infaillibles. — La défiance succède à la foi : l'incrédulité se développe et s'étend sur la moitié de l'Europe comme une épidémie. — Finalement éclate un schisme qui détache de Rome trois ou quatre grandes nations et cinquante millions d'âmes.

Or, ce jour-là, notez-le bien, l'hérésie de Luther a porté à la bécassine un coup épouvantable dont elle saigne toujours. Elle lui a enlevé, comme à Rome, l'Angleterre, la Saxe, la Prusse, la Hollande et le reste, en supprimant, dans ces dernières contrées, les propriétés temporelles du clergé, les monastères et les vœux monastiques, l'abstinence et le carême!!! Je crois être le premier historien sérieux qui ait signalé cette influence de la Réforme sur le sort de la bécassine.

Tous les hommes en âge de raison ont le droit de se faire une opinion sur le principe de la possession des richesses temporelles par ceux qui ont fait vœu d'humilité et de pauvreté. Les hommes, c'est possible, mais les bécassines, non. Tous les Papes que Dante rencontre en son enfer, peuvent convenir, si bon leur semble, que c'est leur richesse temporelle qui les a logés où ils sont.

> « Ahi, Costantin, di quanto mal fu matre...
> « Quella dote che da te prese il primo Ricco Patre. »

La bécassine n'admet pas le témoignage de ces autorités félonnes, traduites par une plume gibeline. La bécassine tient pour le temporel envers et contre tous; comme elle tient pour Saint-Marc contre John [1]; pour Cousin et Villemain contre

[1] Deux des frères ennemis du *Journal des Débats*, feuille sceptique et païenne, mais croyante à ses heures.

Dante et Luther; immense sujet de contrition pour ceux-ci, de jubilation pour ceux-là.

La bécassine n'admet pas ces distinctions subtiles entre le temporel et le spirituel, que de prétendus sages voudraient faire prévaloir dans les conseils du gouvernement de l'Église. Et je trouve qu'elle a superbement raison,... attendu que toutes les réformes temporelles ou spirituelles, politiques ou religieuses, sont la même... c'est-à-dire une insurrection quelconque contre une autorité quelconque, déléguée par Dieu même. A preuve que la Révolution française, qui était une révolution éminemment politique, a débuté, comme celle de Luther, par dépouiller le clergé de sa propriété temporelle et immobilière... une propriété évaluée, en ce temps-là, trois milliards. Trois milliards saintement acquis par l'aumône et par la prière, pendant mille ans d'un bonheur sans nuage. N'empêchons pas la bécassine de pleurer sur cette spoliation et de regretter le moyen âge, puisque la propriété monastique est la seule qui lui ait fait une destinée proportionnelle à ses attractions; puisque l'intervalle de mille ans qui commence à Clovis et finit à

Luther, a été l'âge d'or pour l'Église et pour elle.

L'âge d'or, j'ai bien dit; car la foi et la charité régnaient en ce temps-là dans les cœurs, et le fusil double à percussion, lâche enfant du progrès, n'était pas encore inventé. D'un autre côté, la sage institution du maigre, qui défend aux humains de se faire un dieu de leur ventre, avait conféré à la carpe une haute importance économique et sociale, et la pisciculture était devenue, sous l'influence des idées icthyophagiques, une industrie fructueuse et doublement chère aux ordres religieux, tous portés de nature vers l'élève du poisson, qui repose l'esprit et les bras. En ce temps-là donc, le domaine des eaux stagnantes, des carpières et des étangs allait s'élargissant sans cesse, au plus grand contentement de la bécassine, dont les tribus populeuses n'avaient d'autre souci que d'aimer; que d'aimer et de mourir grasses, sous les lois protectrices de la contrée bénie.

Mais le progrès est venu qui a renversé sans pitié l'échafaudage du bonheur du gibier de marais. Le progrès sous toutes ses formes, disons sous tous ses masques. Le progrès religieux d'abord, sous le masque de la Réforme, qui a tué la foi dans les cœurs, à l'endroit des mérites de la chair de la carpe, et qui a étouffé le remords des estomacs coupables. Puis le progrès politique et philosophique, qui a dépouillé les ordres monastiques de leurs biens et de leurs étangs, pour en faire largesse au peuple. Enfin, le progrès agricole, intime ennemi des étangs, qui a imaginé de substituer à la pisciculture une industrie plus rémunératrice et aussi plus salubre. Entre temps, le progrès industriel inventait le fusil double à percussion, qui se charge par la culasse et frappe comme la foudre.

On sait de quelle façon pittoresque un orateur de la Convention nationale a caractérisé ce changement de situation. La phrase est demeurée célèbre et elle le méritait : « Le règne de la Carpe a fini, que celui du Bœuf commence, » a dit le boucher Legendre, pour insinuer que le temps était venu de remplacer l'étang par la prairie et l'élève du poisson par l'élève du bétail. Je complète l'exposé de la situation par une autre métaphore, que j'emprunte également au style parlementaire de l'époque : « Le tocsin de 89 a été le glas de la

Bécassine. » Car il est évident que les intérêts de la bécassine sont les mêmes que ceux de la carpe.

Maintenant, du moment que l'orateur de la Convention avait posé autrefois la question de royauté entre le Bœuf et la Carpe, l'opinion de la bécassine sur la question romaine d'aujourd'hui nous était connue à l'avance. La bécassine, comme je l'ai dit plus haut, a obéi aux prescriptions impérieuses de sa nature, en prenant parti pour le *statu quo* contre les réformes anodines conseillées par le gouvernement français. Il était surtout une mesure à laquelle la raison ne lui permettait pas de souscrire, et qu'elle était même en droit de considérer un peu comme l'abomination de la désolation prédite par le prophète Daniel. C'était l'admission des laïques à l'administration des affaires temporelles. Qui lui garantissait, en effet, à l'infortunée victime de la Réforme, si ce système prévalait,... qui lui garantissait qu'il ne passerait pas par la tête de quelque préfet de malheur d'introduire aussi le drainage et le curage dans les Marais-Pontins, et de la chasser de son dernier asile, toujours sous le spécieux prétexte de détruire le foyer

de la malaria et d'augmenter les sources de la richesse publique ! Or, comme la malheureuse y
avait déjà été prise ; comme elle avait déjà perdu à
ces concessions-là l'Angleterre et la France; comme
elle sent que l'Espagne et la Hongrie branlent au
manche; comme elle sait, en un mot, qu'il n'est
plus de salut pour elle hors des biens de l'Église
romaine, elle ne pouvait, en conscience, accepter
de transaction sur ce chapitre. A sa place, j'eusse
agi comme elle et vaillamment écrit sur mon drapeau : *La malaria ed Antonelli for ever*. Et l'analogie passionnelle ne m'eût pas fait un crime de
cette manifestation courageuse, au contraire.

Parce qu'il suffit de connaître à fond les mœurs
et coutumes de la bécassine, pour voir qu'elle a été
chargée par la nature de personnifier l'esprit de
contradiction et de résistance au progrès, dans son
type le plus irritant et le plus accentué celui de la
tyranne domestique, austère, acariâtre et confite
en dévotion.

Ainsi, la bécassine, qui fait beaucoup de bruit
dans les airs tant que dure le printemps, se tait
subitement quand arrivent les brumes d'automne,

et renonce bientôt à tout ce qui lui fut cher et s'en
va chercher un refuge au fond des marais solitaires
afin d'y méditer et de s'y engraisser en silence. —
Il est aussi d'usage, dans le monde des nobles péche-
resses, d'attendre que l'âge des folies soit passé
pour revenir à la sagesse et faire son salut dans
une retraite sombre. (Voir l'*Histoire des Belles
Pénitentes du siècle de Louis XIV*, écrite par Dom
Cousin.)

La bécassine donne sur le tard. — Les belles pé-
cheresses aussi.

La bécassine porte une douillette d'étoffe fine,
mais de couleur peu voyante, parsemée de plaques
vertes à *reflets chatoyants*. — Ce costume est calqué
sur celui des pieuses matrones qui ne demandent
plus à faire de l'effet par leur toilette, mais qui n'en
sont pas moins sensibles aux agréments des étoffes
soyeuses, et qui aiment à se décorer la poitrine d'a-
mulettes, d'images saintes. Les plaques à reflets
métalliques sont toujours miroirs d'illusion. C'est
ainsi que le canard sauvage a le cou noyé dans l'illusion sur le compte des vertus de sa femelle. Les
miroirs de la bécassine symbolisent les folles espé-

rances qui agitent les imaginations des personnes crédules. Plusieurs espèces de bécassines se décorent la poitrine d'une sorte de chapelet.

Le long bec mou de l'oiseau, que la nature a doué d'une sensibilité tactile remarquable, est indice de gourmandise raffinée. Un préjugé vulgaire, fortifié par l'autorité de Boileau Despréaux, attribue aux estomacs dévots des avidités analogues à celles de la bécassine.

Elle a le cerveau très-étroit et la tête aplatie sur les faces latérales. Ses yeux, juchés au sommet de la tête et tournés vers le ciel, ne contribuent pas à lui donner une physionomie spirituelle, mais attestent le détachement des choses de la terre. Seulement cette disposition excentrique des organes visuels est cause que l'oiseau est myope et n'y voit guère à se conduire. La bécassine donne dans tous les piéges et se laisse plumer par tous les oiseaux de proie, qui sont très-friands de sa chair. Une des espèces du genre s'appelle *sourde*, et on l'a nommée ainsi parce qu'elle était muette. Muette, sourde et aveugle, c'est triste, et l'on conçoit facilement qu'une pauvre volatile affligée de tant d'infirmité soit obsédée d'inquiétudes perpétuelles et se fasse des monstres de tout. — Ce dernier travers est celui des personnes dévotes, lesquelles ont aussi la vue courte et le cerveau étroit, et sont obsédées de la peur de la damnation éternelle; ce qui les expose à être dupes des manigances perfides de tous les captateurs d'héritages, et à faire don de leurs biens aux corporations religieuses, au grand détriment et chagrin de leurs héritiers légitimes. Le Code civil français a sagement pris la défense des intérêts de ces déshérités, en interdisant aux âmes faibles de tester en faveur de leurs médecins et de leurs confesseurs.

La myopie de la bécassine a fait d'elle une sorte d'oiseau nocturne, ou plutôt d'oiseau de crépuscule, qui aime à fonctionner à l'heure des offices du matin et du soir. Elle aime également à errer par les espaces célestes dans le silence des nuits.

Sa chair est tendre et succulente, surtout vers l'arrière-saison. Elle fait les délices de toutes les fines bouches. Certains ordres religieux sont parvenus à la faire classer parmi les viandes permises, dont l'usage n'est pas un obstacle au salut.

De même que la bécassine aime à vivre au sein des plus infects marécages, foyers de contagion et de fièvre, et se montre intraitable à l'endroit des réformes agricoles et économiques. — Ainsi, l'existence des béguines semble attachée à celle des hôpitaux et des infirmeries et des autres séjours des misères humaines.—Ainsi, les personnes possédées du démon de la charité orthodoxe, s'opposent avec rage à la réalisation de toutes les utopies qui ont en vue d'améliorer le sort du plus grand nombre... étant nécessaire, disent-elles, qu'il y ait toujours des pauvres pour procurer aux riches le moyen de faire leur salut.

Enfin, le trait le plus saillant du caractère de la bécassine, celui qui met le mieux en relief sa dominante passionnelle (esprit de contradiction), est l'habitude qu'elle a de *voler contre le vent*, habitude contraire à celle de la majorité des espèces ailées, mais néanmoins caractéristique de son ordre. Je ne sais pas si le cadavre de la bécassine, lorsqu'elle s'est noyée, remonte le courant au lieu de le descendre, comme un dont la fable a parlé ; mais je penche à le croire ;... par la raison que la nature crée généralement ses moules tout d'une pièce, et que cette manie déplorable de *piquer dans le vent* atteste un parti pris de marcher au rebours de l'indication du bon sens et de tenir tête à la raison quand même. — Ainsi se conduiraient, hélas ! au dire des maris et des autres ennemis du sexe, une foule de tyrannes domestiques, pieuses et acariâtres... qui ne feraient profession d'aimer Dieu que pour avoir le droit d'exécrer le prochain ;... qui attendraient toujours de savoir votre opinion pour en avoir une autre... qui s'occuperaient un peu trop du soin de leur salut et pas assez du bonheur des leurs ;... qui s'ingénieraient, en un mot, de mille et une façons, à vous faire maudire l'existence et désirer le ciel. C'est bien dur pour être vrai.

Disons, en finissant, que cette fâcheuse habitude de voler contre le vent, qui était demeurée jusqu'à ce jour un rébus indéchiffrable pour beaucoup de gens, a eu pour l'infortunée bécassine des conséquences funestes. Elle a induit, en effet, le tireur à marcher sur elle vent arrière (faux vent), pour forcer la malheureuse volatile, obligée d'obéir à sa manie stupide, de rebrousser sur lui ou de lui présenter le travers, tactique désastreuse qui mènera l'espèce à sa fin.

Le triste sort de la bécassine vous apprend celui que la Providence réserve à tous les esprits *à rebours* qui logent dans les cerveaux étroits, et à tous les infirmes, sourds, aveugles ou paralytiques, qui prétendent marcher contre le vent de la révolution. Mais combien sont-ils en ce monde pour entendre la voix de l'analogie passionnelle !

Plaignons la bécassine, innocente victime de la fatalité ; et pour rester dans la justice, ne demandons pas à une bête qu'elle se suicide, surtout quand nous voyons que dans le monde des hommes, les héros de dévouement à la chose publique sont si rares qu'on les compte. Et rappelons-nous qu'il n'a été donné qu'aux natures supérieures et fortement trempées de savourer les joies du sacrifice et de pouvoir s'écrier avec le chasseur de marais, dans un élan d'abnégation sublime :

Périsse le temporel, périsse la bécassine, périsse tout mon bonheur, plutôt que le progrès ! !

Maintenant la bécassine de moins sur la liste

des rôtis de France, c'est l'Antiope du Corrége ou la Joconde de Léonard ou les Noces de Cana de moins dans le Musée du Louvre. Seulement les créations de l'homme sont éternellement remplaçables; celles de la nature, pas.

La bécassine est de tous les gibiers-plume, le plus fin, le plus tendre et le plus savoureux. Je ne connais, pour mon compte, que le bec-figue et le rouge-gorge qui puissent lui disputer le prix de la délicatesse.

II

LA PERDRIX

Décembre 1860.

Le mal qui depuis si longtemps sévissait sur la
vigne, sur la pomme de terre et sur l'homme, s'attaque à la Perdrix. Le ciel, qui semblait lui sou-
rire, a détourné ses regards d'elle et lui a envoyé
cette année une averse de quarante jours et plus,
laquelle a noyé dans le berceau l'espoir de la génération nouvelle, pendant que l'esprit de prévoyance
se retirait des conseils des sages à qui la loi
confie les destins du gibier. L'histoire nous apprend
que la mauvaise humeur des éléments se coalise
quelquefois ainsi avec l'impéritie des conseillers des
peuples pour amener de grandes catastrophes.

6.

J'ai vu en juin dernier, quinze jours avant la Saint-Jean, détruire par la faux et par l'inondation quarante nids de perdrix grises sur vingt-cinq hectares de culture, et je sais que la destruction a sévi avec la même rage sur la rouge et partout. Dans les comtés nord d'Angleterre, une épouvantable tourmente frappait de mort, vers la même époque, tous les premiers-nés des graus, de façon que les vétérans des campagnes précédentes ont seuls représenté l'espèce au jour de la tuerie solennelle du 12 août. Qu'un hiver extra-rigoureux succède aux déluges de l'été, comme la chose arrive fréquemment et comme elle arriva en 1829, la Perdrix nationale peut être sur ses fins avant la Chandeleur [1].

J'appelle l'attention du Sénat conservateur sur cette immense question de la Perdrix, trop négligée jusqu'à ce jour par les économistes. J'invoque la sollicitude éclairée de M. le ministre de l'intérieur et la sympathie des âmes tendres en faveur d'une espèce victime dont la conservation importe à l'il-

---

[1] Cette triste prévision s'est réalisée.

lustration de la France « mère-patrie des arts et nourrice de vénerie. »

Dieu créa les oiseaux dans un jour de gaieté et d'extrême bienveillance pour l'homme ; car tous, ou presque tous, ont reçu mission de lui faire sa terre habitable, de protéger ses champs et d'orner sa demeure... maigres, de l'égayer, et gras, de le nourrir. Et même les plus laids et les plus immondes de ces moules ne sont pas les moins méritants de nos auxiliaires ailés. Cependant il convient de dire que parmi les sept mille espèces volatiles instituées pour nous rendre l'existence agréable, aucune n'a rempli son mandat aussi consciencieusement que la perdrix et n'a servi aussi splendidement qu'elle nos jouissances en mode composé.

La perdrix est la joie des champs, le salut des moissons, la poésie des festins ; c'est le fond de la nourriture honnête dans tous les pays où l'on mange. La perdrix est un des plus précieux dons que le ciel ait faits à la terre, et l'ornithologiste passionnel a pu légitimement s'écrier, dans le pieux élan de sa reconnaissance : Gloire à Dieu qui créa la tribu des coureurs, charme de l'odorat, du palais et des yeux !

L'ordre des oiseaux coureurs auquel appartient la perdrix, occupe dans la volatilie la même place que celui des ruminants dans la mammifèrie. C'est l'ordre des oiseaux nourriciers, essentiellement amis de l'homme *qui fait venir les grains*. La perdrix, qui se marie et qui fait honte au faisan et au coq domestique par la pureté de ses mœurs, est l'homologue du chevreuil, qui se marie aussi et ne scandalise pas la forêt, comme le cerf, du spectacle et du bruit de ses débordements. Le chevreuil et la perdrix ont fait à la même heure et sous les mêmes cieux leur première apparition sur la terre. Leur nourriture se compose des mêmes éléments, herbes et fruits ; leur dominante passionnelle est la même, la tendresse maternelle élevée à la septième puissance. Et l'analogie qui éclate d'une façon si remarquable dans les vertus du cœur entre les deux moules d'élite, se poursuit naturellement dans les qualités de leur chair, parfumée, savoureuse, délicate entre toutes, *succulente et non grasse*.

La Perdrix est le type de l'espèce *victime* (du latin *victus, victuaille*, à cause de la triste habitude qu'eurent longtemps les vainqueurs de manger les vaincus). Si je rappelle une fois de trop cette étymologie pédantesque, c'est pour dire que je prends le substantif *victime* dans son acception primitive.

L'histoire de la Perdrix se résume en deux lignes : la nature lui fut de tout temps une marâtre atroce et l'homme un bourreau sans pitié.

Les torts de la nature envers elle sont ceux-ci :

D'abord elle lui a fait don de cette chair savoureuse que j'ai dite pour acharner à sa destruction toutes les bêtes de proie de la terre et du ciel, depuis le faucon jusqu'à la pie-grièche, depuis le renard jusqu'au rat.

Pareillement, elle a fait de ses œufs délicats une amorce à la convoitise de tous les ovivores, pâtres, bergers, fouines, belettes, hérissons, corbeaux, pies. Le corbeau et la pie sont les deux bêtes noires de l'infortunée volatile, une double menace de rapt toujours suspendue sur son nid.

La nature a oublié d'habiller la perdrix d'une robe assez chaude pour la rude saison, et ainsi elle l'a condamnée à périr de froid et de misère par les hivers trop durs et de fluxion de poitrine par les printemps trop frais. Les exemples sont communs de perdrix à qui le grand froid a ankylosé les ailes et qui se laissent forcer et prendre à la main sur la neige, après un vol ou deux.

C'est encore la marâtre qui lui a mis au cœur cette tendance fâcheuse à nicher parmi les luzernes et les trèfles, dont la première coupe se fait toujours trop tôt et livre à la faux du trépas d'innombrables milliers de charmants petits êtres que la mort reprend à l'heure même où ils frappent du bec aux portes de la vie; puis, le nid de l'imprudente est creusé dans le sillon, matelassé à peine d'une simple paillasse de chiendent, et fatalement exposé à toutes les chances de sinistres qui proviennent des intempéries des saisons. Un orage le noie, la grêle le saccage, la moindre décharge électrique qui a lieu dans le voisinage tue dans l'œuf le germe trop sensible.

Enfin, c'est toujours la nature qui, après avoir poussé la perdrix à établir son domicile d'amour au sein des prairies artificielles, si funestes à sa race, lui conseille, une fois que ses petits sont éclos, de choisir pour demeure de nuit les champs nus, les chaumes d'avoine, c'est-à-dire les seules places où l'odieux panneauteur puisse pratiquer avec succès ses manœuvres ténébreuses et traîner le terrible drap de mort qui râfle d'un seul coup toutes les compagnies de la plaine et dépeuple en une heure le canton le plus giboyeux.

Donc la nature aurait beaucoup à faire pour repousser sur le chef de la Perdrix l'inculpation de barbarie universelle et systématique envers ses créatures, qu'a fulminée contre elle en termes si éloquents et si amers, l'illustre auteur de la *Théorie des Ressemblances*. La cruelle, en effet, n'a laissé à l'espèce que deux refuges contre la mort : l'héroïsme maternel et la fécondité.

Heureusement que cette fécondité est extrême, et qu'elle est constamment attisée par ce souffle ardent de maternisme qui brûle au cœur de toutes les femelles de l'ordre. Les habitants de l'antique cité d'Anaples en surent dans le temps quelque chose, qui furent un beau jour chassés de leurs demeures par une invasion de perdreaux. Le malheur arriva, si l'on en croit l'histoire, par suite de l'imprudence d'un jeune commis-voyageur qui avait oublié un couple de ces oiseaux dans la chambre de l'hôtel où il avait logé. Et le lecteur voudra bien remarquer que l'espèce qui se rendit coupable de l'usurpation de domicile ci-dessus relatée, était la Rouge, la Perdrix de Grèce, dont la fécondité est de beaucoup inférieure à celle de la Grise, la perdrix de nos plaines. On sait que la ponte normale de celle-ci est de vingt à vingt-deux œufs, qui arrivent tous à éclosion lorsque la saison se conduit bien. La perdrix est, après la caille, la plus féconde des espèces volatiles non réduites en domesticité, ce que les sages de l'ancienne Égypte constatèrent en faisant d'elle l'emblème de la fécondité.

Cependant les disgrâces qui sont advenues à la perdrix du fait de la nature, ne sont que procédés bénins et bienveillants en regard des persécutions que lui a infligées l'homme, le civilisé notamment. Ce stupide bourreau de son propre bonheur, comme je me plais à le qualifier, a inventé contre elle presque autant d'engins de destruction que contre ses semblables, ce qui n'est pas peu dire. Il lui a dédié spécialement le traineau, le panneau, la tonnelle,

le tramail, la tirasse, le collet, la pantière et le
reste. Il l'a volée avec l'oiseau de proie ; forcée à
courre avec le lévrier ; tirée à bout portant avec le
chien d'arrêt. Il ne s'est pas contenté de s'amuser à
la foudroyer dans son vol, à l'aide de fusils de pré-
cision qui se chargent tout seuls et qui tuent sans
qu'on vise ; il l'assassine posée à l'affût, à la chan-
terelle, à la lanterne la nuit, en voiture par la neige.
Il a même abusé de la confiance excessive que la
malheureuse bête avait toujours eue dans la vache,
pour revêtir la robe de celle-ci et approcher sa victime crédule jusqu'à portée du meurtre, à la faveur
de ce travestissement. Le ciel punit un jour le mensonge d'un misérable qui s'était métamorphosé de
la sorte, en lui envoyant un taureau plein de passions mauvaises, qui le prit au sérieux et l'obligea
bien vite à reprendre sa vraie forme. Mais l'exemple du péril n'a pas découragé l'imposture.

Or, de tous les pays de la terre, le plus ingrat
aux mérites de la perdrix est la France, car nulle
part ailleurs ce gibier-plume hors ligne n'a possédé autant de titres aux égards et à la gratitude
des mortels, et nulle part ailleurs n'a été plus

indignement traité. On dirait que l'indigène de
cette contrée plantureuse, mais déraisonnable en
ses haines comme en ses engouements, a toujours
été dévoré du besoin d'en finir avec cette espèce.
Le Béarnais, qui était un bon prince, déplorait déjà
de son temps les fâcheuses conséquences de cette
animosité, et l'édit de chasse de 1607 constatant
les vides désastreux que le braconnage opère dans
les rangs de la perdrix, n'hésite pas à signaler le
fait comme une calamité publique.

C'est que le Béarnais n'était pas seulement un
grand roi, amoureux et sceptique, et vaillant dans
tous les combats. C'était de plus un grand chasseur,
un sage consommé, qui ne se méprit jamais sur la
valeur des choses. Il estima judicieusement que
Paris valait bien une messe, et formula le premier
les véritables principes de la grande politique qui
obligent tout gouvernement honnête de combler ses
gouvernés de toutes les félicités imaginables, et notamment de leur faire tomber dans la bouche les
alouettes toutes rôties : ce qui est cause que le peuple a gardé sa mémoire. Il était donc parfaitement
naturel que la question de la perdrix se montrât

dans toute sa grandeur aux yeux de ce voyant de haut titre, et que la prévision de l'extrême importance du rôle que l'avenir réservait à l'oiseau de la plaine dans les chasses de France, le fît s'intéresser d'autant plus à l'espèce.

Mais le monde a marché depuis l'an 1607. De religieuse qu'elle semblait être encore à la fin du seizième siècle, la Réforme s'est faite politique, économique, sociale, changeant de nom, comme les grands fleuves, sans changer pour cela de cours. L'impitoyable progrès, qui s'en va sans cesse arrachant la propriété territoriale aux féodaux oisifs pour la remettre aux travailleurs, le progrès a passé sur la propriété nobiliaire et féodale de France et l'a complétement rasée. La ruine de la féodalité a englouti à son tour sous ses écroulements toutes les institutions de la vénerie seigneuriale, lévriers et faucons, équipages de courre et de vol, et les monopoles insolents et les hautes et basses justices qui tenaient le manant soumis. La loi d'égal partage a fractionné la superficie du territoire national en douze millions de parcelles, et la chasse au fusil, au braque, est devenue la plus importante de toutes et la seule à peu près possible sur ce sol émietté.

D'autre part, à mesure que la grande propriété s'en allait et que la prospérité publique s'accroissait, les débordements de la population envahissaient le désert. La mise en culture des craus, des steppes, des champagnes, forçait à la désertion le Guignard et l'Outarde. Le déboisement des monts refoulait au plus loin les nobles tribus des Tétras, la bête noire et le fauve;... pendant que le défrichement irréfléchi des landes réduisait à des proportions de plus en plus mesquines les domaines de la Perdrix Rouge,... et que les édits contre les marécages interdisaient à la Bécassine voyageuse le droit de transit et de circulation à travers la contrée. Tant et si bien que la Perdrix Grise, qui, seule, s'accommode du morcellement extrême et des riches cultures, constitue à l'heure qu'il est l'élément pivotal et quasi exclusif de la chasse de France.

J'ai dit l'élément pivotal et quasi exclusif de la chasse de France! Or, le braconnage audacieux, enhardi par l'impunité et servi à souhait par le chemin de fer, a déjà fait passer l'espèce à l'état de mythe dans quarante départements du Midi et de l'Est, et tout fier de son œuvre s'apprête à la parfaire ! Sera-t-elle donc, hélas ! éternellement vraie cette histoire de la poule aux œufs d'or, qu'un manant cupide et stupide égorgea, et qui ne pondit plus !

Continuons d'énumérer les mérites de la perdrix française, pour rendre plus odieuse la conduite de ses persécuteurs. Essayons d'ameuter l'opinion publique contre ces grands coupables, et d'attirer habilement sur leur tète la foudre vengeresse des lois.

La perdrix n'est pas seulement la poule aux œufs d'or de la chasse et le premier, par rang d'importance, de tous les gibiers-plume de France. Son illustration n'est pas moindre dans les annales de la Gastrosophie que dans celles de la Cynégétique. Elle aspire à toutes les couronnes et se coiffe de tous les lauriers.

Seulement elle n'aime à être mangée qu'en France. Tous les touristes délicats qui ont vécu à Londres, à Vienne ou à Madrid, à Rome ou à Tunis, sont d'accord sur ce point.

Ce n'est que chez nous, en effet, que la chair du

perdreau se marie d'amour à la truffe et à d'autres
condiments exquis, pour composer ces délicieuses
symphonies de saveurs et de parfums qui s'appellent des chauds-froids, des pâtés, des terrines, et
que les suffrages enthousiastes de tous les gens de
goût du monde civilisé proclament les merveilles,
les derniers mots de l'art. Chartres, Pithiviers,
Nérac ont des noms qui sonnent doux dans la langue
des hommes et devant lesquels l'étranger, jaloux
mais respectueux, se découvre. Et je voudrais savoir
le langage des dieux pour donner, par mes chants,
une gloire immortelle à ces nobles cités éminemment françaises, qui n'ont pas pour emblèmes des
viragos assises sur des canons rayés et prêtes à
partir du poignet et du verbe... mais dont l'industrie délectable, en fermant la bouche à la haine, a
plus efficacement contribué qu'aucune autre à faire
accepter au dehors la suprématie de la France. Car
il est écrit que la France régira les peuples par le
charme et non pas par le glaive, par la femme et non
pas par l'homme. Et les charmes tout-puissants de
la nation-reine sont, après la grâce de ses femmes et
l'esprit de ses livres, le bouquet de ses vins et le

fumet de ses rôtis. J'ajoute que si l'annexion ne
s'est pas faite encore, la faute en est aux vieux, aux
vieux seuls, qui ne veulent pas entendre à l'expresse
volonté de Dieu, et qui ont conservé la déplorable
manie d'en appeler au glaive des jeunes pour tran-
cher les questions pendantes.

Le lendemain du jour où la France aura congédié ses six cent mille soldats, le monde sera à elle...
Essayez, vous verrez.

Chateaubriand demandait, dans un de ses bons
jours, qu'on noyàt impitoyablement tout ce qui n'é-
tait plus jeune, à commencer par lui et douze de
ses amis. Comme cet homme se rendait justice et
savait bien son monde ! Il est certain que bon nombre des amis de l'illustre écrivain méritaient fort la
récompense qu'il leur votait à tous ; ceux-là surtout qui mirent la main aux traités de 1815 ; ces
stupidissimes traités, qui condamnent depuis un
demi-siècle les populations les plus riches et les
plus éclairées du globe, à prélever sur le plus pur
revenu de leur travail, l'énorme tribut annuel de
trois milliards, pour solder la paresse de trois millions d'oisifs !... Qui tiennent depuis un demi-siècle

ces populations écrasées *sous les plus lourdes charges de la guerre,* pour les maintenir en possession *des délices de la paix!* Oh! les sages! les sages! Si nous profitions du moment où nous sommes en verve de justice, pour mettre à l'hôpital des fous, avec la camisole de force, les Paixhans, les Armstrong et tous les inventeurs de machines à tuer!

J'ai passé vingt ans de ma vie et des mieux employés à tâcher de savoir le chiffre moyen des existences de la perdrix française, pour arriver à réduire cette fraction importante de la richesse nationale au dénominateur commun de toutes les valeurs, qui s'appelle le franc, la monnaie. Et, bien qu'il paraisse difficile au premier aperçu de fixer en nombres ronds la moyenne d'une population essentiellement mobile et dont l'effectif instable varie parfois du quadruple au cinquième dans l'espace de quelques campagnes, cependant mes longues recherches, appuyées de volumineuses correspondances et de nombreux renseignements puisés à toutes les sources, me permettent d'affirmer que le chiffre de cette moyenne s'est tenu aux alentours de douze millions de têtes pendant ces derniers

vingt-cinq ans. Douze millions de perdreaux pour
une superficie de cinquante-trois millions d'hectares, qui est celle de la France, ce n'est pas tout à
fait un quart de perdreau par hectare, et la proportion est triste ; mais il faut se consoler en son-
geant que rien n'est plus facile que d'en intervertir
les termes. Je suis porté à croire que le chiffre de
la population emplumée a atteint son maximum
en 1858, une année de chasse exceptionnelle où
presque toutes les couvées réussirent et où toutes
les compagnies étaient au grand complet. Je ne
serais pas éloigné d'évaluer le maximum d'alors à
vingt millions de têtes ; mais j'estime que cet effectif a dû diminuer des trois quarts, de quinze millions au moins, depuis le 20 août 1858 jusqu'au
jour où j'écris (octobre 1862), tant les intempéries
des belles saisons dernières ont été mortelles aux
couvées, avant comme après l'éclosion. C'est à ce
point que dans beaucoup de localités giboyeuses du
centre, le nombre des compagnies de vieilles a souvent dépassé celui des compagnies de jeunes. Or,
personne n'ignore combien le célibat forcé et le veu-
vage du cœur sont durs à la perdrix et réagissent

fâcheusement sur sa chair. Pour moi, je dois dire à ma louange que l'arme m'est tombée des mains, dès ma première chasse de 1860, devant de si grands vides, et que j'ai renoncé spontanément à guerroyer contre la perdrix jusqu'à de meilleurs jours. Puisse un pareil exemple d'abnégation civique avoir trouvé beaucoup d'imitateurs !

Un calcul moins trompeur et plus sûr que le précédent est celui d'où il conste que les deux tiers au moins de l'effectif total, quel qu'il soit, sont livrés chaque année à la consommation alimentaire, sous forme de rôti ou de pâté.

Je dois naturellement regretter d'être seul ici pour affirmer ces chiffres, et de ne pouvoir étayer mon travail de l'autorité d'un grand nom. C'est un malheur qui vient de ce que toutes les corporations savantes de l'Europe moderne sont toujours un peu constituées sur le patron de celles de Memphis ou de Thèbes, où l'on s'occupait tant des morts, qu'on en oubliait les vivants. Il en est, en effet, de nos sages comme de ceux de l'antique Égypte, pour qui le présent n'était pas, le futur encore moins. L'étude passionnée de la nature morte leur a fait négliger aussi celle de la vivante, et l'intérêt qu'ils portent aux moules ensevelis sous les ruines du monde, les laisse indifférents au sort des nombreuses espèces qui foulent encore aujourd'hui la surface du sol. Forts sur le Mastodonte, ils ignorent le Lapin, et la question de la Perdrix est pour eux comme non avenue. Attendez qu'elle soit morte, et ils s'empresseront de fouiller dans sa cendre pour vous révéler son histoire. Jusque-là, n'espérez pas d'eux le plus simple renseignement sur le gallinacé indigne. Pas un naturaliste n'avait songé à parler du Dronte de Maurice, alors qu'il était plein de vie, au temps de Louis XIV. Mais depuis qu'il n'est plus, les savants ont déjà écrit près de trente volumes, pour décider si le défunt était de son vivant dinde, pigeon ou vautour! *Risum teneatis...* Je reprends mes calculs.

Les deux tiers de douze sont huit. Huit millions de perdreaux rôtis ou pâtifiés, à un franc cinquante l'un, — évaluation modeste, — donnent déjà douze millions de francs pour le montant de l'apport annuel direct de l'espèce à la masse de la richesse nationale. Si à ces douze millions de substance alimentaire de première catégorie fournie par la perdrix, on ajoute les autres millions qu'elle solde chaque année, à titres de bénéfices et de salaires, à tous les ouvriers et entrepreneurs des hautes industries qu'elle fait vivre, arquebuserie, pâtisserie, fabriques de plomb, de poudre et d'ustensiles de chasse, guêtrerie, chausserie et le reste, et ceux qu'elle fait entrer dans les caisses de l'État, des communes et des chemins de fer, par l'impôt des permis de chasse et celui sur les chiens, par les procès et le papier timbré, par les droits d'octroi sur le gibier et par les perpétuels déplacements qu'elle motive... on voit soudain l'humble question de la perdrix, si dédaignée jusqu'à ce jour par la science, prendre des proportions colossales.

J'estime qu'il n'est pas une perdrix de France, grise ou rouge, vendue sur nos marchés un franc, qui n'ait légué avant de mourir à sa patrie ingrate l'énorme valeur de dix francs, créée par elle seule dans les deux ou trois mois de sa triste existence. Répétez cette somme dix millions, quinze millions de fois, vous arrivez à des produits de neuf chiffres d'envergure qui effraient le regard et confondent la pensée!

J'aurais belle à grandir encore les mérites de la perdrix, sans sortir de la sphère des intérêts matériels. Je pourrais associer sa cause à celle d'une foule d'industries nationales puissantes et respectées, et appeler à témoigner pour elle les vins généreux qu'elle fait boire et les doux propos qu'elle fait naître, et les joies ineffables qu'elle verse chaque année au cœur des trois cent mille affiliés de la corporation de Saint-Hubert, une tribu de contribuables d'élite dignes de tous égards. Mais je rougirais de faire valoir plus longuement ces arguments vulgaires de l'intérêt politique ou fiscal, quand je puis invoquer, à l'appui de ma requête, les principes éternels et sacrés de la justice et de l'humaine solidarité, qui statuent : Que les générations ne sont qu'usufruitières des trésors que le courant des âges dépose temporairement en leurs mains, et que nulle d'elles n'a le droit d'absorber et d'anéantir, dans sa gourmandise égoïste, l'héritage qu'elle a reçu de ses pères pour le rendre intact à ses fils. Ce serait à désespérer pour toujours des causes justes, si cette dernière considération d'ordre moral supérieur ne ralliait pas à la cause de la perdrix toutes les belles âmes, tous les nobles esprits.

Que tous ceux et toutes celles qu'auront émus ma plainte s'unissent donc à moi pour faire tant de bruit autour de cette question de gibier-plume, que l'écho de nos lamentations secoue la torpeur des consuls et suscite dans le sein de l'administration un homme fort qui se jette en travers de la destruction. Car s'il y a péril en la demeure, tout peut être sauvé encore, mais à la condition qu'on se presse et que l'homme fort se montre... disposé à suivre à la lettre toutes mes prescriptions.

Ainsi disais-je il y a quinze mois, il y a quinze ans et plus, pour conquérir à la cause de la perdrix les sympathies de tous les cœurs sensibles et pour intéresser à son malheureux sort les puissants de la terre et les gens de goût délicat. Je ne m'en étais pas tenu là. Pour compléter mon œuvre, j'avais établi le bilan de la situation cynégétique du pays, déroulant longuement et compendiéusement l'interminable série des fléaux de sottises qui l'avaient amenée, indiquant en même temps que la gravité du mal, les moyens de le guérir. J'avais fait plus encore : une fois que le *Journal des Débats* m'avait positivement affirmé que l'ambassade de Londres était la meilleure des écoles préparatoires pour les élèves aspirants au grade de ministre de l'intérieur en France, je m'étais hâté de prendre, suivant mon habitude, la parole des *Débats* pour parole d'Évangile. Je m'étais même laissé aller à mes illusions jusqu'à voir dans l'avénement du ministre signataire des décrets de novembre, la réalisation de mon rêve, de mon éternelle utopie de la venue de l'homme fort dont il est question ci-dessus. Dans l'enivrement de mon premier espoir, je n'avais pas hésité à m'adresser à lui par la voix de la presse, et pour toucher sa raison, j'avais trempé ma plume dans mes larmes et revêtu mon verbe de l'onction laudative qui charme l'oreille des grands et trouve le chemin de leur cœur. J'écrivais au maître des préfets (22 décembre 1860) :

« Le sort de la perdrix, Monsieur le Ministre, est dans vos mains puissantes ; prenez pitié de son infortune imméritée et venez-lui en aide. C'est une espèce-victime et un emblème gracieux de la tendresse maternelle qui s'en va aussi de France... Le bien que vous lui ferez vous portera bonheur; car les victimes innocentes, aussi bien que les pauvres, ont l'oreille de Dieu. Donc, à la guerre d'extermination que les méchants lui livrent, opposez le frein de l'armistice et la trève de Dieu, et ordonnez que la chasse en plaine soit close le premier janvier sur toute l'étendue du territoire français... Et les amis de la justice et de la chasse seront heureux, *comme ceux de la liberté et de l'honneur national*, de voir justifier l'espérance qu'ils avaient mise en vous, et ils accepteront avec une gratitude profonde votre don de joyeux avénement!! »

Inutile réclame, adulation perdue. Vainement la sagesse, fruit de l'expérience et des ans, s'était exprimée par ma bouche. Pas une de mes paroles ne parvint à son adresse; pas une protestation ne s'associa à la mienne. Le bruit de mes lamentations se perdit dans les clameurs du carnaval folâtre, et ma vingtième tentative fut couronnée, comme les précédentes, d'un succès incomplet.

Même il y eut mieux, je crois, que succès incomplet. Il y eut que non-seulement mes sages conseils ne furent pas accueillis comme ils méritaient de l'être par le haut directeur du Shooting-office qui tenait en ses mains le sort de la perdrix,... mais que ses subdélégués, les chefs de l'administration départementale, ripostèrent à mon humble et plaintive réclame par une sanglante ironie. J'avais demandé que la chasse en plaine fût close cette année-là plus tôt que de coutume, par la raison qu'il fallait user de ménagements exceptionnels à l'égard de la perdrix, qui avait exceptionnellement souffert des intempéries de la saison. Or, beaucoup de préfets, pour ne pas dire tous, excipèrent de la situation pour retarder la clôture par delà toutes les limites de l'incurie et de l'imprévoyance. J'en sais un, celui des Hautes-Alpes, un département dévasté, qui ne craignit pas d'ajourner au 20 mars la fin de la tuerie. Mais à rien ne sert, je le sais, de reprocher à ces tuteurs insoucieux de nos plaisirs et de nos richesses, ce manque de sollicitude unanime pour nos intérêts les plus chers! Heureusement que ce n'est pas moi qui aurai à répondre un jour de telles iniquités devant Dieu!

8.

Un seul de ces préfets eut le courage de se rallier à mes opinions, et celui plus grand encore de m'en aviser par écrit. Seulement il me priait de tenir son adhésion secrète.

Le peu d'état que le ministre de la chasse et ses subdélégués firent de ma requête, en cette circonstance, fut une calamité publique, d'autant plus déplorable que, cette fois encore, la plupart de mes prévisions s'étaient réalisées. Ainsi, les grands froids de janvier étaient venus après les eaux de décembre, comme je l'avais appréhendé, et l'inondation, le dégel, la neige et la famine avaient fondu à tour de rôle sur le pauvre gibier de la plaine ; et la destruction avait sévi avec tant de rigueur sur la perdrix, le lièvre et l'alouette, qu'il est difficile de comprendre qu'il en soit resté pour la graine.

C'est en ces jours néfastes de janvier 61 que les amateurs de tableaux de nature morte ont pu s'en donner à cœur joie et se repaître jusqu'à satiété des scènes chères à leur cœur. Oncques ne se vit, en effet, plus splendide collection de tous les gibiers rares d'Europe que celle que nous offrit en ce temps-là le froid. Ce fut soixante jours ou environ, durant, une exposition luxueuse de toutes les richesses de la faune continentale, gibier-plume, gibier-poil, gibier des monts, des forêts et des plaines, gibier du Nord, gibier du Sud, gibier des quatre points cardinaux. On y vit figurer jusqu'à du gibier d'Amérique. Chevet tint exposés jusqu'à la dernière heure, jusqu'au 20 février, des outardes de Russie, de l'espèce géante, de l'espèce disparue de France, et qui n'y rentre plus que par les hivers historiques.

Je conserve toujours dans la mémoire des yeux ces décors merveilleux de l'entrée des bazars où se vend à Paris cet article de luxe qu'on appelle gibier ; ces guirlandes sans fin de Perdreaux indigènes, de Canards exotiques et de Faisans mordorés, dont la robe fulgurante, aux reflets métalliques, faisait un accord de contraste si vif, si saisissant avec le manteau sombre des Tétras de tous les pays, Auerhans et Birkans de Pologne ou de Bohême, Graus d'Écosse, Gelinottes des Vosges, etc... Pendant que sur les tablettes de marbre de l'intérieur où reposent les saumons, s'étalaient par monceaux les Bécasses des Landes et les Lagopèdes de Norwége, au plumage plus blanc que la neige, mais moins immaculé. Au-dessus, régnait le cordon des terrines odorantes, ces nids de truffes faits de pâte où semblent poser de véritables mères, le rameau vert au bec et les ailes déployées dans l'attitude menteuse de couveuses endormies.

Entre temps, le chevreuil, le sanglier, la biche pendaient aux crochets de cent étals, plus nombreux et plus drus que les moutons d'Ardennes ; et le gibier des petites bourses, les lièvres, les lapins, les mauviettes, un tas d'autres oisillons sans gloire, encombraient les vitrines des plus humbles gargotes de la place Maubert et du quartier Latin.

Spectacle affriolant aux regards du viveur égoïste et du Lucullus insoucieux qui, tout entiers aux joies de l'heure présente et oublieux du lendemain, constatent avec orgueil que la rapidité des voies de communication nouvelles a mis toutes les jouissances achetables de ce monde à la portée de leur bourse !

Mais, spectacle éminemment douloureux à l'âme du chasseur patriote, qui sait que son pays, la malheureuse France, n'est plus assez riche, tant s'en faut, pour payer tant de gloire !

Qui sait que ces larges convois de gibier, que ces cargaisons princières proviennent de sources tarissables et déjà rudement appauvries!

Spectacle qui rappelle à son esprit chagrin l'histoire de l'Enfant prodigue, lequel mangea en deux mois dix années de son revenu... Ou bien encore celle de Sardanapale, cet artiste voluptueux, qui trouva son bonheur suprême à se faire brûler, lui, ses femmes, ses trésors, ses esclaves, dans une dernière orgie.

Oyez les conséquences de ces profusions merveilleuses et de l'effroyable consommation de gibier-plume qui se fit cet hiver-là dans Paris.

Au printemps qui suivit, il y eut plus d'une plaine en France où, pour la première fois, l'alouette ne chanta pas; où, pour la première fois, la perdrix ne pondit plus. Et le premier septembre venu, il y eut plus d'un vaillant disciple de saint Hubert qui, considérant désormais le meurtre de la perdrix comme un crime, accrocha ce jour-là son Lefaucheux au clou et s'en fut pêcher aux goujons.

C'est ce jour-là aussi que j'ai pris le deuil de mes

dernières joies envolées, hélas ! sans retour, et que j'ai commencé à pousser vers le ciel mon cri de malédiction.

Maudit soit le progrès qui débute par consolider le despotisme des Capitales; qui fait crever d'indigestion les Centres et de faim les Périphéries !

Maudite soit la Vapeur qui supprime les saisons, les distances, les zones, à seule fin de quadrupler le superflu du riche en retirant le nécessaire au pauvre !

Maudits soient les chemins de fer qui voiturent le gibier par tonnes aux gouffres sans fond des modernes Babylones, où tout s'engloutit comme une fraise dans la gueule d'un loup !

Maudite soit la rapidité de la locomotive, qui pousse à l'extension illimitée du braconnage, en lui garantissant le sûr placement de ses produits, — lui offrant à chaque heure une prime d'encouragement !

Malheur ! trois fois malheur en cette vie et dans l'autre, aux générations criminelles qui ont forfait au devoir de transmettre intact aux petits-fils l'héritage reçu des pères !

Malheur aux gardiens infidèles de la fortune publique qui, par vice d'ignorance ou par crime d'incurie, auront laissé se perdre en leurs mains les biens dont ils avaient la garde ; car ils peuvent compter, ceux-là, que Dieu les fera passer à sa gauche, au jour de sa justice !

J'ai dit les désastres sans nombre qu'entraînera fatalement la fin de la perdrix, la ruine de la chasse et celle de la cuisine, plus celle de l'industrie et de l'agriculture. Que tous ceux qui ont des oreilles les ouvrent pour m'entendre.

Anomalie étrange et qui me passe, que parmi tant de rois chasseurs qui ont régné en France et qui ont tenu à être appelés les restaurateurs de quelque chose, pas un ne se soit trouvé encore pour vouloir illustrer son nom du titre glorieux de Restaurateur de la Chasse !

III

LA GELINOTTE

Encore une espèce sur ses fins! Et une espèce précieuse à laquelle Dieu avait conféré tous les dons propres à faire le bonheur et la gloire des milieux tempérés où il l'avait appelée à vivre.

La Gelinotte, en effet, a reçu en partage la finesse exquise de la chair et la fécondité, avec le génie de la ruse : trois qualités qui garantissaient à l'homme, dans le sage aménagement de cette fortune, une série sans fin de jouissances composées.

La Gelinotte a été créée et mise au monde pour jouer le rôle d'élément pivotal dans la chasse à tir en forêt; le même rôle que la Perdrix Grise joue dans la chasse en plaine, la Rouge dans la chasse

9

aux vignes, le Graus dans la chasse aux bruyères, la Bécassine dans la chasse au marais.

La Gelinotte, enfin, constitue avec deux Tétras, le grand et le petit, le lot qui est échu à la France dans la distribution des Pulvérateurs sylvicoles, et qui la devait consoler de l'absence du Faisan, du Coq, du Paon et de tant d'autres; car la Providence généreuse a distribué aussi largement que possible les diverses espèces de cet ordre sur tous les points habitables du globe, pour que pas une race d'hommes n'en fût déshéritée.

Or, les civilisés de France se sont conduits envers la Gelinotte d'une façon si contraire à leurs intérêts personnels et aux vues de la Providence, que cette espèce féconde, qui devrait littéralement paver le sol de leurs forêts de ses couvées plantureuses, est aujourd'hui peut-être, de tous leurs gibiers-plume, le plus rare, le plus inconnu.

Si inconnu qu'il n'a pas même de nom à lui dans les dix départements de France qu'il habite, et où on l'appelle poule de bois. Le grand Coq de bruyère, l'Auerhan de la Forêt-Noire, qui habite les mêmes contrées que la Gelinotte, et qui est encore plus

rare qu’elle, est pourtant moins obscur. On sait
que les montagnards de la Franche-Comté ont l’habitude de désigner ce grand coq, l’honneur de nos
forêts, sous le risible sobriquet de Faisan bruyant.
Poule, coq, faisan, ces dénominations-là n’ont pas
dû coûter d’incroyables efforts à l’imagination des
nomenclateurs de la Gaule, qui ont patiemment attendu que le coq domestique leur fût venu de l’Inde
et le faisan de l’Asie-Mineure, pour avoir des noms
à donner aux espèces indigènes. Encore si les savants d’ailleurs eussent été plus hardis! Mais les
naturalistes d’Allemagne appellent la perdrix *Coq
de champ* (*feldhum*), et les Anglais la bécasse *Coq
de bois* (*woodcok*).

Autrefois, du temps de Bélon, la Gelinotte était
la poule des coudriers : c’était moins vague que
poule de bois; mais il y avait mieux à faire. Le plus
joli et le meilleur des noms à donner à la Gelinotte
serait, assurément, celui de Tétras huppé des Myrtilles, s’il était accepté d’avance que tétras voulût
dire : *Coureur à pieds pattus*. Cette espèce appartient, en effet, à l’illustre série des tétras sylvicoles,
dont le tarse est couvert de plumes, et sa véritable

patrie en France semble être la région du myrtille. Par malheur, *tétras* veut dire : *quatre*, et non *pulvérateur pattu*, ce qui n'est pas la même chose, et cette différence nous condamne à nous en tenir, pour le moment, au nom de Gelinotte, qui répond à poulette : *Gallinula, Gallinetta*.

Le myrtille est un charmant arbuste, plus humble et moins fourni que la bruyère, et qui couvre d'un vaste tapis vert le sol des hauts sommets des Vosges. C'est le sous-bois naturel des nobles forêts de hêtres et de sapins géants qui font la parure et l'orgueil de ces monts granitiques, d'où partent tant de ruisseaux limpides, chers à la Truite, à l'Hombre et au Martin-Pêcheur, ainsi qu'au Merle d'eau. Le myrtille, plus connu dans l'Est sous le nom de *Brimbelle*, porte de petites baies noires, isolées et sphériques, analogues pour la couleur et la saveur à la mûre, et que les indigènes emploient à faire de l'eau-de-vie de *cerises*, comme les chapeliers de Paris emploient le poil de *lièvre* à faire des chapeaux de *castor*. Ces baies sucrées sont le régal de délice de la Gelinotte, et aussi des coqs de bruyère qui habitent la même région, et c'est la nourriture qui confère à la chair de toutes ces espèces ses plus hautes qualités. Mais pour adorer les brimbelles, la Gelinotte ne dédaigne pas une foule d'autres fruits, comme la mûre, la sorbe, la faîne. Elle est essentiellement omnivore, et son ordinaire très-varié se compose de tous les insectes et de toutes les substances végétales, racines, feuilles et grains. Dans les mauvais jours, elle broute les feuilles du pommier sauvage et les chatons des coudriers; et quand la neige, durcie par la gelée, couvre le sol, elle sait la percer à l'aide de ses ongles tranchants, et se ménager sous ses voûtes un abri contre la famine et la rigueur du froid.

L'histoire présente de la Gelinotte prouve suffisamment, du reste, que son existence n'est pas enchaînée aux lieux où fleurit le myrtille, puisqu'elle est en ce moment même en train de déménager de cette région inhospitalière pour chercher de nouvelles demeures sur les rives de la Meuse, de la Marne et de la Saône; et pas une raison ne fait prévoir que ses envahissements doivent s'arrêter là.

Le peu de popularité dont jouit la Gelinotte en France ne l'empêche pas d'être une de ces espèces vaillantes et glorieuses qui chantent la générosité du Seigneur et transforment les vallées de larmes en jardins de délices. Elle trône comme la perdrix, la bécasse et la caille, aux plus hauts gradins de la hiérarchie des Grandesses, dans l'ordre gastrosophique comme dans l'ordre cynégétique.

Sa chair blanche et lustrée, d'une finesse exquise, a des mérites sans prix dans sa bonne saison, qui commence au 15 août et dure plus de trois mois. Le fumet de la Gelinotte, comparé à celui du faisan ou du râle, c'est le bouquet du Haut-Brion, si délicat, si velouté, si frais, mis en regard de celui du Vougeot ou de l'Hermitage. Et sa réputation, comme gibier hors ligne, date de loin. Conrad Gessner rapporte que le nom de la Gelinotte, en idiome madgyare, veut dire « morceau de roi. » Il ajoute que c'était autrefois la seule pièce à laquelle les empereurs d'Allemagne eussent accordé le splendide privilége de pouvoir figurer sous deux espèces à leur table, dans le même festin.

Les plus illustres mangeurs de l'âge moderne ont accepté, à l'égard de la supériorité de la Gelinotte, la tradition de leurs devanciers; tous l'ont admise à leur table d'honneur. Je l'ai vue moi-même, de mes jours, se conduire brillamment en plus d'un tournoi de fourchette, à Tours, chez Sitterlet. Je l'ai vue, je la vois encore entrer fièrement dans la lice, couverte pour toute armure de sa cuirasse d'or, et enlever le prix de la délicatesse à des perdrix rouges de vigne, bardées de truffes sur toutes les coutures.

Ils s'accordent souvent là-bas, sous le beau ciel de la Touraine, le spectacle innocent de ces joûtes intéressantes qui tiendront plus de place dans les récits de l'avenir qu'elles n'en tiennent dans ceux du présent; alors que les pauvres mortels, guéris enfin de la monomanie homicide, emploieront à se bien nourrir les milliards nombreux qu'ils dépensent aujourd'hui à se tuer. Ce sont de nobles représentants du véritable esprit français que ces spirituels compatriotes de Descartes et de Rabelais, et aussi de grands philosophes, et qui cherchent volontiers au fond de la dive bouteille un adoucissement aux peines des mauvais jours, comme un surcroît à l'allégresse des bons. Leur société m'est chère.

La Gelinotte d'Europe n'habite pas exclusivement les plateaux des Vosges, du Jura, de l'Ardenne; elle peuple tous les hauts lieux de la région du Centre et toutes les forêts du Nord. Elle s'épand à droite et à gauche du cours des grands fleuves allemands et descend le Danube de sa source à son embouchure. C'est le gibier-plume le plus commun de Russie et de Pologne. Seulement, à l'instar de tous les gibiers-plume qui savent leur valeur et se respectent; comme la perdrix, la caille, la bécasse, l'ortolan, elle n'aime à être mangée qu'en France. Elle contracte ailleurs des arômes grossiers et des goûts de résine qui déshonorent sa chair. C'est le destin des milieux barbares et non suffisamment raffinés de produire des gelinottes, des roses et des vins sans bouquet; et Jean-Jacques et Buffon, qui ont écrit que tout était pour le mieux sortant des mains de la nature, ont formulé le plus absurde de tous les contre-sens et de tous les mensonges. Le cheval domestique dépasse le sauvage en grâce et en vitesse, comme en intelligence. Le chien d'arrêt, dont une éducation savante a développé les moyens naturels, arrive à combiner des plans dont

la profondeur épouvante l'imagination du courant,
plus laissé à lui-même. La rose double est plus
belle et plus odorante que la simple ; la prune de
Reine-Claude, œuvre de l'art, est préférable à la
prunelle des haies, œuvre de la nature ; la pêche
de Montreuil vaut mieux aussi que l'amande amère.
Il n'y a pas jusqu'à la beauté parisienne, sortant
des mains de madame Ode, dans tout l'éclat de sa
tenue de bataille, qui ne me paraisse de tout point
supérieure à la Vénus du Cap sortant de l'onde. On
ne comprend pas assez que Buffon et Jean-Jacques,
ces deux grands artistes de style, qui ont pris tant
de peine à ciseler leurs phrases, n'en sont pas
moins, théoriquement parlant, les vrais ennemis de
l'Art et les vrais pères du Réalisme. Heureusement
que leurs œuvres protestent contre leurs théories.

J'ai dit ailleurs que la bécassine était le pain des
forts et le prix des habiles. Cette définition, em-
pruntée à l'Écriture-Sainte, s'applique beaucoup
mieux encore au Pulvérateur des Myrtilles qu'à
l'oiseau au long bec, ami des marécages ; et j'ai
acquis par mon expérience personnelle le triste
droit d'affirmer que le tir de la Gelinotte sous bois

est le plus difficile de tous les tirs, et la chasse d'icelle au braque une chasse héroïque et sans seconde... étant celle qui exige le plus d'adresse de la part du chasseur et le plus de génie de la part de son chien.

J'accorde, certes, une haute estime au chasseur de marais qui tue onze bécassines sur douze, et aussi au tireur qui manque peu de bécasses et de lapins au fourré ; seulement j'ai à dire, quant au premier sujet, que la bécassine passe dans l'air et qu'il est permis de l'y suivre, et qu'il est facile aussi d'avoir raison de ses fameux crochets, au moyen d'un Lefaucheux calibre 12, chargé de plomb n° 10, qui garnit à trente pas une porte cochère. Quant au lapin et à la bécasse, j'objecte que ces deux espèces tiennent l'arrêt et vous partent dans les jambes, et que si l'on perd la pièce de l'œil à travers le fourré, le juger de si près vous laisse d'énormes chances. Tandis qu'aucune restriction de ce genre ne peut être opposée au mérite éclatant du parfait tireur de Gelinotte : attendu que celle-ci n'habite pas le buisson, mais le perchis ; qu'elle ne tient pas, mais piète ; qu'elle vous part à vingt pas et file bas, droit et raide, à travers le gaulis, pour gagner l'abri d'un grand arbre.

Ici, par conséquent, pas moyen de suivre la pièce; la Gelinotte évolue sous bois et non pas dans le ciel comme la bécassine. Pas moyen de faucher les herbes ou le menu buisson par un coup de plomb qui fait balle et supprime l'obstacle qui masquait le lapin. Pas de coup du roi possible comme avec la bécasse, qui pique vers les astres en prenant son essor, pour se dégager du feuillage. Vous n'avez pour vous qu'une seule chance, c'est que le jugement de votre œil, plus rapide que l'éclair, vous taille une coulée libre à travers le gaulis, vous indique le point précis où va passer la pièce, et que votre coup arrive là, lancé non ajusté, pour se rencontrer avec elle. C'est quelque chose d'analogue au tir du sanglier à balle franche au traverser du fort d'épines, avec cette différence que le sanglier est une masse énorme qui court et qui vous présente une cible noire d'un mètre carré de surface, tandis que la Gelinotte est une cible qui vole et qu'une feuille couvre, et qui se dérobe au regard par son exiguité.

J'ai vu néanmoins réussir plus d'un de ces brillants coups-là, et j'ai chassé dans la Haute-Saône avec des tireurs de Gelinottes qui tuaient, bon an mal an, leur centaine de pièces. J'ai été possédé quelque temps de la passion de cette chasse, une passion malheureuse, à laquelle j'ai dû renoncer pour cause d'insuccès constant; non pas que j'aie trop manqué (je n'ai jamais tiré qu'une seule Gelinotte), mais, au contraire, parce que je n'ai pas trouvé assez d'occasions de manquer; parce que la raison m'a dit que, pour réussir en cette chasse, il me faudrait absolument retourner à l'école, et enfin parce qu'il y a un âge où il est plus facile d'enseigner que d'apprendre.

Du reste, la difficulté exceptionnelle de ce tir est si généralement reconnue, que les plus fanatiques amateurs de la chasse à la Gelinotte semblent peu s'occuper de tirer la pièce au départ. Mais ils observent sa direction et ils l'écoutent se taire, pour juger approximativement, d'après la cessation de son vol, de la place où elle s'est branchée. Cette direction bien observée, ils marchent en silence vers les grands arbres de la remise, l'œil ouvert sur toutes les maîtresses branches qu'ils inspectent minutieusement de leurs prunelles exercées, et où souvent ils ont la chance de découvrir la pauvre fugitive, non perchée et debout, à l'instar de la grive et des autres oiseaux, mais comme aplatie et collée sur la branche de refuge et dans le sens de la longueur d'icelle, à la façon de l'écureuil ou de l'engoulevent. Et là ils l'assassinent posée, si mieux ils n'aiment, par respect pour eux-mêmes, la faire repartir afin de se donner le plaisir de la tirer au vol. Il arrive trois fois sur quatre qu'on ne retrouve pas la Gelinotte branchée, ou qu'elle repart trop vite, ou qu'elle ne repart pas.

Il tombe sous le sens que cette requête à l'œil n'est guère praticable que dans les forêts d'essences à feuilles caduques, comme celles du hêtre et du chêne, où la frondaison éclaircie laisse libre cours aux regards. Le sombre couvert des sapins offre, en effet, à la Gelinotte, un asile inviolable où l'œil même de l'autour ne la dénicherait pas.

Maintenant, chose navrante à dire, cette Gelinotte si futée, si rusée, si richement armée contre le chasseur loyal, est sans défense contre le colleteur. Elle est sa proie, sa victime marquée, un économiste dirait son instrument de travail. Toute la région de l'Est, habitée par la Gelinotte, est un apanage exclusif abandonné en propre à ce pire des fléaux de Dieu. Le colleteur qui sait la demeure d'une Gelinotte, demeure facile à reconnaître, se baisse, gratte la terre, tend sa potence au-dessus du grattis, et aussitôt qu'il a le dos tourné, la pauvrette s'y va pendre. Pièce perdue pour la table; car tout gibier qui souffre une longue agonie perd les trois quarts de son fumet et de son embonpoint, et la malheureuse Gelinotte, comme la Perdrix, la Bécasse et la Caille, est quelquefois deux heures à mourir.

Or, il n'y a pas que les braconniers de profession qui se livrent à l'industrie criminelle du colletage. La rage de la tendue sévit sur toutes les classes dans les pays boisés de l'Est; elle est comme un mal endémique qui n'épargne personne, pas même les honnêtes gens, pas même les chasseurs. J'en sais un, un ami, un effréné tendeur, qui, pas plus tard qu'en septembre dernier, me montrait d'un air de triomphe un illustre collet qui lui avait rapporté six Gelinottes dans la même quinzaine. « Elles étaient douze de la même compagnie, disait-il, et je les ai eues toutes. » Et son orgueil s'amusait fort, à ce triste sujet, de la supériorité de sa pratique sur la mienne. Il est visible que la grande habitude du crime avait complétement détruit le sens moral chez cet homme; et comme il n'y avait pas à essayer de le ramener au bien par la raison, je ne le sermonnai pas; seulement, je le pris en grippe. J'ai même désiré, une fois, d'être secrétaire d'État aux affaires étrangères, pour l'envoyer consul dans un poste lointain.

Les braconniers de l'Est détruisent encore beaucoup de Gelinottes au moyen d'un appeau qui imite le sifflet de la femelle et fait venir les mâles. Ce procédé de destruction, qui ne s'attaque qu'à la moitié de l'espèce, est naturellement moins criminel que l'autre; mais il l'est assez, cependant, pour motiver grandement toutes les sévérités de la loi.

Presque tous les chasseurs de Gelinottes m'ont dit qu'on ne saurait exiger du braque qu'on destine à cette chasse trop de prudence et de circonspection dans la quête, trop de solidité à l'arrêt. Mon avis d'inexpert est que tous ces messieurs sont complétement dans le faux, et que l'impatient choupille vaut infiniment mieux dans l'espèce que le pointer le plus accompli.

Il en est de la Gelinotte des Ardennes, du **Jura** et des Vosges, comme de la Perdrix du Mans et de la Bécasse de Bretagne. C'est surtout depuis que l'ouverture des chemins de fer de l'Est a offert sa prime d'encouragement aux braconniers de cette région, que l'intéressante espèce a vu le nombre de ses ennemis s'accroître en progression géométrique et la menacer d'extermination totale. Les progrès de la tuerie ont suivi une marche si rapide, que le prix de la pièce, qui tend indéfiniment à s'accroître, a déjà plus que doublé sur les lieux d'extraction, et que la Gelinotte, qui n'est guère plus grosse que la perdrix rouge, coûte déjà, à Paris, plus cher que le faisan.

Or, l'on sait la puissance d'action et de réaction de ce *cercle vicieux :* plus le gibier est rare, plus il vaut ; plus il vaut, plus s'élève la prime offerte au braconnier.

Que vouliez-vous que fît la Gelinotte contre la

coalition du braconnage, de la tendue et du chemin
de fer?

Qu'elle mourût... comme le coq de bruyère...
C'est ce qu'elle fera avant peu.

Déjà l'intéressante espèce que la nature avait
créée pour parer de ses tribus populeuses le tapis
vert des bois et fournir aux tables les plus humbles
un riche élément de confort, est dévolue à la consommation exclusive des rois de la finance. Au lieu
de briller au premier rang de la double Grandesse,
dans l'ordre de nos plaisirs, elle s'éclipse au dernier!

Et pourtant je vous jure, sur le salut de mon
âme, qu'il n'est pas sous le ciel d'espèce plus facile
à sauver, à propager, à acclimater en tous lieux que
celle-là...

Qui vit de tout, vit partout, se défend avec une
égale adresse du chien et des chasseurs, de la famine et du froid... qui ne redoute ni l'Autour, ni
l'affût, ni le drap de mort... qui rivalise pour la fécondité avec la Perdrix, la Caille, et pond en captivité comme la Poule... qui n'a qu'un ennemi, le
collet de pied, qu'on peut supprimer d'un trait de
plume...

Et qu'il ne faudrait pas plus de deux lustres à un grand animalier de France, suffisamment pourvu d'intelligence et de moyens d'action, et dévoré de l'amour du bien public, pour rétablir le vaillant gibier dans sa gloire, et conquérir des titres imprescriptibles à la gratitude de ses contemporains et des âges futurs.

IV

LES PETITES BÊTES

LA GRIVE, L'ALOUETTE, LE BEC-FIGUE, L'ORTOLAN,
LE ROUGE-GORGE, ETC., ETC.

Les trois chapitres qui précèdent racontent les misères de la plus importante de toutes les chasses de France, la chasse au chien d'arrêt ; celle qui consomme la plus forte quantité de poudre et supporte la plus lourde charge de l'impôt du permis ; la seule qui soit à peu près praticable dans un petit État dont la superficie mesure trente-trois millions d'hectares, lesquels sont morcelés en douze millions de parcelles. La Bécassine dit la chasse au marais ; la Perdrix, celle en plaine ; la Gelinotte, celle au bois.

Je pouvais évidemment allonger de quelques

noms de plus cette liste des espèces victimes, et accroître d'autant le nombre de mes stations pieuses sur la voie de leur mort. A l'oraison funèbre du Tétras huppé des Myrtilles, je pouvais logiquement adjoindre celles du grand Tétras des Sapins et des petits des Bouleaux, des Saules et des Neiges. Personne, je suppose, ne m'eût repris non plus d'avoir fait suivre ma complainte sur la Perdrix et sur la Bécassine, de quelques lamentations analogues sur le sort de l'Outarde et de la Canepetière, de la Marouette et du Râle, forcés, par la persécution, de déserter nos steppes, nos landes, nos marais conquis par la charrue. Surtout j'étais en droit de doubler l'intérêt de mon récit en appelant à figurer dans la même revue funéraire, côte à côte des agonisants de la volatilie, les agonisants de l'autre règne, le Lièvre et le Chevreuil. Car c'eût été un douloureux spectacle, à navrer la pensée, que de voir s'acheminer lentement vers le séjour des mythes et graduellement s'affaler dans le gouffre d'éternel oubli, les longues files symétriques des tribus victimées du gibier poil et plume. Et certainement qu'à ma place, un habile metteur en scène, n'eût pas laissé passer une aussi superbe occasion d'attendrir le lecteur et d'exciter en lui la haine des bourreaux. Ainsi n'eût pas manqué de faire l'Aigle de Meaux, par exemple, ce pleureur éloquent des défunts de première classe, si pur, si majestueux, si perfide en ses prosopopées ; ce Prince des Orateurs mîtrés, mais non chrétiens, qui n'a pas craint de mettre dans la bouche de l'Église les gémissements plaintifs de la *tourterelle délaissée*, pour induire doucement le Grand Roi, son doux maître, à redoubler de rigueur envers les hérétiques. Mais ma douleur était bien trop vive pour laisser s'égarer ma plume au pourchas des effets de style ; car mes larmes, à moi, coulent bien de mon âme, et que les pauvres bêtes que je pleure ne m'ont pas payé pour être triste, comme la chose se pratique chez les enfants des hommes. Voilà comme s'explique l'absence des représentants de la Mammiférie à ce convoi funèbre.

Il est à remarquer ensuite que tous les fléaux qui s'attaquent à ces infortunées espèces sont de même provenance et usent des mêmes procédés pour mener à mal leurs victimes. Toutes, en effet, ou du moins presque toutes, le Lièvre comme le Chevreuil, la Perdrix comme la Grive, comme l'Alouette et la Gelinotte, finissent par la hart, hart de crin, de chanvre ou de cuivre ; toutes expirent dans les mêmes tortures ; c'est le même bourreau qui les tue, un étrangleur infâme... Et mes oreilles sont témoins que c'est toujours à ce dernier, à lui tout seul, que s'adressent les plaintes du génie de la Faune française, qui geint, pendant la nuit, sur les ruines de sa gloire : Colleteur, colleteur, rends-moi mes légions!!! Alors, j'ai donc pu supposer, avec quelque raison, qu'il me suffirait d'exposer les misères du sort de l'une d'elles, de l'une des espèces typiques, pour écrire l'histoire de toutes et l'histoire des espèces voisines, aussi bien que celle des séries, des ordres, voire des règnes divers ; étant certain, pour celui qui raisonne, que la rareté de la Perdrix explique tout aussi facilement celle du Lièvre ou celle de la Truite que celle de la Caille, et d'autant mieux que ce sont les agents d'une seule et même administration, dite des Eaux et Forêts, qui veillent chez nous à la garde du gibier comme du poisson.

Ainsi s'éteint faute d'air, d'aliments et d'espace; ainsi se meurt, sous toutes ses espèces, la chasse au chien d'arrêt de France, une des plus charmantes inventions de l'homme, une des plus adorables jouissances de ce bas-monde où il y en a si peu. J'entends déjà sonner d'ici l'heure fatale où le braque ne fonctionnera plus qu'en vase clos, c'est-à-dire en ces basses-cours fermées de quatre murs qu'ils appellent leurs parcs, et où ils élèvent des lapins et des lièvres au biberon, plus, des faisans à l'épinette. Je ferai voir par des exemples, au chapitre des Fléaux limbiques, que si tous les propriétaires du sol voulaient faire respecter rigoureusement leur droit, la chasse au chien d'arrêt elle-même deviendrait impossible pour neuf chasseurs sur dix, et rentrerait alors dans la catégorie des menus plaisirs exclusivement réservés aux heureux de la terre, les preux de la mélasse et les pêcheurs d'écus.

Maintenant, ce que la chasse au chien d'arrêt menace de devenir avant peu, le privilége du petit nombre, la chasse au chien courant l'est déjà devenu. Chassent encore ou à peu près, quelques nobles possesseurs de fiefs forestiers, quelques riches amodiateurs des forèts de l'État, des communes, des hospices; le reste houraille et braconne. Chasser aux chiens courants, c'est, à Paris comme en mille autres endroits, entourer une enceinte de tout ce qu'on est de tireurs, y faire entrer des chiens pour la vider de tout ce qui s'y trouve, puis rompre ceux-ci après qu'on a tiré, pour recommencer la même opération ailleurs. C'est là de la boucherie, du massacre, du rabat; c'est tout ce que l'on veut, excepté de la chasse; mais la loi qui permet aux juges de voir un grave délit dans le fait de suivre ses chiens sur le terrain d'autrui, la loi impose bien aux malheureux chasseurs l'obligation de procéder de la sorte, s'ils ne veulent laisser périr leur droit de chasse en leurs mains. Et puis, que chasser en France avec des chiens courants? Que chasser en un pays où, sur quatre-vingt-neuf départements, quatre-vingts ignorent le cerf et cinquante le chevreuil; d'où enfin le lièvre lui-même a déjà disparu, disparu complétement sur quelques millions d'hectares? Je sais bien que le digne patron des chasseurs, le miséricordieux saint Hubert, semble avoir eu pitié, en ces années dernières, des misères de ses fidèles, et qu'il a renouvelé pour eux, sous l'espèce du sanglier, le miracle de la multiplication des pains dans le désert... Ce qui a été cause que tous les districts forestiers de l'Empire, de Strasbourg à Saint-Lô et de Besançon à Nantes, ont été envahis soudain par un déluge inespéré de bêtes noires venues on ne sait d'où. Mais à voir avec quelle ardeur ils se sont rués à la curée de la proie de rencontre, il est trop facile de prédire que les tristes enfants prodigues n'en auront pas pour bien longtemps de leur fortune miraculeuse, et que rien ne leur restera devant peu de la faveur céleste, sinon l'amer regret d'avoir dissipé follement, en deux ou trois campagnes, un fonds de richesses qui, bien aménagées, en auraient alimenté vingt. Ainsi veut qu'il en soit le sentiment d'égoïsme qui pèse sur les conseils de la haute vénerie dans les jours où nous sommes. *Le Journal des Chasseurs* de janvier 1862 s'étonnait que le chiffre des sangliers eût déjà diminué d'une façon inquiétante dans la forêt d'Ourscamps et lieux circonvoisins, bien que M. le marquis de l'Aigle, un illustre veneur qui exploite ces parages, n'eût encore pris, en la campagne courante, que vingt-deux bêtes sur vingt-deux attaquées... Vingt-deux prises consécutives ! Je m'étonne à mon tour de l'étonnement du *Journal des Chasseurs*. Une chose, en effet, m'eût paru plus étrange encore à moi qui ne suis qu'un homme simple ; c'est que l'effectif des bêtes noires de la forêt d'Ourscamps se fût accru d'une façon notable, à la suite d'une pareille tuerie.

Mais passons sur toutes ces misères, sur toutes ces boucheries écœurantes de la chasse à tir et à courre, pour épargner à nos lecteurs l'assommante répétition de la note plaintive, et pour attaquer au plus tôt l'intéressante question des petites bêtes, qui reportera, peut-être, pendant quelques instants, sur des scènes moins tristes, nos yeux et nos esprits.

Je veux dire par là qu'un intérêt immense semble s'attacher chez nous depuis quelques années à la question du Rouge-Gorge, de l'Alouette et de la Grive, et que cette heureuse direction de l'opinion publique prouve que la lumière se fait dans les conseils de la nation française sur les voies et moyens de la grande politique. Un vague rayon d'espoir a traversé mon âme. Dieu vienne en aide à tous les bons vouloirs et les arme de persévérance et de foi en mes dires !

Je comprends sous cette dénomination vulgaire de *petites bêtes*, tous les petits oiseaux que le fusil dédaigne et qui sont l'objet de procédés divers d'aviceptologie, tels que filets, gluaux, raquettes, collets et autres piéges. Le nom de petites bêtes s'applique plus spécialement, en Lorraine, à une dizaine d'espèces bocagères qui se prennent quasi exclusivement aux gluaux et à la raquette, et constituent le fond de deux genres de chasse qui s'appellent la Tendue, la Pipée. La tendue est une longue série de piéges à demeure disposés le long des abreuvoirs, des sentiers, des lisières, où les petits oiseaux se rendent de leur propre mouvement et viennent chercher pâture. La pipée est, au contraire, une embûche préparée pour les besoins de l'heure présente, et où les oiseaux ne donnent qu'autant qu'on les y appelle. La vraie tendue, la tendue fixe, dont la saison dure deux mois, procède généralement par le collet et la raquette. La pipée, qui est l'art d'attirer les oiseaux dans le piége par un langage trompeur, n'emploie que les gluaux. On tend bien aussi les fontaines et les chemins humides à la glu par les beaux soleils de septembre, et cette opération s'appelle bien aussi la tendue ; mais, je le répète, ce nom-là réveille principalement l'idée de la raquette. Les petites bêtes de Lorraine proprement dites, les espèces bocagères, auxquelles en a particulièrement le tendeur, sont au nombre de quinze environ : le Rouge-Gorge, le Rouge-Queue, les Fauvettes, les Rossignols, les Gobe-Mouches, les Pouillots, les Roitelets, les Pinsons, les Mésanges, etc. A la réserve des deux dernières, toutes ces espèces sont aptes à fournir des rôtis supérieurs ; culinairement parlant, ce sont morceaux de roi. De là leur malheur et le nombre et l'animosité des méchants acharnés à leur ruine. Le Gros-Bec, le Merle, la Grive, la Pie, le Geai, le Pivert et les oiseaux de proie que l'on prend en même temps qu'elles, sont réputés *grosses bêtes*. C'est-à-dire que c'est bien de mon autorité privée que j'englobe et fais entrer de force en cette vague dénomination de petites bêtes, toutes les fines espèces ailées de France qui s'attrapent, se mangent, mais ne se chassent pas : la Grive, l'Ortolan, le Bec-Figue, l'Alouette, l'Hirondelle et la Bergeronnette, etc., etc. Cette explication est donnée pour éviter toute méprise sur la valeur des noms. Or, disons maintenant la révolution qui s'est faite dans l'esprit des hautes puissances sur la grave question des petites bêtes et d'où m'est né l'espoir qui rosit ma pensée.

Il y a trente ans et plus que la France est en proie au ravage d'une foule de fléaux qui, sous les noms divers de pyrale, d'oïdium, de maladie des pommes de terre, etc., s'attaquent avec rage à ses plus riches cultures et menacent de tarir les sources de sa fortune. Ce que voyant, de généreux citoyens, animés de l'amour du bien public, se sont mis à rechercher les causes de ces calamités périodiques, et ils ont cru les découvrir dans la pullulation toujours croissante des insectes dévorants. Après quoi l'idée leur est venue que les débordements de l'immonde vermine pourraient bien provenir de la disparition des oiseaux, à qui le bon Dieu avait commis le soin de défendre les récoltes de l'homme contre les dévastations du fléau. A la fin, plusieurs ont songé à réclamer la protection des lois en faveur des espèces ailées protectrices de l'agriculture.

Leurs réclames éloquentes ont trouvé des échos dans le sein de quelques comices agricoles de l'Est et du Midi, qui, jaloux de justifier la confiance de leurs concitoyens, en ont appelé à qui de droit des misères des populations laborieuses; et le Sénat conservateur, avisé du péril par les vœux de ces assemblées, a chargé l'un de ses plus éminents orateurs de lui adresser un rapport sur la situation. Ce rapport mémorable et que mon admiration personnelle ne craint pas de considérer, avec la loi Grammont, comme l'un des plus nobles travaux législatifs de l'époque, a conclu au renvoi des pétitions susdites au Ministre de l'agriculture, du commerce et des travaux publics. Ce renvoi a été adopté à l'unanimité, et le Ministre, s'associant de la façon la plus gracieuse aux désirs du Sénat, a invité tous les préfets de l'Empire à prendre les mesures nécessaires pour préserver de la destruction les oiseaux réputés utiles à l'agriculture.

Le gouvernement a fait plus, je dis plus et non mieux. Comme la funeste législation actuelle a con-

fié imprudemment aux préfets le soin de réglementer *la chasse exceptionnelle des oiseaux de passage*,
il a demandé aux professeurs du Muséum de retirer
de cette catégorie des oiseaux de passage un certain
nombre d'espèces utiles, pour les soustraire aux erreurs désastreuses de la juridiction préfectorale.
Et les savants du Muséum, s'associant, à leur tour,
aux louables intentions du Ministre, ont métamorphosé par un pieux mensonge, en oiseaux *sédentaires, non justiciables de l'arbitraire administratif*,
les six espèces dont les noms suivent et sur lesquelles six au moins sont oiseaux de passage :
Merle, Grive, Alouette, Roûge-Gorge, Pinson,
Mésange.

Le rapport de M. Bonjean fut lu et couronné
dans la séance du Sénat du 24 juin 1861, le propre
jour de la fête de saint Jean, le précurseur du
Christ. Deux mois plus tard, les arrêtés d'ouverture des préfets du Nord-Est portaient interdiction
de la tendue et de la pipée. L'année d'après, les
bons préfets des autres régions de l'Empire, considérant qu'il serait contraire aux principes de l'égalité et de la justice distributive de maintenir leurs

administrés en possession des jouissances de la chasse aux petites bêtes qu'on venait d'interdire aux populations de Lorraine, de Champagne et de Franche-Comté, ont coupé court au privilége inique, en décrétant, comme les préfets de l'Est, l'inviolabilité des petits oiseaux de passage sur leurs terres;… et un grand pas a été fait ainsi dans les voies de la véritable sagesse et de la grande politique. Reste à savoir si les agents chargés de tenir la main à l'exécution des sages arrêtés ci-dessus, sauront s'élever à la hauteur de leur tâche ; car c'est chose difficile chez nous que l'exécution des lois sages. Mais commençons d'abord par approuver sans restriction les principes, sauf à remettre plus tard sur le tapis de la critique la question des moyens.

On comprend qu'il est doux pour l'économiste sérieux, qui affirme depuis tant de lustres l'importance ultra-supérieure de la question de chasse, de voir les puissants et les sages se rallier à la fin à son opinion, et reconnaître avec lui que la question des petites bêtes est une question de Richesse ou de Misère, de Vie ou de Mort pour la France !

L'ornithologiste passionnel qui a blanchi la Grive,

oiseau cher à Bacchus, emblème du franc buveur, de l'étrange accusation d'humeur noire contre elle dirigée par Buffon... Le même qui a revendiqué hardiment pour l'Alouette le titre glorieux d'emblème de la nation française, usurpé tour à tour par le Coq et par l'Aigle, pour l'Alouette, qui chante dans la nue, et sème de plus de joie tous les champs de l'espace et reporte vers le ciel les bénédictions de la terre... L'ornithologiste passionnel, osé-je dire, est également en droit de se féliciter du bonheur qui arrive aux deux nobles espèces ci-dessus, espèces si éminentes par le charme de leur voix et l'exquise finesse de leur chair, et dont il a toujours chaudement plaidé la cause.

Pour les mêmes motifs, il lui est encore permis de s'applaudir de la mesure qui a voulu soustraire le Pinson courageux et la crédule Mésange aux embûches de la pipée, du gluau et de la raquette... ayant plus d'une fois démontré dans ses livres que Dieu avait fait ces espèces doublement respectables à l'homme, comme immangeables d'abord, en outre, comme mangeuses insatiables d'insectes.

Mais, à coup sûr, nul écrivain de France ni

d'ailleurs, d'aujourd'hui ni d'hier, ne pouvait autant se réjouir que l'auteur du *Monde des Oiseaux* du vote solennel qui décrète l'inviolabilité du Rouge-Gorge; car nul autre écrivain, que je sache, n'a autant dépensé de phrases et d'efforts à la glorification de ce moule d'élite, en qui Dieu a mis tous les charmes et toutes les vaillances, tous les nobles enthousiasmes, toutes les délicatesses de l'esprit et du corps. D'autres amis des bêtes, d'au delà et d'en deçà de la Manche, ont bien pu signaler quelques-uns des mérites sans nombre du Rouge-Gorge, lesquels éblouissent les yeux. Albion, par exemple, la brumeuse contrée où si peu d'oiseaux chantent, Albion a pu lui faire fête comme à l'hôte espéré du foyer domestique, et accepter sa venue comme un signe secret de l'élection d'en haut, et lui savoir gré de sa confiance en l'homme, et l'héberger charitablement en ses jardins d'hiver où la gratitude de l'oiseau pour tant de soins si doux lui a fait souvent établir son domicile d'amour. Et les notes veloutées, suaves et mélancoliques, qui s'échappent en filets de perles du gosier du Reubine (Robin), ont bien pu tenir autant de place par là dans les poëmes des saisons que les torrents d'harmonie qui débordent en cascades du gosier puissant de la Farlouse, le chantre préféré du pays d'outre-Manche. La légende de Bretagne aussi, la légende poétique et touchante, qui semble déjà s'éclairer des lueurs de l'analogie passionnelle, a bien pu faire au Rouge-Gorge une place honorable en ses récits pieux. Elle dit qu'il a suivi le Sauveur au Calvaire où il a détaché un des fleurons de sa couronne d'épines, et que, pour cette cause, il est devenu plus tard le fidèle confident des génies bienfaisants de la vieille Armorique, le gardien de leurs trésors, le porteur de leurs bons messages aux justes persécutés. George Sand, enfin, a pu le peindre, en l'une de ses pages immortelles, comme un esprit du feu qui se joue par les flammes sans se brûler les ailes. Mais il n'appartenait réellement qu'au seul analogiste qui sait les dominantes caractérielles des bêtes, et qui a passé de nombreuses années dans la société intime du Rouge-Gorge où il a connu le bonheur ; il n'appartenait, dis-je, qu'à l'analogiste passionnel, doublé de l'ex-gamin des rives de la Meuse, d'analyser, de réunir, de souder l'un à l'autre tous les éléments de la gloire

de l'intéressante créature, et d'expliquer le pourquoi du plastron orangé qui décore sa poitrine. Et il
l'a fait avec amour en des feuilletons sans fin et des
quarts de volume où il a mis son âme ;... incité qu'il
était d'ailleurs à la perpétration de son œuvre par
la sainte impulsion du remords ; car lui aussi avait
été bourreau de Rouges-Gorges, en sa deuxième
enfance, à l'âge où l'on est sans pitié ; et plus tard
la honte l'avait pris du métier coupable et infâme,
et, pour expier ses méfaits, il s'était de bonne heure
imposé le devoir de travailler à la rédemption de la
douce victime, et de détourner ses complices de la
voie scélérate. Or, il s'est tenu ses promesses.

C'est bien lui, en effet, lui seul, qui a restitué au
Rouge-Gorge tous ses titres à l'estime des mortels
raisonnables, et qui a rallié à sa cause les ardentes
sympathies de tous les nobles cœurs. C'est lui qui
l'a proclamé le plus haut l'oiseau vaillant par excellence ; qui se joue des périls et des flammes des
bûchers ; l'emblème des martyrs de la foi, des
croyants et des purs ; le chantre de l'hiver et de la
solitude ; l'ami du pauvre monde, mais l'ennemi
fougueux et irréconciliable de l'oiseau de nuit qui

symbolise l'Obscurantisme, comme de l'Araignée qui est l'emblème du Vampirisme commercial. L'ornithologiste passionnel a même été plus loin ; il a réussi à démontrer, contre l'autorité écrasante de Michelet, que le vrai peuple héroïque de l'Europe était le Lorrain, non l'Anglais, et que la gloire sans seconde des héros de souche austrasienne, leur venait principalement de leur passion frénétique pour la pipée dont le Rouge-Gorge est l'âme. Découvrant ainsi la nature des causes mystérieuses qui tinrent constamment la victoire fidèle aux armes des Charles Martel, des Charlemagne, des Godefroy de Bouillon, des Jeanne d'Arc et des Guises, tous enfants de Lorraine, tous héros d'épopée !

Or, quand on a tant fait pour une bête, on a bien le droit de se réjouir du bien qui lui arrive, et le modeste auteur du *Monde des oiseaux* n'en réclame pas d'autre en l'espèce.

Car il ne s'abuse aucunement sur la part d'influence qui revient à ses œuvres dans le vote du Sénat ; et s'il eût nourri à cet égard les moindres prétentions, l'oubli fait de son nom par l'illustre rapporteur sur la liste des autorités consultées, eût suffi pour rabattre les fumées de son orgueil. Il sait trop bien, hélas! le père infortuné de quatre énormes volumes sur la matière, que les solutions prophétiques de l'analogie passionnelle qui feront loi un jour, ne sont pas encore acceptées par tous les bons esprits comme paroles d'Évangile. Il n'ignore pas non plus qu'il a contre lui la fâcheuse réputation de fantaisiste spirituel que ses ennemis perfides lui ont faite pour le perdre, et qui ôte d'avance toute portée à ses dires. Et parce qu'il ne tient pas à se laver de la calomnie, il la subira en silence. Toutefois, si son humilité le porte à reconnaître que son nom ne mérite pas l'honneur d'être cité parmi ceux des tenants de la grande bataille, les Sacc, les Gadebled, les Gloger et les autres, il demande qu'il lui soit permis de battre des mains à la victoire pour laquelle il a combattu, avec Michelet et George Sand, au sein de la mêlée obscure. Il jubile trop pleinement, d'ailleurs, dans le fond de son âme, du succès de sa cause gagnée par une voix plus éloquente et plus autorisée que la sienne, pour qu'aucun sentiment d'amour-propre froissé ou de jalousie amère puisse troubler sa joie. Et en témoignage de la sincérité de ses paroles, il s'empresse d'étaler sous les yeux du public le plaidoyer vainqueur, comme on fait dans les classes pour la composition couronnée par le prix d'honneur.

M. Bonjean, rapporteur, s'exprime ainsi :

MESSIEURS LES SÉNATEURS,

Le sieur Marschal, ancien député de la Meurthe, le Comice agricole de Toulon, la Société régionale d'acclimatation du Nord-Est, à Nancy, et M. Schœffer, à Robertsau (Haut-Rhin), demandent que des mesures soient prises pour la conservation des oiseaux qui détruisent les insectes nuisibles à l'agriculture.

Ces quatre pétitions méritent de fixer toute l'attention du Sénat.

Elles ne sont point inspirées, comme on pourrait le croire au premier abord, par une sensibilité platonique en faveur d'une classe d'être vivants, voués à une destruction que ne légitime pas, pour l'homme, la loi suprême de sa propre conservation. Si honorable et si facile à justifier qu'il fût aux yeux d'une saine philosophie, ce sentiment n'est pas celui qui inspire les pétitionnaires. Hommes pratiques et positifs, s'ils vous demandent pour les oiseaux une protection plus efficace que celle résultant de la législation actuelle, ce n'est point par pur amour des oiseaux ; c'est uniquement dans l'intérêt de l'agriculture, très-sérieusement menacée, affirment-ils, si l'on continue à détruire les seuls auxiliaires qui puissent arrêter efficacement la propagation des insectes, fléau des cultures de toute nature.

Ces pétitions soulèvent plusieurs questions de fait et de droit, que je vais rapidement examiner. Pour les premières, à défaut de toute compétence personnelle, nous avons consulté, autant qu'il a dépendu de nous et du temps qu'il nous était permis d'y consacrer, les hommes les plus autorisés en histoire naturelle et en agriculture. C'est donc en leur nom, pour ainsi dire, que nous vous soumettons certains faits que nous n'avions pas qualité suffisante pour affirmer.

§ Ier.

IMPORTANCE DES OISEAUX POUR L'AGRICULTURE

I. — Il existe en France, Messieurs les Sénateurs, plusieurs milliers d'espèces d'insectes, presque toutes douées d'une effrayante fécondité, presque toutes aussi vivant exclusivement aux dépens de nos végétaux les plus précieux, ceux qui fournissent à l'homme sa nourriture, ses bois de construction ou de chauffage.

Le chêne robuste a pour ennemis le Lucane, le Cerambyx héros, etc.

A l'orme s'attachent les Scolytes destructeurs.

Les pins et les sapins succombent sous les attaques des Bostriches, de la Nonne, du Scarabée typographe.

L'arbre de Minerve, le précieux olivier, voit son bois miné par le Phlœotribus, tandis que ses fruits sont dévorés par les larves innombrables de la Mouche de l'olivier (*dacus oleæ*).

La vigne résiste à peine, en certaines localités, aux ravages de la Pyrale.

12.

Le blé et les autres céréales sont attaqués, dans leurs racines, par le ver blanc (larve du Hanneton); sur pied, avant la floraison, par la Cécidomye; plus tard, au moment où se forme le grain, par le Charançon (*calandra granaria*), etc., etc.

Le colza et les autres crucifères n'ont pas des ennemis moins nombreux. Plusieurs variétés d'Altises détruisent le plant à sa sortie de terre; d'autres parasites attendent que la silique soit formée pour y élire domicile et se nourrir aux dépens de la graine.

Les racines de toutes les légumineuses sont mangées par les Courtilières et autres insectes fouilleurs, tandis que la larve de la Bruche vit cachée dans les pois et les lentilles, dont elle ne nous laisse que l'enveloppe.

Ce que les insectes ont épargné est-il au moins assuré au laboureur?... Non : une multitude de petits rongeurs, Mulots, Rats et Souris, après avoir vécu, aux champs, aux dépens de la récolte, pénètrent dans la grange et y prélèvent une nouvelle dîme sur les gerbes appauvries.

Qui pourrait calculer les pertes qui résultent,

pour l'agriculture, de toutes ces causes réunies?

C'est depuis peu d'années seulement, que la science a compris qu'il y avait là, pour elle, un grand devoir social à remplir; c'est d'hier, pour ainsi dire, que ces questions sont à l'étude : la statistique n'offre donc, en ce moment encore, que des renseignements incomplets qu'il convient de n'invoquer qu'avec circonspection.

Toutefois, les lamentations des pays vignobles, au sujet de la Pyrale, attestent assez la grandeur du mal pour ce genre de culture.

Quant aux céréales, on n'évalue pas à moins de 4 millions de francs, au plus bas, la valeur du blé que fait avorter, en une seule année, dans l'un de nos départements de l'Est, la seule larve cécidomyque. — Dans une notice spéciale, et d'après un grand nombre de faits soigneusement étudiés, M. Bazin n'hésite pas à attribuer à cet insecte l'insuffisance des récoltes dont nous eûmes tant à souffrir, durant les trois années qui précédèrent 1856. Dans certains champs, la perte s'éleva à près de moitié de la récolte.

Pour le colza, une monographie très-bien faite

par l'un des professeurs de l'ancien Institut agrono-
mique de Versailles, a constaté, d'après des expériences faites avec le plus grand soin, sur une
récolte dépendant de cet établissement : que, sur
vingt siliques prises au hasard et fournissant cinq
cent quatre graines, deux cent quatre-vingt-seize
graines seulement étaient saines. Le surplus avait
été mangé par les insectes ou s'était flétri par l'effet
de leurs piqûres. Que, par suite, il y avait eu perte,
en huile, de 32, 8 0/0 ; et plus spécialement, que
sur une récolte ayant produit 4,500 francs, il fallait compter une perte de 2,700 francs qui, si elle
eût pu être évitée, aurait porté le produit à 7,200
francs.

En Allemagne, au témoignage de Latreille, la
Nonne (*Phalæna monacha*) a fait périr des forêts
entières. — En 1810, les Bostriches avaient tellement envahi la forêt de Tannesbuch, située dans le
département de la Roër, qu'un décret dut ordonner
d'abattre la forêt et de brûler sur place les branches, racines et bruyères. — Dans la Prusse orientale, il a fallu abattre, il y a trois ans, dans les
forêts de l'État, plus de vingt-quatre millions de

mètres cubes de sapins, et contrairement à tous les règlements forestiers, parce que les arbres périssaient sous les attaques des insectes.

Nos amiraux vous parleront, avec plus d'autorité que moi, des Termites qui, principalement à la Rochelle et à Rochefort, détruisent les bois de nos chantiers maritimes et jusqu'aux registres des archives.

Si considérables que soient ces ravages, on s'étonne qu'ils ne le soient pas davantage encore, quand on considère la prodigieuse fécondité dont sont douées les espèces malfaisantes ; et, si Dieu n'y eût pourvu par des moyens dignes de sa sagesse, depuis longtemps toute végétation aurait disparu de la surface de la terre.

II. — Et, en effet, contre de tels ennemis, l'homme est frappé d'impuissance.

Son génie peut mesurer le cours des astres, percer les montagnes, faire marcher un navire contre la tempête ; les monstres des forêts, il les tue ou les soumet à ses lois ; mais devant ces myriades d'insectes qui, de tous les points de l'horizon, viennent s'abattre sur ses champs cultivés avec tant de

sueurs, sa force n'est que faiblesse. Son œil n'est pas
assez perçant pour apercevoir seulement la plupart
d'entre eux, sa main est trop lente pour les frapper; et, d'ailleurs, quand il les écraserait par millions, ils renaissent par milliards. D'en haut, d'en
bas, à droite, à gauche, leurs innombrables légions se succèdent et se relayent sans trêve ni
repos.

Dans cette indestructible armée, qui marche à la
conquête de l'œuvre de l'homme, chacun a son
mois, son jour, sa saison, son arbre, sa plante;
chacun connaît son poste de combat, et nul ne s'y
trompe jamais.

Dès le commencement des âges, l'homme eût
succombé dans cette lutte inégale, si Dieu ne lui
eût donné, dans l'oiseau, un auxiliaire puissant, un
allié fidèle qui s'acquitte à merveille de l'œuvre que
lui, homme, ne saurait accomplir.

Cette mission providentielle de l'oiseau a pu passer longtemps pour une exagération poétique ;
aujourd'hui, grâce aux travaux des naturalistes
modernes, et notamment à ceux de **M.** Florent
Prévost, aide-naturaliste à notre Muséum d'his-

toire naturelle, elle a pris rang parmi les vérités les mieux démontrées de la science.

A l'aide des facilités qui lui ont été données par les administrateurs des forêts et des domaines de la Couronne, et dans une suite d'études poursuivies avec persévérance depuis bientôt quarante ans, ce modeste et savant investigateur est parvenu à constater, expérimentalement, semaine par semaine, le régime alimentaire des oiseaux de nos climats. Par l'examen attentif des débris trouvés dans leurs estomacs, il a pu déterminer, pour chaque espèce, non-seulement dans quelle proportion elle se nourrit d'insectes, mais quelles espèces en particulier elle recherche et détruit, et, par conséquent, quels végétaux elle protége contre leurs ennemis.

Les estomacs ainsi étudiés sont conservés sous une triple forme; et ils ont commencé une collection nouvelle qui prendra rang parmi les plus intéressantes du Muséum. De plus, M. Florent Prévost a dressé des tableaux ingénieusement disposés, qui permettent de saisir facilement les résultats obtenus.

Ces travaux, encore inédits pour la plupart, dont le mérite a été plus d'une fois mis en lumière par M. Geoffroy Saint-Hilaire, ont reçu de l'Académie des Sciences et de plusieurs sociétés savantes les plus honorables témoignages d'approbation. Avec un empressement dont nous sommes heureux de le remercier ici publiquement, M. Florent Prévost a bien voulu mettre à la disposition de votre rapporteur ses collections, ses tableaux et surtout l'inépuisable obligeance dont notre expérience avait si grand besoin.

Nous ne pouvons songer à faire passer sous les yeux de l'assemblée ces intéressants documents; mais, pour peu que quelqu'un de nos collègues en témoignât le désir, nous pourrions joindre à ce rapport, dans l'impression de nos procès-verbaux, deux ou trois de ces tableaux qui donneraient une idée du degré de certitude auquel la méthode de l'habile naturaliste a pu le conduire sur des faits qui en paraissent peu susceptibles.

De l'ensemble de ces remarquables recherches, il résulte qu'au point de vue des services rendus à l'agriculture, les trois cent trente espèces d'oiseaux qui pondent dans notre pays, peuvent se ranger en trois classes principales.

Première classe. — Dans la première classe, nous rangerons les oiseaux bien décidément *nuisibles*, du moins indirectement, en ce qu'ils détruisent beaucoup d'oiseaux insectivores. Ce sont, dans l'ordre des *rapaces*, presque tous les oiseaux *diurnes*, et dans celui des *omnivores*, les Corbeaux, les Pies et les Geais. — Dans cette proscription en masse de ces deux ordres malfaisants, la justice veut toutefois qu'on fasse une honorable exception en faveur de la Buse commune et de la Buse bondrée, dont chaque individu détruit environ six mille souris par an ; et surtout qu'on fasse grâce entière à la Corneille freux ou *moissonneuse*, qui rend tant de services par la destruction du ver blanc, et qui se distingue aisément des autres corvidés par les reflets métalliques de son plumage.

Deuxième classe. — Dans la deuxième classe viennent se placer les *granivores*, ou, plus exactement, les oiseaux à double alimentation ; car, à l'exception du Pigeon, il n'est pas un seul oiseau qui soit purement granivore : tous se nourrissent, en même

13

temps ou suivant les saisons, de grains et d'insectes. Nuisibles sous le premier rapport, utiles sous le second, il y aurait, suivant M. Geoffroy Saint-Hilaire, à établir la balance entre les services qu'ils rendent et le mal qu'ils font. Tels sont les Moineaux et les autres gros becs. — Plus hardis, M. Florent Prévost et quelques autres naturalistes estiment que la somme des avantages dépasse de beaucoup celle des inconvénients, et les faits semblent justifier cette opinion.

Le plus mal famé de ces oiseaux suspects est sans contredit le Moineau, si souvent flétri comme un pillard effronté. Eh bien ! si les faits mentionnés dans les pétitions sont exacts, à la différence de beaucoup de gens, cet oiseau vaudrait mieux que sa réputation. On raconte, en effet, que sa tête ayant été mise à prix en Hongrie et dans le pays de Bade, cet intelligent proscrit avait abandonné complétement ces deux pays. Mais bientôt on reconnut que lui seul pouvait soutenir la guerre contre les hannetons et les mille insectes ailés des basses terres ; et ceux-là mêmes qui avaient établi des primes pour le détruire, durent en établir de plus fortes pour en opérer le rapatriement. Ce fut double dépense, châtiment ordinaire des mesures précipitées. — Le grand Frédéric avait aussi déclaré la guerre aux Moineaux, qui ne respectaient pas son fruit favori, la cerise. Naturellement, les Moineaux ne songèrent pas à résister au vainqueur de l'Autriche, ils disparurent. Mais, au bout de deux ans, non-seulement il n'y eut plus de cerises, mais encore il n'y eut presque point d'autres fruits : les chenilles les mangeaient tous ; et le grand roi, vainqueur sur tant de champs de bataille, s'estima heureux de signer la paix, au prix de quelques cerises, avec les Moineaux réconciliés.

Du reste, M. Florent Prévost a constaté que, suivant les circonstances, les insectes entrent pour moitié au moins, souvent dans une proportion beaucoup plus forte, dans le régime alimentaire du Moineau. C'est exclusivement avec des insectes que cet oiseau nourrit son avide couvée ; en voici une preuve remarquable. A Paris, où cependant les débris de nos propres aliments fournissent au Moineau une nourriture abondante, qui semble devoir le dispenser des fatigues de la chasse, un couple de ces oiseaux ayant fait son nid sur une terrasse de la rue Vivienne, on recueillit les élytres de hannetons qui avaient été rejetés du nid ; on en compta quatorze cents : c'était donc sept cents hannetons détruits par un seul ménage pour l'alimentation d'une seule couvée.

Ajoutons à la décharge de cet accusé, qu'il est devenu presque domestique, en ce sens qu'il ne vit qu'auprès des demeures de l'homme, et peut-être lui aussi a-t-il été corrompu par l'excès de la civilisation.

A Montville (Seine-Inférieure), on avait aussi proscrit les Corneilles ; on ne tarda pas à reconnaître que leurs ravages ne pouvaient se comparer à ceux qu'elles empêchaient, et la Corneille fut honorablement réhabilitée.

Troisième classe. — Si les Moineaux et les corvidés nous font payer leurs services, voici d'autres oiseaux, et ils sont de beaucoup les plus nombreux, qui nous en rendent à titre purement gratuit.

Ce sont d'abord les oiseaux de proie *nocturnes*, Chouettes, Effrayes, Scops, Hiboux, que l'ignorance poursuit sottement comme animaux de mauvais augure. L'agriculture devrait les bénir ; car, dix fois mieux que les meilleurs chats, et sans menacer comme ceux-ci le rôt et le fromage, les oiseaux de cet ordre font une guerre acharnée aux rats et aux souris, si funestes aux récoltes engrangées, et détruisent, dans les champs, d'innombrables quantités de campagnols, de loirs et de lérots qui, sans ces nocturnes chasseurs, deviendraient bientôt un fléau intolérable. — En signalant les ravages causés par ces petits rongeurs dans les semis et plantations, Buffon donne une idée de leur multiplication : en trois semaines, il en fit prendre plus de deux mille dans une pièce de quarante arpents. — D'après les observations du naturaliste anglais Whitte, un couple d'Effrayes détruit, chaque nuit, au moins cent cinquante petits rongeurs. Quel est le chat qui pourrait donner un tel résultat ?

Ajoutons que, seuls, ces oiseaux peuvent faire la chasse aux papillons de nuit et aux insectes crépusculaires dont plusieurs sont fort nuisibles.

Enfin, Messieurs les Sénateurs, mais incontestablement au premier rang, pour les services qu'ils nous rendent, viennent tous les oiseaux purement

insectivores : les Grimpereaux, le Pivert, l'Engoulevent, les différentes variétés d'Hirondelles; mais
surtout ces charmants musiciens des champs, tous
ces insectivores vulgairement désignés sous les ex-
pressions collectives de *Petits-Pieds* ou *Becs-Fins*,
Rossignols, Fauvettes, Traquets, Rouges-Gorges,
Rouges-Queues, Bergeronnettes, Pipits, Pouillots,
Roitelets et le Troglodyte, cet ami des chaumières,
qui, tous, à l'envi, nous rendent d'inappréciables
services, services aussi gratuits que mal récompen-
sés, parce qu'on ne s'en fait pas une idée suffisamment exacte.

Permettez-moi donc d'en citer un exemple, qui
m'est fourni par l'un des tableaux de M. Florent
Prévost, relatif au Martinet. Dix de ces oiseaux
furent tués du 15 avril au 29 août, à la fin de la
journée, au moment où ils rentrent au nid. Les insectes, dont les débris furent retrouvés dans les
estomacs, ne montaient pas à moins de cinq mille
quatre cent trente-deux, ce qui donne, pour chaque
jour et pour chaque oiseau, une moyenne de cinq
cent quarante-trois insectes détruits. Un autre tableau présente des résultats analogues pour la Fau-

vette d'hiver. Et, parmi les insectes ainsi anéantis, figurent précisément les plus redoutables pour nous : le Charançon des blés, la Pyrale, le Hanneton et une foule d'autres coléoptères destructeurs.

Or, ce que cause de mal un seul de ces insectes, vous pouvez, Messieurs les Sénateurs, vous en faire une idée, en vous rappelant que le hanneton pond de soixante-dix à cent œufs, bientôt transformés en autant de vers blancs qui, pendant une ou deux années, vivent exclusivement aux dépens des racines de nos végétaux les plus précieux. Le charançon du blé produit soixante-dix à quatre-vingt-dix œufs qui, déposés dans autant de grains de blé, s'y développent en larves qui en dévorent le contenu ; c'est donc la valeur d'un épi au moins perdue par le fait d'un seul charançon. La pyrale pond cent à cent trente œufs déposés dans autant de bourgeons à grappes. Ainsi attaqué, le bourgeon se flétrit et tombe. Voilà cent à cent trente grappes de raisin qu'une seule pyrale détruit en leur germe.

Et maintenant, si vous rapprochez les deux ordres de chiffres que je viens de mettre sous vos yeux, en admettant que, sur les cinq cents insectes détruits en un jour par un seul oiseau, il y ait seulement un *dixième* de ces êtres malfaisants : par exemple, quarante charançons et dix pyrales (et ces chiffres sont au-dessous de la vérité); c'est, en moyenne, trois mille deux cents grains de blé et onze cent cinquante grappes de raisin qu'en un seul jour ce petit oiseau vous aura sauvés.

Faites la part aussi large que vous voudrez aux autres causes naturelles qui auraient pu arrêter les ravages de cet insecte ; réduisez autant qu'il vous plaira celle de l'oiseau, il en restera toujours assez pour justifier ce mot profond d'un contemporain : « L'oiseau peut vivre sans l'homme; mais l'homme ne peut pas vivre sans l'oiseau. »

Et, en effet, qui donc, excepté le petit oiseau, pourrait guetter et saisir le charançon, long de cinq millimètres, quand, au milieu d'un champ de blé, il s'apprête à déposer ses œufs dans les grains en voie de formation? Qui pourrait saisir le papillon si petit de la pyrale, alors que, dans le même but, il voltige autour des ceps?

Qui pourrait surtout atteindre ces œufs et ces larves microscopiques, dont une seule Mésange consomme plus de deux cent mille en une seule année ?

III. — Ces auxiliaires indispensables, ces amis et ces alliés fidèles, l'homme reconnaissant les aura sans doute pris sous sa protection spéciale. Il se sera appliqué à détruire les espèces ennemies qui leur font la guerre ; l'oiseau de proie qui les saisit au vol, la couleuvre qui se glisse dans le nid pour y dévorer la couvée et souvent la mère avec les petits... Non, comme s'il voulait justifier, une fois de plus, cette apostrophe du fabuliste :

> Mais trouve bon qu'avec franchise,
> En mourant au moins je te dise,
> Que le symbole des ingrats,
> Ce n'est point le serpent, c'est l'homme.....

c'est l'homme qui, par un étrange aveuglement, se montre le plus terrible ennemi de ces douces et utiles créatures. Plus cruel que le Milan et l'Épervier, qui tuent pour se nourrir, lui tue pour le seul plaisir de détruire.

Le fusil n'est pas assez meurtrier ; on le réserve, d'ailleurs, pour un plus noble gibier. C'est avec une multitude d'engins, filets, gluaux, collets, raquettes, sauterelles, etc., qu'il poursuit, avec une rage aveugle, ces amis aussi charmants qu'indispensables que la bonté de la Providence lui avait accordés.

Je vous épargnerai, Messieurs, la description de ces chasses barbares. Il en est qui soulèvent le cœur de dégoût et d'horreur : la raquette ou sauterelle, par exemple, où la victime, ses pauvres petits os brisés par le piége, expire d'épuisement et de souffrance, après plusieurs heures d'agonie.

Mais ce qui peut vous être dit, c'est la désastreuse quantité d'oiseaux utiles qui, chaque année, sont ainsi voués à la mort, dans toute la France et principalement dans l'Est et le Midi.

Dès que le retour du printemps ramène dans nos contrées, par les bords de la Méditerranée, ces alliés fidèles que nos hivers ont forcés à l'émigration, voici l'accueil qui leur est fait. Aux environs de Marseille et de Toulon, et des autres villes ou villages de la côte, toutes les hauteurs sont garnies d'engins de chasse ; et, au témoignage d'un homme digne de foi, qui a étudié spécialement le sujet,

M. Sacc, pendant les quelques mois que dure la chasse, chaque chasseur détruit de cent à deux cents becs-fins par jour. La pétition du comice de Toulon n'exagère donc rien quand elle affirme que c'est par *myriades* que ces oiseaux sont détruits au passage, au grand dommage de nos départements du Centre et du Nord, où ils n'arrivent plus qu'en nombre insuffisant pour remplir leur mission providentielle.

Dans l'Est et notamment dans l'ancienne Lorraine, des faits analogues se reproduisent, ainsi que l'atteste la pétition de la Société d'acclimatation de Nancy.

Et pourquoi cette *boucherie*, comme l'appelle le Comice de Toulon ? Invoquera-t-on le droit pour l'homme de se nourrir des animaux ? Mais ce n'est pas sérieusement qu'on voudrait légitimer ainsi la destruction de ces petits êtres dont chacun fait à peine une bouchée. Est-ce aussi une nourriture que ces Oiseaux-Mouches de l'ancien monde, le Troglodyte et le Roitelet, qui ne sont qu'une bouffée de plumes ? — Non, ce n'est pas alimentation, c'est gourmandise brutale qu'il faudrait dire.

Et cependant, si on calcule, même au plus bas, combien de sacs de blé, de tonneaux de vin et d'huile représente une de ces *brochettes* de victimes dont il est d'usage de parer la table en certains pays, on demeurera convaincu que Lucullus, dans toute sa gloire, ne fit jamais repas si coûteux, et que, pour trouver exemple d'un tel luxe, il faudrait remonter à la fameuse perle de Cléopâtre.

Au surplus, cette misérable excuse de la sensualité satisfaite, ne saurait même être invoquée par ces chasseurs qui, pour faire parade d'adresse, ou même simplement pour décharger leur arme avant de rentrer au logis, abattent l'Hirondelle au vol rapide, la mère peut-être qui porte la nourriture à la jeune couvée affamée. A ces hommes si cruels par irréflexion, n'est-il pas permis de faire observer qu'en détruisant cinq cents insectes, dans cette journée que leur plomb meurtrier a faite la dernière pour elle, cette pauvre hirondelle avait mieux mérité de l'humanité que dix chasseurs revenant à la maison la gibecière pleine.

N'est-ce pas aussi par pure ignorance que l'habitant des campagnes cloue sur sa porte, avec un sot orgueil, le Hibou, l'Engoulevent, le Scops, dont sa malencontreuse adresse vient de priver ses champs et ses greniers? Que n'y cloue-t-il plutôt son chat?

Et comme si ce n'était pas assez des hommes dans cette guerre d'extermination, voilà les enfants qui viennent y prendre part avec l'impitoyable insouciance de leur âge.

> Cet âge est sans pitié,

a dit La Fontaine. Oh! oui, véritablement sans pitié sont ces enfants des campagnes, qui font l'école buissonnière pour aller *dénicher des nids,* comme ils disent. Les œufs et les jeunes couvées, tout leur est bon : n'ont-ils pas à briser les uns, à faire périr misérablement les autres de faim et de tortures?

Et les parents de ces jeunes drôles, au lieu de les renvoyer à l'école convenablement fustigés, assistent avec une froide indifférence à ces actes de cruauté. Parents et enfants ignorent sans doute cette belle parole de l'Écriture : « — Si, en te promenant, tu trouves en ton chemin, sur un arbre ou à terre, un nid d'oiseaux et la mère couvant les petits ou les œufs, tu ne prendras point la mère ni les petits ; mais tu les laisseras en liberté, pour qu'il ne te mésarrive et que tu vives longtemps. » — Si au moins, à défaut de l'Écriture, ils connaissaient leur intérêt !

Ce qu'on détruit de cette manière est incalculable ; ceux qui ont habité la campagne savent qu'il n'est pas rare de voir un enfant, au bout de sa journée, rapporter une centaine d'œufs de toute provenance.

Comment ces races sans défense ont-elles pu survivre à cette guerre acharnée?... C'est un de ces mystères que peut seule expliquer la merveilleuse bonté avec laquelle Dieu répare sans cesse les fautes de l'homme, sa créature de prédilection.

Ne nous faisons pas d'illusion, toutefois ; le mal est grand, et si l'on n'y prend garde, bientôt peut-être sera-t-il sans remède.

Déjà des races utiles ont complétement abandonné notre pays. Pour n'en citer qu'un exemple, malgré les poétiques fictions qui semblaient devoir la protéger, la Cigogne ne fait plus son nid sur les toits de nos maisons ; elle ne traverse plus qu'à tire-d'ailes un pays inhospitalier qu'autrefois elle purgeait de vipères et autres reptiles venimeux. — Les petites espèces ont beaucoup diminué et diminuent chaque jour davantage ; les insectes se multiplient en proportion et causent des dommages croissants à l'agriculture.

Le mal est grand encore une fois ; le danger imminent ; il faut des remèdes prompts et énergiques... Voilà ce que vous crient les honorables pétitionnaires, et, avec eux, nombre de conseils-généraux, ainsi que les sociétés de tout genre qui s'occupent, à des titres divers, d'agriculture et de zoologie. C'est ce que vous répètent, avec un accord chaque jour plus unanime et plus pressant, les naturalistes et les agriculteurs les plus distingués, qui, par état ou par vocation, se sont occupés de cette question, MM. Geoffroy Saint-Hilaire, Florent Prévost, Sacc, Gloger, Kœchlin, Dumast, Jonquières-Antonelle, Châtel, Gadebled, Valserres et tant d'autres dont nous n'avons été, en ce rapport, que l'écho très-affaibli.

Ces remèdes, quels doivent-ils être ?... C'est ce qui nous reste à examiner en peu de mots.

§ II.

REMÈDES PROPOSÉ

De la législation ancienne, je n'ai rien à dire, sinon qu'en réservant aux seuls nobles le droit de chasser, le droit féodal, sans y penser assurément, a peut-être empêché l'anéantissement des espèces utiles qui, avec le régime de la liberté de la chasse, eussent peut-être depuis longtemps disparu du sol de la France : ce qui prouve que toute chose peut avoir son bon côté.

La loi du 3 avril 1790, en organisant, d'après les principes nouveaux, le droit de chasse, semble n'a-voir pas même aperçu l'intérêt qu'il pouvait y avoir à conserver certaines espèces.

La loi du 3 mai 1844, la premiere depuis l'ordon-nance de 1669, entra dans cette voie salutaire. Ses dispositions sont-elles suffisantes ? Les pétition-naires le nient, et il semble que les pétitionnaires n'ont pas tout à fait tort.

I. — En laissant de côté les dispositions de la loi qui tiennent à la police et au droit de propriété, et en restant dans la question spéciale, soulevée par les pétitionnaires, votre attention, Messieurs les Sénateurs, peut se concentrer sur l'article 9 de la loi, dont les deux premiers alinéas sont ainsi conçus :

« 9. *Dans le temps où la chasse est ouverte*, le permis donne à celui qui l'a obtenu le droit de chasser, *de jour, à tir ou à courre*, sur ses propres terres et sur les terres d'autrui, avec le consentement de celui à qui le droit de chasse appartient.

« *Tous autres moyens de chasse*, à l'exception des furets et des bourses destinées à prendre le lapin, *sont formellement prohibés*. »

Voilà qui ne laisse rien à désirer.

En premier lieu, on ne pourra chasser que dans certaines saisons ; et sans doute les préfets fixeront les époques d'ouverture et de clôture, de façon à assurer largement la reproduction.

En second lieu, à l'égard des oiseaux, la loi n'admet que deux modes de chasse : le tir au fusil et la chasse à courre, dont les petites espèces insectivores ont peu à craindre.

14.

En troisième lieu, et comme pour prévenir toute équivoque, on interdit formellement l'emploi de tous autres moyens de chasse, filets, gluaux, engins de toutes formes et de toutes dénominations.

II. — Si la loi s'en fût tenue à ces termes généraux, les pétitionnaires n'auraient pas eu besoin de s'adresser au Sénat.

Malheureusement, à la suite de la règle, vient une exception *qui a tout gâté* :

« Néanmoins, les préfets des départements, sur l'avis des conseils-généraux, *prendront* des arrêtés pour déterminer : 1° l'époque de la chasse des *oiseaux de passage*, autres que la Caille, et les *modes et procédés de cette chasse;* 2° etc.

Ainsi, par dérogation à la règle générale posée au second alinéa, le troisième autorise l'emploi des filets et autres engins pour la chasse des oiseaux *de passage* seulement. Quant aux oiseaux *de pays*, comme on disait en 1844, c'est-à-dire aux oiseaux *indigènes* et *sédentaires*, ils restent sous la protection de la loi générale ; ils ne peuvent être chassés qu'à tir ou à courre, et tout arrêté préfectoral qui autoriserait à leur égard un autre mode de chasse, avec filets et engins quelconques, serait entaché d'illégalité et d'excès de pouvoir ; car, encore une fois, ce droit n'est accordé aux préfets que pour les oiseaux de passage et contre eux seulement ; c'est une sorte d'*alien-bill*, qui ne veut pas mettre sur le même pied l'étranger et le régnicole.

Telle est la loi, telle est la distinction fondamentale sur laquelle repose le système.

En pratique, que vaut cette distinction ?

III. — Et d'abord, rien de plus vague, rien de moins précis que cette expression : *oiseaux de passage*. Dans la discussion de la loi de 1844, tout le monde recule devant la difficulté d'une définition.

On comprend sous ce nom et les palmipèdes et les échassiers qui, venant des régions du Nord, ne font que traverser la France, et, pour la plupart, descendent encore plus bas vers le Sud ; et les espèces qui, bien que nées en France, doivent, pendant l'hiver, aller chercher plus au Midi les insectes que notre pays ne fournit plus alors avec assez d'abondance, mais qui y reviennent avec les beaux jours. — On y comprend aussi plusieurs espèces qui, sans quitter la France, passent d'une province dans l'autre, quand elles ne trouvent plus dans la première de suffisants moyens d'existence.

Or, à ce compte, presque tous les oiseaux rentreraient dans la catégorie des oiseaux de passage ; car il est fort peu d'espèces qui demeurent à poste fixe dans le même canton. En leur donnant des ailes, la nature a suffisamment indiqué que ces créatures étaient destinées à la vie du voyageur.

En fait, sur soixante-neuf espèces d'oiseaux insectivores connues en France, vingt-cinq seulement sont *sédentaires*, en ce sens qu'elles naissent, vivent et meurent en France, restant, l'hiver comme l'été, dans le pays où elles sont nées. Quarante-quatre espèces naissent dans notre pays et y reviennent au printemps, mais ne peuvent y passer l'hiver, parce que, pendant cette saison, elles ne trouveraient pas assez d'insectes pour se nourrir.

IV. — Voici une autre face de la difficulté qui semble plus décisive encore.

La loi et le préfet peuvent bien restreindre aux oiseaux de passage l'emploi des engins et filets ; mais devant ces filets et engins, plus puissants que le préfet et la loi, tous les petits oiseaux jouissent de la plus complète égalité. Dans leur cruelle impartialité, gluaux, filets, raquettes, ne font et ne peuvent faire aucune distinction entre les oiseaux de pays et ceux de passage ; tous y trouvent une égale mort.

Ainsi, à l'inverse du principe *exceptio firmat regulam*, c'est ici l'exception qui tue la règle, et il en sera ainsi tant que les préfets n'auront pas inventé des engins assez intelligents pour distinguer le petit oiseau *de pays* du petit oiseau *de passage*, distinction qui, pour le dire en passant, embarrasse les plus savants naturalistes.

V. — Ce n'est pas tout. Alors même que l'impossible deviendrait possible ; alors même qu'on pourrait distinguer, dans les petites espèces, les oiseaux de pays des oiseaux de passage, la distinction faite entre eux ne se justifierait pas mieux, au point de vue qui nous occupe. En effet, ainsi que nous le disions tout à l'heure, sur les soixante-neuf espèces d'insectivores, vingt-cinq seulement sont sédentaires, quarante-quatre plus ou moins oiseaux de passage. Or, quand les uns et les autres sont également nécessaires à l'agriculture, pourquoi autoriser la destruction en masse de ceux-ci, quand on promet à ceux-là la protection de la loi, protection bien illusoire; car on ne saurait frapper les oiseaux de passage sans atteindre du même coup les oiseaux de pays.

La distinction n'a donc aucune valeur dans la pratique; son seul effet est de légitimer la violation de la règle au moyen de l'exception.

VI. — C'est que, Messieurs les Sénateurs, la loi de 1844 fut conçue dans l'intérêt des chasseurs bien plus que dans celui de l'agriculture.

Ce qu'on voulait, c'était de conserver le gibier proprement dit, Faisans, Perdrix et Cailles. Quant aux petits oiseaux, que dédaigne le véritable chasseur, le texte et la discussion de la loi témoignent assez qu'on était peu frappé alors du rôle important que leur a réservé la Providence dans la loi mystérieuse de destruction qui maintient l'équilibre et l'harmonie entre les diverses parties de la création.

Voyez les articles 4 et 11. Le premier défend de prendre les *œufs* et les *couvées* sur le terrain d'autrui; le second prononce, pour ce fait, la peine de 16 à 200 francs d'amende. Mais de quels œufs et de quelles couvées parle la loi? Uniquement et exclusivement des œufs et couvées des Faisans, Perdrix et Cailles. Ceux de toutes les autres espèces sont abandonnés à l'activité malfaisante des petits vauriens de nos villages.

VII. — Il y a bien, il est vrai, dans l'article 9, un paragraphe qui *permet* aux préfets de prendre des arrêtés *pour prévenir la destruction des oiseaux;* et l'article 11, § 3, prononce l'amende de 16 à 200 francs contre les contrevenants. Il est manifeste qu'avec les termes élastiques d'une telle délégation, les préfets pourraient empêcher beaucoup de mal.

Mais, surchargés qu'ils sont de tant de soins divers, craignant d'ailleurs de heurter les préjugés et les habitudes des populations, ces fonctionnaires n'ont guère usé jusqu'à ce jour du droit que leur confère la loi, et ceux qui en ont usé ne l'ont fait que fort imparfaitement. On peut citer, comme d'honorables exceptions, les préfets du Loiret et du Haut-Rhin, ainsi que notre aimé collègue, M. Vaïsse, administrateur du département du Rhône.

Les pétitionnaires, d'accord avec beaucoup d'autres témoignages, vous signalent l'insuffisance de l'action préfectorale ; et ce qui se passe depuis tant d'années dans le Var, les Bouches-du-Rhône et les départements de l'ancienne Lorraine, prouve assez que les pétitionnaires sont dans le vrai.

Remarquez, en effet, Messieurs les Sénateurs, que les arrêtés de cette nature, ceux qui ont pour but de prévenir la destruction, sont purement *facultatifs*, tandis que ceux qui ont pour but d'autoriser la chasse des oiseaux de passage et d'en régler le mode, sont *obligatoires* pour les préfets, en ce sens qu'ils ne peuvent se dispenser de les rendre.

C'est le renversement de ce qui devrait être, et, cette fois encore, on est fondé à dire que la loi de 1844 ne protége efficacement que le gibier privilégié : Cailles, Perdrix et Faisans.

VIII. — Les causes du mal reconnues, les remèdes semblent faciles à indiquer :

1° Puisque c'est de l'exception que sont venus tous les abus, il faut supprimer l'exception relative aux oiseaux de passage, et rentrer dans la règle du second alinéa, portant que *tous* moyens de chasse autres que le *tir* et le *courre* sont interdits.

Une seule exception pourrait et devrait être admise pour les palmipèdes qui nous arrivent du Nord, et que l'on prend au filet sur les bords de la mer. Cette exception se justifierait par l'abondance de ces espèces, par l'appoint assez important qu'elles offrent à l'alimentation de l'homme; enfin par le peu de services que les oiseaux de cette famille rendent à l'agriculture.

Mais, encore une fois, dans l'intérieur des terres et pour les petits oiseaux, plus de filets, plus de piéges d'aucune espèce. Que pour eux, comme pour les Perdrix, Cailles et Faisans, le fusil soit le seul moyen de destruction. Grâce à leur petitesse, beaucoup échapperont sans doute, au grand profit de nos récoltes.

2° Il conviendrait aussi qu'une disposition expresse généralisât le dernier paragraphe de l'article 4, en interdisant formellement l'enlèvement des œufs et des couvées de toute espèce.

A cette occasion, M. Marschal, l'un des pétitionnaires, a fait une observation qui mérite d'être relevée.

Dans son opinion, si beaucoup de préfets hésitent

à prohiber l'enlèvement des œufs, et si, quand pareil arrêté existe, les officiers de police ferment souvent les yeux, cela tiendrait à la gravité des peines édictées par les articles 13, 14 et 15, peines qui peuvent s'élever de 16 à 600 francs, et même, en un certain cas, à 2,000 francs. Et comme la contravention est le plus souvent le fait d'enfants dont les parents sont civilement responsables, on ferme les yeux pour ne pas exposer à une sorte de ruine des parents dont le seul tort, après tout, est de tolérer des faits que semblent légitimer de très-vieilles habitudes. En permettant au juge d'abaisser la peine jusqu'à 1 franc, cette amende légère, augmentée des frais, constituerait un avertissement paternel qui mettrait à l'aise la conscience du juge comme celle des officiers chargés de constater la contravention.

IX. — Ce que je viens de dire conduit naturellement à une dernière considération, par laquelle je termine ce rapport déjà trop étendu.

Il ne faut pas se le dissimuler, les réformes proposées par les pétitionnaires vont heurter bien des préjugés, bien des habitudes invétérées en certaines parties du pays. Ne conviendrait-il pas que la persuasion accompagnât ou même précédât les moyens de coërcition ?

Les pétitionnaires demandent donc que le ministre de l'agriculture et celui de l'instruction publique s'entendent pour faire parvenir aux instituteurs primaires une instruction simple, claire, familière, qui pourrait occuper utilement quelques heures des classes.

Déjà plusieurs évêques, et à leur tête notre vénérable collègue, le cardinal-archevêque de Bordeaux, ont pris l'initiative de cet enseignement moral autant qu'économique; il y a tout lieu d'espérer qu'ils seront secondés dans cette bonne œuvre par les respectables curés de nos campagnes.

Par ces diverses considérations, Messieurs les Sénateurs, votre commission vous propose le renvoi des quatre pétitions à M. le ministre de l'agriculture, du commerce et des travaux publics.

(Le renvoi est adopté à l'unanimité.)

Je ne trouve pour mon compte que deux ou trois

inexactitudes très-légères à relever en ce rapport, de tous points remarquable.

Ainsi, l'honorable rapporteur a évidemment exagéré la gloire et le bonheur du tireur de Provence, en évaluant à deux cents pièces le chiffre de ses tueries quotidiennes ; et tous ceux qui ont assisté *de visu* à ces exécutions, opineront volontiers, je pense, à réduire de deux zéros ce chiffre exorbitant. Je crois qu'il eût été plus exact également de reporter aux environs de l'équinoxe d'automne la saison de la tuerie, qui est ici fixée aux environs de l'équinoxe de mars, époque où la chasse est fermée dans les Bouches-du-Rhône. Enfin je trouve que *cent cinquante mulots* dans une seule nuit font beaucoup de mulots pour deux chouettes. *Verùm ubi plura nitent in carmine, non ego paucis...* A part donc ces quelques erreurs de détail, inévitables dans un travail d'aussi longue haleine, l'ami sincère des petites bêtes n'y veut apercevoir que motif à apologie continue. L'auteur met à chaque ligne le doigt sur quelqu'une des plaies de la situation, et démontre la nécessité urgente d'une réforme. J'appelle spécialement l'attention de mes lecteurs sur le passage souligné, où le spirituel rapporteur, signalant avec sa verve et sa perspicacité habituelles les vices de la loi du 3 mai, fait voir que l'exception de l'article 9, qui confère aux préfets le droit de réglementer la chasse exceptionnelle des oiseaux de passage, a gâté toute l'économie de la législation. Comme j'ai beaucoup à dire contre cette loi de malheur que je serais heureux de pouvoir démolir, j'ai le plus grand intérêt à ce que tous ceux qui me lisent sachent d'avance que j'ai des complices jusque dans le sein du Sénat pour mon œuvre de démolition.

Et maintenant que voici épuisé le seul chapitre des joies et des consolations de ce livre, reprenons le pinceau de deuil pour achever la peinture de nos misères et de nos désolations.

FIN DES ESPÈCES VICTIMES.

MISÈRES ET FLÉAUX

I

UN DÉLUGE D'ASPICS

J'ai dit tout ce qui n'était plus, tout ce qui allait finir, et j'ai largement arrosé ce sujet de mes pleurs. Encore si je n'avais qu'à gémir sur des tombes ! Mais un grand mal n'arrive jamais seul, et comme la Gelinotte, la Perdrix et la Bécassine s'en allaient, il est venu en leur place une vermine immonde, une race de tisons d'enfer.

Dieu a frappé la France d'une de ces plaies honteuses qu'il inflige quelquefois aux nations qui s'égarent pour les ramener dans les voies de la sagesse.

Il a répandu sur sa face un déluge d'aspics, dont les débordements ont pris depuis dix ans des proportions menaçantes; et l'audace et la malignité de l'engeance maudite ont crû en proportion de sa puissance numérique et de son impunité.

Quelques chiffres puisés à des sources officielles, donneront une idée des périls de la situation.

Dans un département de l'Est, très-calme et très-boisé, que chacun peut connaître, mais que je ne nommerai pas de peur de faire du tort à ses propriétaires, un préfet bien intentionné avait eu l'imprudence de fixer à cinquante centimes la prime de destruction de la Vipère (Vipère et Aspic sont tout un). On lui en apporta d'entrée de jeu douze mille têtes!!! douze mille têtes récoltées dans le cours de quelques mois, dans quelques cantons seulement! Ce succès imprévu constitua en déficit le budget départemental, et força l'administration désolée de reculer devant l'achèvement de son œuvre et d'arrêter les frais.

M. le préfet de la Loire-Inférieure, un préfet de la haute école, grand chasseur devant Dieu, ennemi juré de toutes les mauvaises bêtes et éminemment heureux dans ses périodes oratoires, avait adressé à tous les médecins d'hommes et de bêtes de son département, une consultation intéressante sur les moyens à prendre pour arrêter la marche du fléau. Il y fut répondu par une foule de rapports que je n'ai pas lus sans frayeur. Je n'en citerai que deux ; mais ces deux en valent mille.

Le maire de la commune de Boussay écrit (août 1859) : « Qu'il vient d'être trouvé au domaine de la Clémancière, *sous la pierre du foyer*, une quantité d'œufs de serpents que l'on peut évaluer à un double décalitre ! Ces milliers d'œufs, accompagnés de quinze cents serpents éclos, de toutes les dimensions. » La grange, les écuries, les couchettes, les toitures, tout grouillait de serpents. Les malheureux habitants du domaine furent obligés de déserter leur demeure. Retenez ce nom de Boussay.

M. le docteur Viaudgrandmarais, de Nantes, savant naturaliste et praticien de haut mérite, répond à l'appel du préfet par la publication d'un traité complet sur la Vipère de l'Ouest, qui est le meilleur ouvrage qu'on ait encore écrit sur la matière. M. le docteur Viaudgrandmarais a constaté dans sa pratique deux cent trois cas d'attentats de Vipère sur les personnes. Vingt-quatre de ces accidents (un sur dix) ont été suivis de mort. Les guéris n'en valent guère mieux, étant très-sujets aux rechutes. La morsure de la Vipère de l'Ouest (Vendée, Bretagne) est plus mortelle à la femme qu'à l'homme, à l'enfant qu'à l'adulte. Elle tue un chien sur quatre ; elle foudroie les petits animaux et produit d'affreux désordres dans l'organisme des plus grands. On trouve en ce récit des histoires effroyables de tout petits enfants que des Vipères assassinent dans leur berceau, en l'absence de leurs mères... de jeunes filles, de garçons adultes, voire de bûcherons, qui tombent quasi frappés de mort subite ou qui expirent dans d'atroces tortures.

M. le docteur Viaudgrandmarais a consigné dans son ouvrage, écrit en 1860, le rapport du maire de Boussay de tout à l'heure. Il fait remarquer qu'un cas pareil à celui de la Clémancière s'est présenté, il y a peu de temps, dans un domaine dépendant de la commune de Torfou. Torfou! retenez bien encore ce nom de mémoire glorieuse et significative.

Il ajoute que le fléau tend à se reproduire en la présente année (1860).

Le fléau ne s'est pas simplement reproduit en cette année de misère, suivant l'assertion de l'honorable docteur; il a décuplé ses ravages et ses épouvantements. J'ai su, par ma pratique et par celle de mes nombreux amis de chasse, cinquante localités de Bretagne, de Vendée, de Touraine et d'ailleurs, où il a été tué en cette campagne funeste des trente et des quarante Vipères en une seule matinée, dans des espaces de rien du tout. Pour comble de désastre, la saison de l'Aspic a ouvert cette année-là avant le 1er mars, et n'a fermé qu'après la Toussaint. Je suis malheureusement en position de garantir la sincérité de ces dates; car la fatalité qui semble me poursuivre de sifflements vengeurs, comme le meurtrier de Clytemnestre, m'a fait assister malgré moi à beaucoup de ces tueries dont je parle, et j'ai eu la douloureuse chance d'inaugurer personnellement et par un double deuil l'ouverture et la fermeture de la désastreuse saison.

La funeste campagne de 1860 ne marquera pas seulement dans les fastes cynégétiques de la France comme celle de 1812 dans ses fastes militaires. Sa date ne sera pas seulement, pour les amis de la Perdrix, l'ère de l'abomination de la désolation ; mais ce lugubre millésime restera éternellement cloué au pilori de l'histoire, comme l'écriteau d'une condamnation infamante. Pour ceux qui boivent les eaux de la Loire, de la Creuse, de la Vienne et de la Sarthe, etc., 1860 s'appellera l'année des ASPICS ROUGES, comme 46 s'appelle l'année de LA GRANDE FAIM, 56 l'année de LA GRANDE EAU.

Telle était donc la situation officiellement constatée, fin octobre 1860 ; elle n'a pas dû s'améliorer depuis, à en croire du moins ce passage d'une lettre écrite cinq mois plus tard, fin mars 61, par un fabricant de briques de la banlieue d'Angers :

« Je viens d'employer à la cuisson de la brique un nouveau combustible, l'Aspic. Imaginez-vous que tous les serpents du pays avaient pris leur quartier d'hiver au fond de mes bourrées, de sorte que je n'ai pu livrer celles-ci aux flammes sans faire partager leur sort à une innombrable quantité d'esprits siffleurs qui juraient bien et se démenaient bien au sein de la fournaise, comme des diables dans un bénitier. J'ignore ce que nous serions devenus, si nous eussions retardé d'une quinzaine seulement cette fournée-monstre d'Aspics. »

D'autres raisons qui valent mieux que des faits, et que j'exposerai plus tard, me font certain que l'état des choses n'a pu qu'empirer sous l'empire de la situation politique et religieuse où nous sommes.

Le chasseur voyant et pieux, et instruit à l'école de l'analogie passionnelle, avait prévu de longue date la calamiteuse invasion, et, suivant son usage, il l'avait annoncée à son gouvernement dans le moment utile. Hélas! suivant l'usage, son gouvernement l'a puni de la sagesse de ses conseils, au lieu de faire état de ses prévisions.

D'où il est advenu que l'Aspic, à l'heure qu'il est, menace de couvrir de ses légions infernales les plus belles parties du beau pays de France. Il occupe déjà en maître l'Ouest, le Centre, l'Est, le Sud. Il a pleinement envahi la Touraine, le Maine, l'Anjou, le Berry, la Bourgogne, etc., les plus charmants, les plus hospitaliers de tous les Édens de la Terre, qu'il a convertis en séjours de tristesse, et d'où il m'a banni. Il marche à la conquête du reste, et il y arrivera bientôt si l'autorité n'y prend garde. Heureusement qu'il a déjà occasionné tant de deuils, qu'il a fini par alarmer sérieusement les populations rurales et par forcer l'administration départementale à sévir contre lui. Une grande reconnaissance est due par le peuple des chasseurs, des faneuses et des moissonneurs, aux préfets bien pensants qui ont eu l'excellente idée de mettre à prix la tête de l'infâme. Que je n'oublie pas de citer parmi les noms de ces préfets de bien, celui de M. Anselme Petetin, de la Haute-Savoie, un magistrat de bon vouloir et de haute sagesse, qui, dans son passage trop rapide aux affaires du gouvernement, a fait preuve d'une si admirable entente des devoirs de l'administration envers ses administrés de tous les règnes. M. Anselme Petetin ne s'est pas borné à demander la tête de la Vipère, comme ont fait beaucoup de ses collègues, il a couvert en même temps la Perdrix de sa protection généreuse ; il a servi la cause du bien en mode composé ; il a cherché à atteindre ce noble but de l'éternelle aspiration des hommes forts ; il a réussi, en un mot, à formuler en termes précis et clairs le programme de la seule politique rationnelle à suivre avec les bêtes : *Que les mauvaises tremblent et que les bonnes se rassurent.* A sa place, je n'aurais pas mieux dit. Cette devise est, en effet, le dernier mot de la sagesse humaine en matière de législation cynégétique et agricole ; elle contient en virtualité la destruction de toutes les mauvaises bêtes et de toutes les mauvaises plantes, et la propagation indéfinie des espèces utiles.

Disons l'histoire de l'Aspic de France avant d'expliquer quelle faute a déchaîné le fléau sur nos rives, et comme le ruisseau est devenu un fleuve, l'inondation locale déluge universel.

L'Aspic rouge des bords de la Loire est le même que la Vipère noire, rousse ou grise d'ailleurs, la Vipère de Fontainebleau, le Vermilier de la Sarthe, etc. Les savants qui observent les bêtes au microscope, comptent, en France, trois espèces de serpents venimeux qu'ils ont baptisées : la Péliade, l'Aspic et l'Ammodyte. Mais le vulgaire et le chasseur, qui n'y regardent pas d'aussi près, n'ont qu'un nom pour les trois espèces ; et ce procédé économique s'excuse et s'explique d'autant mieux que ces espèces différentes se ressemblent affreusement de taille, de couleur et d'allures; tandis que les caractères extérieurs de taille et de couleur varient considérablement **chez les individus** de même espèce, et changent suivant les âges, les sexes et les climats. Ainsi, non-seulement il est presque impossible de distinguer sur le terrain et à première vue entre espèces dangereuses, mais il est même très-difficile de ne pas confondre quelquefois les Couleuvres avec les Vipères; et il n'y a pas que le peuple qui se trompe là-dessus; car tous les jours les plus fins y sont pris, témoin feu Duméril, qui avait été de son vivant membre de l'Institut et qui avait professé pendant près d'un demi-siècle la Reptilie au Muséum. Si quelqu'un eût dû s'y connaître, c'était celui-là certainement; et pourtant il se laissa mordre, vers la fin de ses jours, par une vipère de la forêt de Sénart à laquelle il avait cru pouvoir faire impunément des avances, la jugeant couleuvre sur sa robe. C'est lui-même qui nous a raconté sa triste mésaventure et combien il avait eu à se repentir de n'avoir pas mis cette fois-là ses lunettes. Or, comment l'ignorance sauverait-elle l'ignorant de pareille méprise, lorsque tant de savoir et tant d'expérience n'y peuvent mais !

En somme, la Vipère-type, Aspic rouge ou noir, est un reptile long d'un demi-mètre au plus à toute sa croissance ; un reptile hideux, à tête plate et triangulaire et détachée du col, à ventre large et à queue courte ; il est porteur d'une livrée brun-livide plus ou moins accentuée, et illustrée d'une zébrure dorsale noire en forme de zig-zag. La tête triangulaire, franchement détachée du col, est le vrai caractère séparatif du genre dangereux.

Le V noir transversal se laisse remplacer, chez quelques variétés, par la moucheture ovale ou ronde, comme on voit sur les robes félines la zébrure du tigre faire place aux ocellations du jaguar. Tigrures et mouchetures sont des marques aristocratiques auxquelles se reconnaissent une foule d'animaux dévorants et venimeux de tous les règnes : Félins dans la mammiférie ; Autours, Faucons, Coucous chez les oiseaux ; Perches, Brochets, Truites parmi les poissons ; Guêpes, Araignées chez les insectes. Il n'y a pas jusqu'aux plantes vénéneuses qui ne se décorent avec orgueil de ces insignes élégants de la venimosité.

La Vipère a reçu son nom (*Vivipara*) de l'habitude qu'elle a de mettre au monde ses petits vivants et armés de pied en cap, au lieu de pondre des œufs enveloppés d'une coque molle et de les déposer dans le sable ou dans le fumier, conformément à la pratique de l'immense majorité des reptiles. Sa fécondité est extrême; elle produit par an quinze petits. La Vipère n'a pas les mâchoires garnies d'une double rangée de dents fixes comme la Couleuvre; mais elle porte cachée sous la voûte palatine, une paire de dents mobiles, crochues et rétractiles, dites *crochets à venin*. Ces crochets ressemblent fort aux ongles de chat quant à la forme, mais ils en diffèrent au fond, en ce qu'ils sont creux et percés dans toute leur longueur d'un canal qui conduit le venin dans la plaie. C'est un merveilleux mécanisme que celui de l'armature de la Vipère. Quand le grand ressort de la colère tire les crochets de leur gaîne et les arme, il exerce en même temps une pression puissante sur l'ampoule au poison emboîtée dans la cavité de la gencive, laquelle verse aussitôt son contenu dans le canal. La nature, qui prévoit tout, a prévu ici le cas où le venin pourrait perdre de sa vertu par suite d'un trop long séjour au fond de son réservoir; et, pour prévenir ce malheur, elle a muni cet appareil de l'auxiliaire ingénieux d'un second organe secréteur qui distille un liquide limpide destiné à conserver au poison toute sa fluidité et son effet utile. On ne saurait trop le redire, la nature est admirable en ses moindres détails.

La Vipère est une bête paresseuse, lourde et lente, qui ne vit que sept mois de l'an, qui se lève au grand jour pour dormir au soleil, et se tient presque constamment lovée ou roulée en spirale au faîte des taupinières et des murs écroulés. Elle s'accroche quelquefois aussi par les aspérités de ses anneaux, aux tiges des genêts et des buissons fourrés, pour se laisser pendre au dehors et boire les arômes de chaleur par toutes les surfaces de son corps. On la trouve tapie au mois d'août sous les andains d'avoine, attendant qu'un chien passe pour lui sauter au nez. Elle est encore amie des fagots et des gerbes où elle s'insinue dans l'espoir de ménager une surprise agréable à la famille du bûcheron ou du laboureur qui l'aura transportée chez lui. Elle se retire vers l'arrière-saison au fond de quelque cachette sombre et chaude pour y passer l'hiver. Les fosses à fumier sont au nombre de ses retraites favorites.

J'ai lu chez un conteur de fables, qui fait quasi autorité en matière d'erpétologie (science qui traite des Serpents), que la Vipère était *une bête de proie nocturne*... Et cela, sous prétexte qu'elle avait la pupille conformée comme celle du chat. Je supplie mes lecteurs de n'ajouter aucune foi à ces assertions erronées de la science officielle, contre lesquelles je proteste au nom de la vraie science, de l'analogie et des faits. La vérité en matière d'erpétologie, est que tous les reptiles du monde sont des animaux à sang froid, qui sont toujours gelés, qui recherchent toujours la chaleur, et ne peuvent déployer leurs talents qu'au soleil, et encore au soleil d'été. On peut même dire que la vigueur et l'agilité des reptiles sont en raison directe de la hauteur de l'astre sur l'horizon.

Les Vipères de France, qui demeurent engourdies et ensevelies sous terre pendant cinq mois, sont surtout soumises à cette loi, et je crois qu'il suffit d'en avoir vu une seule fois travailler une seule, pour être convaincu que la chasse de nuit doit être interdite à l'espèce. Ce qui n'est pas une raison, du reste, pour que la nature ait refusé à un reptile destiné à passer la moitié de sa vie dans les ténèbres, des yeux faits pour y voir et semblables à ceux du chat. J'ai bivouaqué pendant bien des années dans les bois de la Meuse, et il m'est arrivé bien des fois d'y occir dix Vipères dans le cours du même soleil; mais jamais, au grand jamais, je n'ai eu la chance d'en voir ni d'en entendre une seule par la vraie nuit, par la nuit noire. J'en ai bien vu s'introduire dans ma loge de pipeur, après le coucher du soleil, avec l'idée de m'arracher des mains l'infortuné rouge-gorge que je faisais *pincher* pour attirer les autres ; mais il faisait encore grand jour quand elles tentaient de ces coups-là. Et je n'ai pas appris alors qu'aucun de mes camarades de tendue eût été plus favorisé que moi sous le rapport de ces rencontres nocturnes. Nous nous sommes croisés cinquante fois avec des loups, des sangliers, des renards, des blaireaux et des hérissons ; mais ce

n'est pas la même chose. Bref, notre opinion à tous
en ce temps-là était que les Vipères restaient la
nuit chez elles, et que c'était pour cette cause qu'on
ne les rencontrait jamais au dehors à cette heure.
Je déclare courageusement persister dans cette hérésie.

Je ne voudrais pas me montrer aussi hardi et
aussi affirmatif à l'égard des serpents de la zone tor-
ride, que j'ignore, qu'à l'égard de ceux de ma patrie,
dans la société desquels j'ai passé de longs jours ;
mais j'ai pourtant des raisons suffisantes d'avan-
cer qu'il en est des premiers comme des seconds, et
que la plupart redoutent trop la fraîcheur et aiment
trop le sommeil pour employer les heures de la
nuit autrement qu'à dormir. Un de mes vieux amis
de chasse qui errait, il y a quelques années, parmi
les solitudes embaumées du Texas, où le sommeil à
la belle étoile paraît être plein de charmes, m'écrivait une fois de ces lieux :

« Le Serpent à sonnette, que Buffon vous a peint
sous de si effrayantes couleurs et toujours prêt à
s'élancer sur vous, est, au contraire, une bête inof-
fensive, presque un lézard pour la douceur, en re-

gard de vos vipères de Vendée, si endiablées, si furieuses à l'attaque; et n'était l'idée fixe qu'il a de partager votre couche et de dormir à vos flancs, je ne sais pas quel grief un peu sérieux le chasseur et le voyageur lui pourraient imputer. »

Ainsi, le Serpent à sonnette des plus chaudes contrées de l'Amérique, ne s'occupe la nuit qu'à dormir.

Mon brave ami Delegorgue, le tueur d'éléphants, qui avait eu maille à partir avec pas mal de mauvaises bêtes au pays des Amazoulous, convenait aussi volontiers qu'un des plus grands désenchantements de la vie du touriste dans les régions de l'Afrique Sud, était de ne pouvoir rentrer dans ses bottes le matin, ou le soir sous sa couverture, sans trouver la place prise par quelqu'un de lové qui s'était retiré là pour y passer la nuit, chaudement et obscurément. Jules Verreaux, qui a expérimenté sur tous les serpents venimeux de l'Afrique Sud et de l'Australie, et de qui le nom est écrit sur tant de vitrines du Muséum, Jules Verreaux m'a tenu des discours semblables sur tous les reptiles de sa connaissance. D'où il conste que tous les serpents du vieux comme du nouveau monde, sont d'accord avec les hommes sages pour dire que la nuit est faite pour dormir.

Le même erpétologue que je me suis permis de rappeler tout à l'heure à l'ordre de la vérité, a écrit encore quelque part *que la Vipère de France paraissait surtout se plaire dans les pays montueux et boisés, et qu'elle était rare dans les plaines.* Cette assertion mérite également d'être qualifiée d'inexacte. Il est bien vrai que les Vipères ne craignent pas les districts montagneux et boisés, puisqu'il en a été tué, comme on vient de le voir, douze mille en une seule campagne dans un diocèse de l'Est. Mais les demeures de prédilection de l'Aspic furent toujours et sont encore, au moment où j'écris, les diocèses de l'Ouest et du Centre, Orléans, Blois, Tours, Poitiers, Luçon, Nantes, etc., lesquels sont des pays de plaine médiocrement boisés, mais cependant couverts, et où fleurissent les brandes, les bruyères, les gâtines. Le canton de Bray, sis entre Neufchâtel et Forges, dans la Seine-Inférieure, n'est pas une contrée bien remarquable non plus par l'irrégularité de sa sur-

face, mais cela n'a pas empêché M. le docteur
Avenel, de Rouen, d'y compter quelquefois une
centaine de Vipères endormies au sommeil sur un
espace de cent mètres. Il est fort naturel, d'ailleurs, que la Vipère, qui est amie de la chaleur,
préfère aux forêts de l'Est, froides et ombreuses,
les haies, les boqueteaux, les taillis malvenus de
l'Ouest, malvenus mais troués de vides bien ouverts
au soleil. Il va de soi encore que les pins maritimes
rabougris de la Sarthe, dont les branches traînent
à terre, aillent mieux à l'astucieux reptile que les
grands hêtres et les sapins géants des Vosges qui
lui dérobent les rayons de l'astre vivifiant. Enfin,
l'histoire est là pour dire que la Vipère de l'Ouest
a plus fait parler d'elle qu'aucune autre de France;
puisque, dans le temps de la grande vogue de la Thé-
riaque, l'Aspic de Poitou était le plus recherché
pour la préparation de cette panacée universelle.
On dit qu'aujourd'hui même encore le venin des
Vipères des diocèses de Luçon et de Nantes tient
une place honorable parmi les éléments thérapeu-
tiques de l'école d'Hahnemann. Si j'emploie l'expression géographique de diocèse pour celle de

département, c'est pour me conformer aux habitudes de langage des Vipères, qui n'ont pas encore reconnu la division administrative opérée par la révolution.

L'histoire politique et l'histoire religieuse des peuples ont fait dans leurs annales une place éminente à l'Aspic; mais elles n'ont pas dit sur son compte toute la vérité et rien que la vérité. Quelquefois, suivant l'habitude où elles sont de prêter aux riches, elles surchargent son dossier criminel de méfaits imaginaires; d'autres fois, elles semblent vouloir jeter le voile sur une partie de ses scélératesses. Toutes deux, néanmoins, pèchent plus par ignorance que par méchanceté.

Ainsi, l'Aspic de France est bien la même espèce qui causa autrefois le malheur d'Eurydice, et qui nous a valu l'épisode d'Aristée, suivi de la descente de madame Viardot aux Enfers, deux des plus charmantes choses qu'on puisse lire ou entendre. C'est encore l'espèce qui servit de coiffure aux pâles Euménides, tourmenteuses jurées du Ténare, ainsi qu'à la Discorde ; mais elle fut toujours étrangère au meurtre de Cléopâtre, ainsi qu'à la fabrication de l'huile *de spic,* qui est une huile essentielle de lavande. On voit que l'introduction de l'Aspic dans la littérature ne date pas d'hier.

On sut également de bonne heure le mode de parturition anormal de la Vipère, puisqu'il en est question dans les livres d'Hérodote, le père de l'histoire grecque. Seulement, Hérodote explique le fait d'une façon peu croyable et plus dramatique que vraie. Suivant lui, la femelle commence par étouffer le mâle en ses embrassements; après quoi les petits, désireux de venger la mort de leur auteur, perforent le sein de leur mère et se donnent la joie de la voir expirer en d'atroces contorsions. L'historien finit par trouver, dans cette touchante série d'assassinats par ricochet, une preuve admirable de la sagesse de la Providence, qui aurait imaginé là un ingénieux moyen de prévenir l'excessive multiplication de l'espèce dangereuse. Pauvre Providence divine, en a-t-elle à porter!

La version d'Hérodote, qui semble renouvelée de l'histoire de la famille des Atrides, n'a pas le sens commun; mais elle a le mérite de refléter l'opinion de la haute antiquité sur la moralité de

la Vipère. On sait que la législation romaine a sanctionné la tradition populaire de ces temps loin de
nous, en condamnant les parricides à être cousus
dans un sac, en compagnie d'un singe, d'un coq,
d'une vipère et d'un chien.

Je veux bien convenir que les amours des Vipères, dont j'ai été plus d'une fois témoin, sont d'af-
freuses scènes de combats, de sifflements et de
carnage, et que si leur venin avait prise sur elles,
les trois quarts de l'espèce périraient à chaque re-
nouveau ; mais je ne voudrais pas qu'on en mît
plus qu'il n'y en a sur le compte des mauvaises
bêtes, surtout quand il y en a assez. Et je regrette
fort à cette occasion d'être obligé de dire que les
pères de l'Église chrétienne n'ont guère plus respecté la vérité que les pères de l'Histoire grecque
sur cette fâcheuse question des amours de l'Aspic ;
car ce n'est plus Hérodote, c'est le bienheureux
saint Basile qui a pris sous sa mitre d'évêque le
conte ci-après, où l'on parle des amours coupables
de l'Aspic et de la Lamproie :

« Le Serpent se rend sur les bords de la mer par
une belle matinée d'été, et donne un fort coup de

sifflet pour avertir de sa présence la Lamproie adultère. Celle-ci apparaît soudain ; mais comme elle ne
se fie que tout juste aux reliques de son séducteur,
elle exige de lui, avant de céder à ses vœux, qu'il
dépose visiblement son venin sur la rive. Le Serpent amoureux s'exécute de bonne grâce, et reprend
son poison aussitôt que l'entrevue est terminée. »

L'intention du vénérable père de l'Église est
évidemment excellente, puisqu'il prend texte de
ces relations illicites pour tonner contre l'adultère
et pour recommander aux maris de déposer aussi
leur venin, c'est-à-dire leur brutalité, à la porte du
mariage ; mais j'aimerais mieux pour lui que sa
doctrine édifiante s'appuyât sur une base plus ferme
et sur des faits mieux démontrés que ceux qu'il a
choisis. L'Église souffre presque autant de l'ignorance que de la mauvaise foi de ceux qui s'expri-
ment en son nom.

Le saint roi David est encore parfaitement dans
le vrai, et je suis tout à lui quand il compare
(Ps. 140) le calomniateur à l'Aspic qui porte son
poison sous sa dent. Mais je retire mon opinion de
la sienne et le laisse parler seul, quand il affirme

17.

que le même reptile se couvre la tête de sa queue
pour demeurer sourd aux formules des enchanteurs,
à l'instar des impies qui se bouchent les oreilles
pour ne pas écouter la parole de Dieu. Je suis porté
à croire à toutes sortes de mauvaises pratiques de
la part de l'Aspic; mais ma crédulité a cependant
des bornes, et je m'inscris résolument en faux contre
les accusations étranges que les deux pieux personnages que je viens de nommer ont portées contre
lui.

L'Aspic de France n'a pas besoin d'offenser la
nature et de faire le sourd pour constituer l'un des
moules les plus odieux de la création dernière. Il
occupe, en effet, une place d'honneur auprès du
Tigre, du Requin et de la Punaise parmi les espèces rebelles à l'autorité de l'homme et hostiles à
son bonheur. Il porte, brodé sur toutes les coutures,
le cachet de hideur suprême, et jouit à un degré
très-haut du don de répulsion souveraine dévolu à
son ordre. Il a pour chacun de nos sens son supplice spécial, son horreur.

Supplice des yeux que cette physionomie ignoble,
que cette livrée sinistre à teinte cadavéreuse, que

ce regard rouge, sanglant et sombre, et ces allures lentes et tortueuses, et cette gueule démesurée, indéfiniment dilatable, où circulent des torrents de bave, où gît le venin subtil dont un atôme tue !

Horreur de l'ouïe que cette voix de crécelle, étranglée, sibilante, qui rappelle le cri de l'Effraie et mettait dans tous ses états l'infortuné Oreste !

Horreur de l'odorat, du tact, de tous les sens que cette masse inerte et sans forme, sans commencement ni fin, d'où s'exhale une odeur fétide et dont le contact glacial donne la petite mort aux plus braves !

Ajoutez maintenant le mystérieux à l'horrible. Ajoutez que la nature, qui ne jugeait pas que le reptile immonde en eût encore assez de ces moyens de nuire, l'a doté par surcroît de la puissance de fascination magnétique qui lui livre ses proies sans défense... qui fait mieux que cela, encore, qui force ses malheureuses victimes à courir d'elles-mêmes à leur perte et à s'engloutir toutes vives dans la gueule de leur ennemi !

L'Aspic a traduit en histoire la légende fabuleuse

du Basilic d'Orient, dont le regard affreux faisait mourir. Son regard fait mourir aussi !

Bien perfide et bien meurtrière est sa mauvaise dent, une arme envenimée qui frappe sans prévenir, par dessous et en traître, et vous fait des blessures qui ne guérissent pas. Mais, bien plus redoutable encore que la puissance de sa mauvaise dent, est celle de son mauvais œil, qui frappe sans toucher, à distance, paralyse la proie, l'ensorcelle et prolonge indéfiniment les tortures de son agonie.

Les anciens sages d'Orient, qui avaient reconnu de bonne heure le pouvoir de fascination dévolu aux reptiles, considéraient que la venimosité du regard était le titre caractériel qui distribuait les grades et les rangs parmi eux, et c'est pour ce motif qu'ils avaient décoré du titre de Basilic ou de Roi des Serpents (du grec βασιλεύς, *roi*) une Vipère cornue d'Égypte ou de Syrie, dont la pupille ardente brûlait comme un miroir. Les anciens ont bien vu et bien dit à cet égard la chose qui était, si j'en juge du moins d'après le témoignage de mes impressions personnelles.

Car Dieu n'a pas dit seulement à toutes ses créa-

tures : Croissez et multipliez; il leur a dit aussi :
Mangez-vous les unes les autres...; et les créatures
dociles n'ont pu faire autrement que d'obéir à la voix
de celui qui leur a donné l'être. Cette obéissance est
donc cause que j'ai vu se commettre bien des assassinats et bien des infamies dans ma vie de chasseur.
J'ai vu des enfants sans pitié (*quorum pars*) faire périr dans d'affreux supplices des milliers de petites
bêtes... J'ai vu forcer de magnifiques dix-cors qui
n'avaient rien fait pour mourir, par des meutes féroces que des hommes féroces et des femmes sans
cœur excitaient... J'ai vu de pauvres lièvres, à bout
de voies, pousser dix minutes à l'avance leur clameur de détresse... J'ai vu des chiens bloqués et
cernés par des loups réclamer vainement à leur tour
l'assistance de l'homme en cette heure de mortelle
angoisse. J'en ai vu périr un sous les yeux de son
maître, fou de rage impuissante, pour s'être pris
dans les glaces en allant chercher un canard... J'ai
vu la chatte joueuse capturer de jeunes moineaux
francs et leur briser délicatement les ailes, et les
servir en cet état à ses jeunes élèves, et les ins-
truire à faire durer leurs jouets toute une heure,

en les ménageant bien. Et de tous ces abus de
la force, commandés et voulus par Dieu, et que
l'homme ne peut empêcher, j'ai affreusement souffert.

Mais de tous ces triomphes de bourreaux, de
toutes ces immolations de victimes innocentes, de
tous ces spectacles horribles que je n'ai pu éviter,
aucun ne m'a labouré l'âme aux mêmes profondeurs
que la fascination du rossignol par la Vipère ; aucun
ne m'a plus fortement incité à douter de la justice
d'en haut. J'ai pris bien des fois à la gorge le venimeux reptile et l'ai senti se tordre sous ma main ;
j'ai vu et entendu de bien près ses menaces. Mais
ses menaces m'ont toujours laissé calme ; tandis
que je n'ai jamais pu le voir exercer sur la grenouille ou sur l'oiseau ses pratiques sortiléges sans
être pris soudain de colère blanche ; sans éprouver
tout aussitôt le besoin impérieux de me ruer dessus et de rompre le charme en rompant le charmeur. Et je sais des tireurs d'ours, des chasseurs
de chamois, des franchisseurs d'abîmes, gens beaucoup moins nerveux que moi, que la première repré-
sentation de ce drame a bien autrement bouleversés.

C'est que la fascination de la grenouille ou de l'oiseau par la Vipère est, en effet, le drame le plus émouvant qui se puisse voir ; un drame illustré de tortures, de péripéties émouvantes, de détails anatomiques atroces, et dont la peinture par la plume, si fidèle qu'elle puisse être, ne saurait reproduire qu'une image affaiblie.

Que toutes celles pourtant qui me lisent conservent religieusement dans leur mémoire et dans leur cœur les moindres particularités du récit qui va suivre ; car le mystère qu'on y raconte est celui de la domination des espèces nerveuses par la peur... ; et la cause intéresse, comme on le verra plus tard, la plus belle et la plus peureuse moitié du genre humain.

La scène se passe au sein d'un riant vallon d'Indre-et-Loire, de la Sarthe ou du Cher, vers la Saint-Jean d'été ; au temps où tous les oisillons de la première ponte sont partis de leurs nids ; où les grenouilles vertes et roses émigrent en grandes masses des prairies dénudées pour chercher un refuge aux berges herbues des ruisseaux. Le soleil a fini de boire les larmes de l'Aurore au calice des fleurs, ce qui veut dire, en langage moins pur, que la rosée a fini de tomber et n'humecte plus vos empeignes, ou que l'aiguille d'ombre marque entre huit et neuf au cadran du clocher voisin. L'air est plein de joyeux ramages et de suaves senteurs, et tous les êtres, heureux de vivre, semblent oublier que cette misérable terre n'est qu'une vallée de deuil.

L'Aspic sort de son trou à cette heure charmante et gagne lentement sa place favorite à travers les fougères et les ronces épineuses. C'est un léger cône de terre meuble, récemment émergé du sol à la suite des travaux souterrains de la taupe et gîsant à mi-pente du fossé rempli d'herbes sèches qui sépare le bois des cultures. Le poste, bien abrité du Nord, largement ouvert au Midi, commande tous les lieux d'alentour. On y est parfaitement placé pour voir tout ce qui rampe, ou trottine ou voltige à dix mètres à la ronde. L'Aspic cauteleux s'y installe et s'y love en silence, y dresse sa batterie et la charge. Si vous n'étiez qu'à quelques pieds de lui, vous distingueriez facilement le jeu de sa langue mobile ; une langue noire et fourchue, et qui, per-

pétuellement, dardille dans l'espace, comme pour
le saturer d'effluves venéfiques. Malheur, dès ce
moment, à l'imprudente pécore, oiselet, grenouille
ou mulot, qui passera la première sous les feux de
la place !

La mauvaise chance est advenue à un pauvre
petit rossignol sorti de nourrice depuis huit jours
à peine et trop jeune encore pour savoir les périls
cachés sous les fleurs. L'amour du ver l'avait attiré
en ces lieux, et comme ses regards étaient dirigés
vers le sol en quête de la proie habituelle, ils se sont
rencontrés soudain avec ceux du reptile, et le choc
magnétique a eu lieu. Et la secousse a été si forte,
et la double bordée du fluide fascinateur a porté si
en plein dans les œuvres vives de l'oiselet, que la
frêle créature en a été soudain anéantie, stupéfiée,
foudroyée. Elle se débat et palpite d'abord comme
atteinte d'un coup de feu et toute prête à choir,
puis rappelle ses sens, et l'horripilation chez elle
succède à la stupeur. Un frisson convulsif agite sa
membrure ; sa plume se hérisse, sa tête se renverse
en arrière ; ses pupilles, que dilate la peur et que
brûle la réverbération du miroir ardent du reptile,

ne distinguent plus les objets; mais les révélations de sa sensibilité tactile lui apprennent assez qu'elle est en ce moment aux prises avec l'ennemi de sa race, un ennemi acharné, mortel, affamé de sa chair. Elle le reconnaît à sa voix qu'elle n'a jamais ouïe; elle l'entend qui l'appelle; elle le sent qui l'aspire, qui l'endort de ses passes, qui l'enlace, l'étreint de ses palpes invisibles et l'entraîne vers le gouffre avide. Et vainement tous les ressorts de sa vitalité se retendent pour conjurer l'action de la jettature infernale. Vainement elle fait effort pour secouer la vision horrible et se rejeter d'un bond par delà le courant de l'effluve maudite. Ses muscles indociles refusent de partir comme les fusils des rêves; elle reste emprisonnée dans le cercle fatal. Alors, elle essaie de protester une dernière fois contre la cruauté du sort et d'adresser aux siens un suprême appel de détresse. Mais ses tentatives désespérées n'aboutissent qu'à produire un son rauque, inarticulé, étouffé, dont l'intonation lamentable ne sort plus de l'oreille humaine où elle est entrée une fois.

Ce cri déchirant d'angoisse, ce râle d'agonisant

semble la chanson de mort de la victime, son dernier adieu à la vie, sa dernière rébellion contre la destinée ; car, à partir de cette protestation étouffée et demeurée sans écho, un changement radical s'opère en tout son être. L'envie de se sauver, qui l'animait encore il n'y a qu'un instant, s'en va d'elle, et il devient visible qu'elle ne s'appartient plus.

C'est qu'un autre vouloir plus puissant que le sien s'est, en effet, emparé de son cerveau et dirige désormais ses actes. C'est pour cela qu'elle n'essaie plus de lutter contre la fascination de l'abîme, mais semble y céder, au contraire. Même vous pourriez croire que l'idée de sa prochaine destruction lui sourit et la pousse insensiblement de la résignation au suicide. Regardez-la qui s'élance vers sa fin par mouvements saccadés, fébriles, de plus en plus rapides. Elle a franchi d'un bond la dernière distance qui la séparait du foyer d'attraction mortelle; elle se jette plutôt qu'elle ne tombe dans le gouffre effroyable qui s'ouvre pour la dévorer.

Gouffre effroyable est le vrai terme. Attendez, pour vous récrier contre l'exagération de mes paroles, d'avoir lu jusqu'au bout.

Le jettator, trop sûr de la portée de ses traits et de la docilité de sa victime, n'a pas même déroulé un seul de ses anneaux pour se rapprocher d'elle. Néanmoins, à mesure que celle-ci descendait les gradins de son supplice, sa tête à lui s'est détachée du sol, s'est dressée imperceptiblement. Son col s'est soufflé, s'est gonflé, jusqu'à prendre les dimensions d'un goître monstrueux. Sa mâchoire inférieure, tissue en caoutchouc, a subi une dilatation analogue. Puis tout à coup cette gueule impossible, cette gueule que vous savez, pointue, triangulaire, étroite, s'est ouverte de dix fois sa largeur habituelle, ouverte jusqu'au rouge des entrailles, pour recevoir sa proie... l'a reçue, l'a happée, l'a noyée dans les flots d'une bave immonde secrétée pour la circonstance... Après quoi l'Ogre l'a bue toute vive et toute frémissante, lentement, à petites gorgées.

La durée du supplice dépasse souvent une heure. Le cœur bat encore aux victimes bien longtemps après que leur tombe s'est refermée sur elles.

Un drame écœurant, n'est-ce pas, et un abus révoltant de la force, et qui, volontiers, ferait douter de la justice du ciel! Heureusement que l'ana-

logie passionnelle est là pour expliquer, à la justifi-
cation de la Providence céleste, le pourquoi de la
puissance diabolique du Serpent. Cette puissance
du mauvais œil, que votre sensibilité nerveuse et
votre charité vous poussent à maudire, est la clef
d'or qui ouvre toutes les serrures des infernaux
mystères. Si cette puissance n'existait pas, il faudrait l'inventer !

Ainsi s'est accompli en pleine lumière du jour,
et sous vos yeux que vous n'en voulez croire, le
prodige effrayant du contenant qui absorbe un contenu dix fois plus gros que lui!

Ainsi le mauvais œil de l'Aspic de Touraine a
justifié la gloire du Basilic d'Orient, dont le regard
faisait mourir, et prouvé que ce prétendu conte
était bien une histoire;... une histoire que les Grecs
savaient il y a trois mille ans, qu'ils avaient *découverte* comme celle du Trochylos, et non pas *inventée.*

On sait, en effet, que beaucoup de savants de
l'âge moderne, et M. de Buffon à leur tête, ont
refusé obstinément le don de mauvais œil au reptile. Ce déni de justice opiniâtre est d'autant plus
étrange de la part de l'illustre châtelain de Mont-

bard, que le noble domaine où il résidait six mois
de l'an fut de toute éternité un séjour chéri des Vipères, où le drame que je viens de raconter se
jouait de son temps tous les jours. Le grand naturaliste n'avait donc qu'à se baisser pour voir et
pour savoir. Malheureusement, le grand naturaliste était aussi un grand seigneur, et il ne crut pas
devoir prendre cette peine. Et parce que sa grandeur ne lui avait pas permis d'assister à la repré-
sentation de la pièce, il nia naturellement qu'on
l'eût jamais jouée; et l'histoire se trouva reléguée,
par l'oracle de la science, dans le domaine des
contes.

Une grande gloire est due à M. de Buffon, qui a
charmé beaucoup de lecteurs par l'éclat de son
style et contribué plus que personne à populariser
les études zoologiques ; mais la postérité n'en est
pas moins en droit de lui adresser deux reproches
qui n'ôtent rien à ses mérites : le premier, de n'a-
voir pas assez vu les choses qui étaient; le second,
d'avoir trop vu les choses qui n'étaient pas.

J'ai été vingt fois dans ma vie, et dès mes plus
jeunes ans, témoin oculaire du fait que M. de Buffon

a oublié de voir. Si la chance m'a plus favorisé que lui, cela tient probablement à ce que je sais le cri d'angoisse de la grenouille et du rossignol en puissance de jettature, et peut-être aussi à ce que mon naturel me porte à venir au secours des petits qu'on égorge. Il m'est arrivé bien souvent, comme j'ai dit plus haut, de rompre le charme en rompant le charmeur, et de retirer vivantes du corps de la Vipère des proies qu'elle venait d'avaler et qui ont vécu de longs jours après cette délivrance miraculeuse, qui rappelle celle du prophète Jonas. J'ouvre volontiers le ventre à la Vipère. J'ai aussi un plaisir extrême à écraser l'infâme et à la faire se tordre sous mes talons ferrés ; mais le plus grand de mes bonheurs de vengeance, est de la tenir la gueule ouverte et le pouce sur la gorge, à la hauteur de mon cigare, pour riposter à ses sifflements furibonds par l'envoi de copieuses bouffées de caporal qui lui scient le gosier et lui brûlent les entrailles... finalement pour lui faire subir le supplice de la Nicotine..., qui la fait expirer très-misérablement. Hélas ! elle n'est pas en reste de procédés venimeux envers moi, la bête scélérate ; et elle m'a ravi assez

de nobles chiens pour légitimer de ma part les plus
féroces représailles, et personne n'a droit de me
reprendre de ma barbarie envers elle. Le moment
serait mal choisi, d'ailleurs, pour s'apitoyer sur les
misères de la Vipère, aujourd'hui que ses légions
endiablées couvrent la face du pays de ruines et de
funérailles, du couchant à l'aurore. J'ajoute que le
prophète David, qui était inspiré de l'Esprit-Saint,
a promis aux hommes pieux (Ps. 91) qu'ils se pro-
mèneraient un jour sur l'Aspic et le Basilic (*super
Aspidem et Basiliscum*). Par conséquent, je ne fais
qu'user là d'un droit qui me revient de par une parole infaillible, et l'exercice auquel je me livre ne
peut être déplaisant à Dieu.

Maintenant, ce n'est pas tout que de rétablir la
vérité des faits zoologiques; il faut savoir encore
interpréter ces faits et en exprimer la morale; il
faut leur faire dire le pourquoi de l'affluence anor-
male du venimeux reptile sur nos terres désolées.

L'analogie passionnelle sait le mot de l'énigme,
parce qu'elle sait la loi des rapports animiques qui
sont entre l'homme et la bête; et elle n'est pas plus
empêchée d'assigner au fléau sa véritable cause que

de lui dire : Tu n'iras pas plus loin. Elle pourrait
donc le révéler sur l'heure, et elle serait heureuse
qu'il lui fût permis de faire ainsi, pour ne pas mettre
à une plus longue épreuve la patience du lecteur ;
mais un scrupule honorable la retient. Cette question de cause est, en effet, si palpitante d'actualité,
comme on dit, et la morale qui s'échappe à flots de
ce drame pour l'éternel enseignement des âges, a
si bien l'air d'en avoir été exprimée pour le misérable service des passions du jour, que l'analogie
a peur qu'on ne l'accuse d'avoir inventé le fait
pour les besoins de la circonstance. Et pour détourner de sa tête cette accusation ridicule et imméritée
qu'elle repousse, elle demande à placer sa véracité
sous l'imposante garantie de l'histoire universelle
des religions et des littératures primitives de la
terre, qu'elle entend charger par ainsi de préparer l'esprit de ses lecteurs à ses révélations fou-
droyantes. Et après que l'histoire aura suffisamment
édifié son public sur le compte des mérites et de la
moralité du Serpent, alors elle reprendra la parole
pour revenir du général au particulier, du Serpent tentateur à la Vipère de France, et elle achè-

vera de faire la lumière dans toutes les obscurités de la question par une comparaison victorieuse tirée des entrailles du sujet.

Remontons donc un peu au delà du déluge, et laissons parler les premières impressions des jeunes humanités.

L'homme enfant, jeté pauvre et nu sur la surface de sa planète récemment émergée, eut d'abord beaucoup à souffrir de l'inclémence des saisons et des hostilités des bêtes venimeuses. Et, dans son ignorance, il s'en prit de ses maux à la cruauté préméditée de la Nature qu'il traita de marâtre, et il arma contre elle. Et comme il ne voulait ni mourir ni souffrir, il institua des dieux qu'il chargea spécialement de le défendre contre la souffrance et la mort. Et cela au moyen du miracle, qui est l'insurrection permanente de l'homme contre les lois de la Providence divine, et la niche la plus puérile, en même temps que l'injure la plus sanglante, que l'orgueil insensé de la créature puisse faire à son créateur. Comme il connut aussi, dès le commencement, deux effets qui sont le Bien et le Mal, le Plaisir et la Douleur, l'homme fut également induit à leur attribuer deux causes qu'il appela le Bon et le Mauvais principe, et dont il fit deux puissances rivales occupées à se disputer éternellement l'empire d'ici-bas. Et il logea le bon principe dans la région supérieure où trônait le Soleil, dispensateur universel de vie et de lumière; et l'autre dans la région inférieure où se chargent les mines, dont les explosions formidables déchirent le sein de la terre et lui font vomir ses entrailles.

Ceci est évidemment le résumé complet de l'histoire de l'établissement de la superstition dans les deux mondes. La peur du Diable, qui est le cauchemar fatal des jeunes humanités, est le fond de toutes les religions primitives, et les historiens qui ont fait de la croyance au mauvais principe l'attribut spécial de la religion de Zoroastre et du Manichéisme, en ont impudemment menti. C'est la peur du Diable qui partout suscite les faux dieux, créés pour servir l'homme, et la gloire de ces dieux ne dure qu'autant que la vertu de miraculer reste en eux.

Mais l'homme, après avoir inventé le dogme des deux principes, eut besoin de revêtir d'une forme tangible ces êtres de sa pensée, et il personnifia le bon principe en son image à lui, sinon en l'image du Soleil, et l'autre en celle du Serpent.

Or, cette dernière personnification fut éminemment judicieuse, et elle atteste hautement la sagesse de l'homme ; car le Serpent était en ce temps-là, plus encore qu'aujourd'hui, le plus redoutable et le plus redouté de tous les moules de la création récente ; et la nature n'avait accumulé sur lui tous les genres de hideur, qu'afin que l'homme le reconnût à ces marques comme l'ennemi le plus acharné de son bonheur et de son autorité. Donc le maudit fut reconnu à ces signes, et il eut dès les premiers jours son nom d'ennemi commun dans tous les idiomes de la terre et son rôle de traître dans toutes les religions. On l'appelle l'infâme.

Et depuis lors, le Serpent et le Malin Esprit ou le Mauvais Principe, n'ont fait qu'un, et leur règne s'est toujours confondu dans l'histoire religieuse des peuples. Ce règne s'appelle aussi le Sombre Empire, l'Empire des Ténèbres, dont les pauvres mortels ont si grande frayeur (*coluber*, couleuvre, serpent, de *colere umbras*, qui habite les ombres). Exemples :

Dans les hiéroglyphes égyptiens, le Serpent (l'Aspic) symbolise la Mort, le génie du Mal, les Ténèbres. Typhon, le mauvais principe, est représenté sur les plafonds de plusieurs temples sous la figure d'un monsieur qui a une paire d'aspics pour jambes, une paire d'aspics pour chef, et qui brandit dans chacune de ses mains une paire d'aspics. L'aspic qui se mord la queue et *qui se fait périr*, symbolise l'Immortalité, c'est-à-dire *la mort de la mort*.

Le serpent Python, né des boues du déluge, empoisonnait le monde de son souffle empesté et empêchait le genre humain de prendre possession de son domaine. Les Grecs, forts en analogie, le font périr sous les flèches d'Apollon, le Dieu du jour. Ils célèbrent l'extermination du reptile infect comme la victoire définitive du génie de la lumière sur l'ennemi commun, et consacrent la gloire du vainqueur par des temples superbes et des jeux solennels. Les Grecs n'auraient pas été embarrassés plus que les autres analogistes, d'expliquer les motifs d'un déluge d'aspics.

Précédemment, sur les rives du Gange, le Berger vert, monté sur l'Éléphant céleste, avait déjà

transpercé à coups de flèches le serpent Calengam. Le Berger vert de la théogonie indoustane
est le même personnage que l'Apollon des Grecs.
Le serpent Calengam est le père du serpent Python.

Le personnage de la Trimourti brahmanique qui
doit un de ces quatre matins se métamorphoser en
cheval pour briser d'une ruade notre misérable
globe, sommeille en attendant son dixième avatar,
sur le dos de la grande Couleuvre Ananta, qui lui
donne de fâcheux conseils.

Il y a un autre serpent, dans je ne sais plus
quelle autre superstition orientale, qui a toujours
la gueule ouverte pour engloutir la Terre. Si cette
espèce-là crève de quelque chose, ce ne sera pas
assurément de tendresse comprimée pour nous.

Chez les peuples les plus dégradés, noirs ou
blancs, jaunes ou rouges, le Serpent est le compère
de tous les magiciens et le principal agent de tous
les maléfices. Le magicien d'Égypte, le derviche
hindou, le psylle, sont avant tout charmeurs patentés de serpents. C'est le Serpent qui se prête le
plus complaisamment à toutes les superstitions ;

c'est lui qui verse le plus d'argent dans la bourse des sorciers.

Et le pacte odieux qu'il a conclu avec Satan pour perdre le genre humain, est le premier tableau historique que nous présentent les annales religieuses de toutes les nations.

On y lit, en effet, que toutes les fois que le malin Esprit veut jouer un tour de sa façon aux malheureux mortels, il s'habille en serpent. Les livres saints de la Chaldée font foi qu'il était vêtu de la sorte, le jour où il souffla de si funestes conseils à l'oreille de notre première mère. Et la légende religieuse du Mexique, qui ne diffère qu'en deux points du texte de la Bible, atteste qu'il procéda de même en la terre d'Anahuac.

Ainsi toutes les Chutes et toutes les Damnations de notre espèce ont pour cause le Serpent, et c'est par Lui que la Mort et le Péché sont entrés dans l'Ancien comme dans le Nouveau Monde. On aurait le droit d'en vouloir à une mauvaise bête pour moins que ça.

On parle des effets effrayants de certains venins de reptiles qui vous frappent comme la foudre, serpent-minute, serpent colubra-capella, serpent sonneur, serpent cracheur; mais je doute qu'aucun de ces venins ait jamais valu en puissance celui du serpent tentateur, qui a pu empoisonner à distance tant de contrées diverses et cent générations !

Ainsi le Serpent félon représente ici-bas messire Satanas en personne, le roi du sombre empire, le dominateur des consciences, qui règne par la peur. Le Serpent est l'emblème de la superstition démoniaque, voilà le fait acquis...

Beaucoup qui seraient à ma place en resteraient là de leur tâche, n'ayant pas besoin d'en savoir davantage pour expliquer les déluges d'aspics et bien d'autres misères; mais au bon principe ne plaise que je me prive aussi sottement et aussi généreusement de la masse de preuves et de témoignages dont l'histoire sainte et la profane sont en train de m'armer pour l'extermination de l'infâme. Je continue donc à deviser sur les mérites du moule insidieux.

On n'est pas l'âme damnée du Diable, son prête-nom, sa doublure, sans cumuler avec cette fonction-là celle de miroir d'une foule de turpitudes. Le Serpent doit donc à ce cumul l'honneur de figurer partout, dans la poésie et l'art, comme emblème universel de noirceur et de forfaiture. Il y a des bêtes qui n'ont été créées que pour représenter une bassesse, comme le Tiquet parasite, qui représente une bourse d'avare, où tout entre, d'où rien ne sort. Le Serpent a été plus richement traité ; il symbolise à lui seul tous les vices, toutes les perfidies et toutes les trahisons, jusqu'à la Prudence elle-même, mère de la Lâcheté.

Il est la bête noire de tous les rédempteurs et de tous les révélateurs. Hercule débuta par en étouffer deux et n'eut pas petite peine plus tard à en finir avec l'Hydre de Lerne, qui était de la famille et dont le sang était un poison mortel. Le Christ, qui était venu pour renverser le règne des ténèbres, traite les faux docteurs, souteneurs d'icelui, de *serpents*, de *race de vipères* (Évangile selon saint Matthieu). Or, ce furent ces mêmes docteurs qui le firent mettre en croix.

J'ai déjà dit que le saint roi David avait vu dans l'Aspic l'image de la calomnie meurtrière. Cette

19.

image est juste s'il en fut, car de la morsure du Serpent et de celle du calomniateur les effets sont les mêmes. Toutes deux sont des blessures mortelles qui noircissent quand elles ne brûlent pas. « Les effets produits sur l'homme par la morsure de l'aspic, dit le docteur Viaudgrandmarais, sont la tuméfaction, la stupeur, l'angoisse, l'engourdissement, le refroidissement, la lividité de la peau, la fièvre, la toux accompagnée de nausées atroces, de vomissements, de crampes, de rêvasseries, de délire et de souffrance universelle. » Ainsi souffrent les calomniés.

La Discorde de Boileau se coiffe de serpents, à l'instar des pâles Euménides :

> La Discorde, à l'aspect d'un calme qui l'offense,
> Fait siffler ses serpents, s'excite à la vengeance,
> Sa bouche se remplit d'un poison odieux.

Un jeune laboureur ayant eu un jour l'imprudence de réchauffer une vipère dans son sein, le premier usage que fit la méchante bête de sa force recouvrée, fut de mordre son bienfaiteur. Depuis ce jour-là le Serpent fut l'emblème de l'ingratitude.

Cette analogie explique la haine de l'Aspic pour le chien, qui est emblème de dévouement et de fidélité.

L'Apostasie marche volontiers de pair avec l'ingratitude, qui est le vice de pauvreté du cœur ; et comme la double ignominie se reflète admirablement dans les pratiques de la Vipère qui, non-seulement mord la main de celui qui la réchauffe, mais change aussi de peau ainsi que de couleur deux ou trois fois par an..., l'analogiste honnête et fidèle à sa foi, a dû retrouver dans le moule odieux l'image du Judas Iscariote, du vil déserteur d'utopie, toujours prêt à renier et à vendre son maître, ou à spolier son frère pour un millier d'écus. La Vipère symbolise ce qu'on appelle en France le cynisme des apostasies.

La superstition démoniaque étant la mère de tous les vices, a commencé par enfanter les sept péchés mortels, dits péchés capitaux. Admirez avec quelle aisance le Serpent les figure tous.

C'est l'*Orgueil* qui perdit Satan, le chef des anges rebelles, lequel ne voulut pas fléchir le genou devant Dieu. Le même vice perdra le Serpent, qui

n'a pas voulu reconnaître la suprématie de l'homme.
La tendance caractéristique et fatale du mortel im-
prégné de virus démonomaniaque, est de se croire
Dieu, d'objectiver son moi et de l'élever à l'absolu.
C'est la maladie des Dalaïs-Lamas du Thibet, des
demi-dieux de la Grèce, des Augustes de Rome,
des pontifes infaillibles. L'apothéose de l'homme
est au fond de toute superstition à miracle. — Ainsi
les premiers effets du venin de l'Aspic sont l'Enflure
et la Bouffissure, et le trouble des idées.

L'*Envie* est représentée par la peinture allégori-
que sous les traits d'une femme mûre à qui un serpent mord le sein. Voltaire, qui l'avait rencontrée
en Enfer, en a donné un portrait ressemblant :

> Là gît la sombre Envie, à l'œil timide et louche,
> Versant sur des lauriers les poisons de sa bouche.

La *Colère* est l'état normal et permanent de la
Vipère. Elle ne dérage pas, le fanatique non plus.
Oyez les sermons des Garasse, des Innocent, des
Dominique, des prêcheurs de croisades et de Saints-
Barthélemys. Tous ces énergumènes-là, laïques ou

cléricaux, ont été coulés dans le même moule : masque blême et traits convulsés, regards rouges injectés de sang, coiffure à l'Euménide, bouche immense et d'où sortent des torrents d'invectives. Les métaphores héroïques qui fleurissent au Carreau des Halles ne se plaisent pas moins aux parvis des saints temples. Si l'argot des poissardes était banni de la terre, on le retrouverait en France dans la bouche des pieux.

Les amours des Vipères sont orgies de *Luxure*. N'évoquons pas de noms propres et jetons sur d'horribles scènes le voile du huis-clos, comme font les cours d'assises, quand elles ont à juger de ces attentats à la pudeur dont se rendent quelquefois coupables les membres des corporations religieuses vouées à l'enseignement.

La *Gourmandise* est péché mignon des bonnes âmes confites en superstition. La Vipère adore les proies jeunes et les engloutit toutes vives pour savourer leurs tortures et leurs frémissements. C'est une volupté gastrosophique de haut goût que s'accordent assez volontiers les Cyclopes et les Ogres, types odieux en lesquels notre imagination, folle de peur, a incarné le Diable. Le Diable, au dire de certains, éprouve aussi une jouissance suprême à retourner les damnés sur leur gril ou bien à les faire rissoler à l'aide de sa fourche dans leur friture de plomb fondu. Il y a même des industriels qui se livrent à la fabrication d'images représentant ces belles choses, et des gouvernements soi-disant éclairés qui les laissent faire et qui n'osent pas prohiber cette industrie vénéfique, mortelle aux consciences. Mieux que cela, il y a de grands poëtes, il y a de grands peintres, ayant nom Dante, Michel-Ange, Delacroix, Gustave Doré, qui ne rougissent pas d'illustrer de leurs vers ou de leurs pinceaux ces odieux mensonges, dont l'unique résultat est de faire germer au cerveau de l'enfant les semences de la maladie ignoble et incurable qui s'appelle la peur. Il y a enfin des menteurs, d'affreux renards subtils, qu'on décore du nom de naïfs, mais qui ne le sont pas du tout et qui se rendent célèbres à écrire des contes comme le Petit Chaperon rouge et le Petit Poucet, qui sont bien les lectures les plus pernicieuses qu'on puisse faire à l'enfance. Or, ces pauvres grands artistes, ces pauvres conteurs ne se doutent pas qu'ils sont des suppôts de Satan, des traîtres à la bonne cause, qui emploient à glorifier l'Enfer et la Superstition les dons sublimes que leur avait faits le ciel pour glorifier la justice et la bonté de Dieu!... Et mon cœur sensible s'attendrit sur les souffrances de ces infortunés, qui ne savent pas quel châtiment terrible attend dans l'autre vie les illustrateurs de mensonges, les enjoliveurs de miracles et tous les ouvriers d'imposture quelconques à qui le Grand-Juge demandera compte des âmes qu'ils auront perdues par leur complicité avec le génie des ténèbres. Mais revenons un peu à l'amour des chairs tendres.

Le sacrifice de l'enfant est la plus haute expression de la piété religieuse du père dans la plupart des religions primitives. Les prêtres de la Chersonnèse Taurique et ceux de la Judée comme ceux de l'Anahuac, et Abraham comme Tantale, s'entendent sur ce point sans s'être donné le mot. Le dogme de Saturne qui dévore ses enfants, a de nombreux adeptes dans tous les continents, voire dans l'Océanie. Le Psalmiste et Bossuet reprochent, avec la même indignation, au peuple de Dieu, d'avoir sacrifié des chairs tendres aux idoles étrangères. On communie par le sang de l'Enfant, à Jéricho comme à Carthage, comme au delà de l'Atlantique ; et de la communion par le sang à la communion par la chair, il n'y a plus qu'un pas qui est bientôt franchi. Les Mexicains attendent, pour donner le premier coup de dent au cadavre de l'ennemi, que le grand-prêtre en ait extrait le cœur et l'ait offert tout chaud au dieu de la Victoire. Ce peuple mexicain, dont les rites religieux côtoient de près ceux du peuple juif, a pour la chair humaine une passion forcenée.

L'empereur Montézuma, qui était très-pieux et qui appartenait à la tribu de Lévi des Aztèques, adorait par dessus toute autre friandise, les enfants de lait accommodés à une sauce spéciale, dont la recette est perdue (*Muchachos tiernos, guisados al su modo*). On lui en servait tous les jours. C'était un grand prince, dit l'histoire, voluptueux et sage à l'instar de Salomon, et qui s'entendait admirablement à répartir entre tous ses sujets les bienfaits de sa justice. Comme il avait accordé aux familles nobles de son empire la faveur de recruter ses harems et de fournir aux plaisirs de sa couche, il voulut faire aussi quelque chose pour son peuple...; et il lui octroya le droit exclusif de fournir au luxe de sa table par une mesure financière ingénieuse. Il autorisa par la loi toutes les familles pauvres à payer l'impôt en enfants, et décréta en même temps que les âmes de tous les petits, morts glorieusement au service de la bouche du prince, seraient logées après leur mort en des corps d'oiseaux-mouches.

Cette considération consolante fit naturellement que le peuple n'eut pas assez de voix pour glorifier la clémence et la libéralité de son monarque; et la mesure eut un succès fou, par la raison que les contributions étaient fort lourdes en l'empire d'Anahuac; et que le moindre retard dans l'acquittement des charges publiques entraînait la peine capitale. Je frémis de songer au succès colossal qu'obtiendrait une mesure financière analogue à celle-ci, dans plusieurs pays que je sais.

Remarquons en passant que toutes les populations fanatiques et tenaces à leurs dieux croient commettre un acte de foi (auto-da-fé), toutes les fois qu'il leur arrive de dîner d'un corps d'ennemi ou simplement de le faire rôtir. Les Mexicains, qui savouraient avec délices la chair de leurs victimes, pensaient à cet égard comme les Espagnols, qui se contentaient de faire griller leurs hérétiques et d'en avoir l'odeur sans la saveur. Seulement, ces derniers, qui faisaient brûler des gens dont ils n'avaient aucunement faim et dont tout le crime était de croire à la rotation de la terre, ces brûleurs d'hérétiques, dis-je, n'étaient que des cannibales honteux qui n'avaient pas le courage de leur opinion et qui méritaient d'être méprisés et condamnés sans circonstances atténuantes, n'ayant pas, comme les Peaux-Rouges, le droit de dire : la faim justifie les moyens.

Autre détail concordant et bizarre : tous les oiseaux de nuit, emblèmes nés d'obscurantisme et d'amour des ténèbres, se réjouissent avec volupté de la chair de leurs semblables, comme font encore les mulots, les rats et les taupes, et généralement toutes les autres mauvaises bêtes qui habitent des trous noirs.

Reste à symboliser l'*Avarice*, un si riche sujet,

qu'il pourrait fournir à lui seul matière à cent volumes. Je me contenterai de l'écrêmer.

Le Diable, en sa qualité de souverain du sombre empire, est le possesseur naturel de tous les trésors enfouis dans le sein de la terre. Il en dispose consciencieusement pour corrompre les âmes. C'est pour cela que les misérables sont occupés depuis tant de siècles à lui tirer la queue. Le Diable a pour habitude invariable de confier la garde de ces trésors, quels qu'ils soient, pommes d'or, toisons d'or ou lingots, à des dragons terribles que les Hercules et les Jasons sont obligés d'occir pour entrer dans la place.

Plusieurs historiens dignes de foi ont écrit et prouvé déjà que la soif des richesses temporelles et des empiétements d'attributions, était le mobile exclusif de toutes les menées des corporations religieuses. Le triomphe de leur Dieu n'arrive qu'en seconde ligne. Ainsi Moïse a beau multiplier les miracles et les exhortations et les exécutions en masse pour retenir son peuple dans les sentiers de la vraie foi; Moïse meurt à la peine sans pouvoir détourner son peuple des autels du Veau-d'Or.

S'il était une religion que ses principes dussent sauver de pareil désastre, c'était aussi à coup sûr la chrétienne, une religion éminemment spiritualiste, dont le fondateur avait déclaré en propres termes que son royaume n'était pas de ce monde, et qui, joignant les actes à la parole, avait rejeté dédaigneusement les offres de Satan, qui lui offrait la souveraineté de tous les royaumes de la terre en échange d'un simple baise-main. Or, je demande qu'on me cite une seule secte de cette religion-mère qui n'ait pas transigé depuis avec le distributeur des richesses de la terre, et qui n'ait versé à son heure dans l'ornière du temporalisme.

Ainsi, le chef spirituel de l'Église et le chef temporel de l'État ne sont qu'un dans la communion grecque, et la Tiare et la Couronne se sont également fondues en un seul couvre-chef sur la tête des rois et des reines d'Angleterre. Et il y a des évêques anglicans qui logent en des palais splendides, qui sortent en des carrosses dorés et armoriés, et à qui leurs stupides fidèles allouent des traitements annuels d'un million et plus pour les aider à accomplir leur vœu d'humilité. Et ces vénérables prélats ont plus de front que les augures romains, car ils se regardent sans rire. Je me suis laissé dire encore que du temps de la Papauté temporelle, les monsignori orthodoxes d'Italie affichaient le même luxe que leurs frères hérétiques d'Albion. C'est peut-être ce qui les a tués; car l'Évangile a dit : « Le même esclave ne peut servir deux maîtres, Satan, qui distribue les trésors de la terre, et le Christ, qui donne ceux du ciel. » Et du temps de Dante Alighieri, on voyait déjà en Enfer des Papes qu'on y avait mis pour avoir attaché trop de prix aux choses périssables de ce monde.

L'Église gallicane elle-même, si riche en esprits excellents, en dignes successeurs des apôtres, a contre elle le souvenir des richesses de son clergé. Le clergé français d'avant 89 possédait à lui seul le tiers de la superficie du royaume, et notamment tous les meilleurs vignobles; et beaucoup de ces richesses-là lui étaient venues de la peur de l'Enfer qui avait fort poussé aux donations pieuses vers les environs de l'an 1000, où d'habiles spéculateurs en biens-fonds avaient répandu le bruit que le monde allait finir. Et cette grande fortune, malheureusement encore, n'empêchait pas le clergé français de crier misère en tout temps et de tendre la main en toute occasion, excepté quand il s'agissait de venir au secours de la nation en deuil et de l'assister en ses mauvaises passes... ce qui fut cause que la Constituante dut l'alléger de ce pesant fardeau trop lourd pour ses épaules. Et la France s'en trouva bien, car sa richesse agricole et industrielle a triplé depuis lors.

Ainsi la soif de la richesse est la Dominante caractérielle de toutes les corporations religieuses sans aucune exception. Maintenant, comme le renoncement est la Tonique de plusieurs, il s'ensuit qu'il y a discordance chez plusieurs entre ces deux notes. Or, cette discordance constitue le vice odieux qu'on appelle hypocrisie, qui est le contraire de la franchise ou de l'accord parfait de la Tonique avec la Dominante. Et voilà pourquoi la langue des tartufes est sibilante et venimeuse comme celle des vipères. Tartufe est, comme chacun sait, un des meilleurs rôles de Satan. Les savants affirment que ce nom n'est pas français du tout et vient de l'allemand, *der Teufel*, qui signifie le Diable. Laissons dire les savants.

Le Serpent caché sous les fleurs est l'image de cette éternelle et immuable pensée de convoitise, d'accaparement et de spoliation des familles, qui brûle au fond de l'âme des tartufes, et qui ne manque jamais de se couvrir de beaux semblants de zèle apostolique, de charité, d'aumône, autant de piperies à l'usage des niais.

L'amour désordonné du pouvoir et de la richesse explique encore pourquoi la peur du Diable tient tant de place, et l'amour du bon Dieu si peu dans l'enseignement de ces corporations. C'est que la peur du Diable, comme on l'a vu plus haut, induit plus volontiers aux donations pieuses que la foi en la clémence de Dieu, et que les dieux méchants sont les seuls qui rapportent. Le fait est qu'il n'y a que de l'eau à boire au service du Dieu bon ; monseigneur Bienvenu en a été la preuve.

On voit par ces détails, que je suis contraint d'abréger, que la nature est une admirable portraitiste et une artiste sublime qui ne s'amuse pas à faire de l'art pour l'art. Si le Serpent est le cloaque de

toutes les infamies, c'est parce qu'il a été, je le répète, chargé par elle de symboliser la peur du
Diable qui est la plus épouvantable de toutes les
maladies mentales de notre espèce ; une maladie-
mère qui engendre toutes les autres, qui dessèche
le fruit sur la tige et l'amour dans le cœur, qui
arme partout les fils contre les pères et allume la
fureur de toutes les guerres saintes et les bûchers
de toutes les inquisitions. Et l'horreur que le Serpent
inspire à toutes les nobles créatures, est parfaitement semblable à celle qu'éprouvent tous les nobles
esprits pour les bourreaux et les persécuteurs.

Maintenant, désire-t-on savoir sur quelles créatures le venin de l'Aspic sévit avec le plus d'intensité ? Écoutez le rapport de M. le docteur Viaudgrandmarais. Parmi les vingt-quatre victimes dont
il a constaté la mort, on compte « six femmes ou
filles adultes, quinze enfants au-dessous de seize
ans, et trois hommes... »

Trois hommes, quinze enfants !!... pour dire que
le venin de la superstition démoniaque, mortel aux
esprits faibles, a peu de prise sur les forts !

Ces chiffres intéressants du savant praticien de

Nantes, qui confirment toutes les conclusions et toutes les données de l'histoire, nous apprennent en outre en quels rangs se recrute la grande armée de la superstition, et en quels éléments sa force se décompose : trois hommes sur vingt-quatre enrôlés. Un huitième d'hommes faits, *deux* huitièmes de femmes, cinq huitièmes d'enfants. Tâchez un peu de faire produire de ces résultats-là à une statistique officielle !

La funeste influence de la superstition démoniaque sur les imaginations faibles, appelle ici l'histoire des longs démêlés du Serpent avec le sexe mineur, une histoire de vingt lignes encore que je voudrais, mais que je ne puis passer sous silence ; car c'est elle qui nous mène tout droit, par les voies de l'Écriture sainte, au terme de ce long récit.

La Femme étant plus belle et plus pure que l'homme par l'esprit et le corps, c'est à elle naturellement que Satan, l'ennemi de notre espèce, a voué la haine la plus tenace. On sait les traits horribles qu'il lui a faits, et que c'est lui notamment qui est cause qu'elle enfante dans la douleur et qu'elle a été si punie dans sa postérité innocente.

Je ne reviendrai pas sur les faits, je n'entends recueillir à cet égard que les témoignages de l'histoire.

Or, tous les monuments de l'art antique et de l'art moderne ont reproduit à satiété la fameuse scène de séduction où l'on voit la scélératesse insidieuse du Serpent Tentateur aux prises avec la curiosité innocente et crédule de sa victime. Beaucoup de poëtes l'ont chantée en vers, et les peintres de toutes les écoles de l'Ancien et du Nouveau Monde l'ont traduite en images. L'Ève du Mexique, qui portait le nom significatif de femme-serpent (Ciaocoatl), était représentée dans les peintures d'avant la conquête, sous la figure d'une jeune personne extrèmement agréable, bien qu'un peu foncée en couleur, et vivement engagée dans une conversation criminelle avec un serpent à tête d'homme. On sait que la faute de l'Ève rouge, qui était de sang divin, ne fut pas de manger une pomme, mais bien de respirer le parfum d'une rose. La faute était peut-être encore plus légère que celle de la nôtre ; mais le Dieu jaloux du Mexique ne tenait pas moins à ses fleurs que celui de la Chaldée à ses fruits, et l'affreux

venin du reptile produisit les mêmes ravages par
là-bas que par ici.

La lutte du Serpent et de la Femme, c'est toute
l'histoire de l'adversité humaine ; c'est la grande
épopée limbique qui commence à la Chute, immer-
sion en phase de douleur, pour finir à la Rédemption, émersion en phase d'harmonie. La révélation
de Moïse caractérise la situation en termes nets et
clairs. Jéhova, le dieu de la Genèse, signifie à Satan, parlant à la personne de son délégué, le reptile :

*Inimicitias ponam intra te et mulierem et semen
tuum et semen illius... Ipsa conteret caput tuum et tu
insidiaberis calcaneo ejus.*

Traduction littérale : *J'établirai des inimitiés entre
toi et la femme, et entre ta race et la sienne. Elle t'é-
crasera la tête, et tu t'ingénieras pour la mordre au
talon.*

Là est tout simplement la loi des destinées humaines, passées, présentes et futures, dictées par
Jéhova et écrites par Moïse ; et aucune autre parole
dans aucune autre langue n'a contenu autant de
choses. C'est-à-dire qu'il existe, rien qu'à la Biblio-

thèque impériale de Paris, cinq cent mille volumes
de morale, de philosophie, de théologie et d'histoire
qui ne contiennent pas à eux tous la millionnième
partie de la raison infuse *es-versets* qui précèdent;
car Jéhova n'explique pas seulement à la Femme la
cause de sa chute, il lui enseigne encore les voies
de sa réhabilitation.

Voici comme se traduisent, en effet, dans la
langue des sages, les lignes ci-dessus :

« La Femme, plus délicate et plus nerveuse que
« l'homme, et plus menacée dans sa progéniture,
« tomba la première dans la peur des Génies mal-
« faisants, et elle entraîna tous les jeunes et tous
« les amoureux dans sa chute. Alors les vieux, qui
« n'étaient plus entraînables, et qui, pour cette
« cause, voulaient peu de bien à la Femme, profi-
« tèrent de l'occasion pour la calomnier affreuse-
« ment. Ils l'accusèrent d'être la complice de Satan
« et d'avoir eu commerce d'amitié avec lui. Ils
« firent de sa beauté une amorce pour le Crime, et
« de l'Amour Source de Vie, la Source du Péché, de
« la Souffrance et de la Mort. Finalement, ils la
« dégradèrent de son rang de créature humaine et

« lui retirèrent son âme et la libre disposition d'elle-
« même. Et la Femme, réduite en esclavage, n'en-
« fanta plus que des esclaves.

« Et la misère de l'Homme durera aussi long-
« temps que l'humiliation de la Femme, et la Femme
« ne se relèvera dans sa gloire qu'en *écrasant la tête*
« *du Serpent*, c'est-à-dire en mettant le pied sur la
« superstition. »

Ainsi a parlé Jéhova, le dieu de la Genèse, Jéhova, l'oncle à Weill [1], le dieu puissant et fort. Il a
imposé à la femme, pour première condition de sa
rédemption, d'abjurer la peur de l'Enfer et de monter à pieds joints sur la superstition... Par conséquent, le devoir de tous les gouvernements et de

---

[1] M. Alexandre Weill, homme d'esprit, mais juif de nation, a publié naguère un poëme fort piquant, où l'orgueil de la race se trahit à
chaque hémistiche et déborde en ces vers :

Dieu lui-même est MON ONCLE, et mes cousins apôtres
Ont couronné vos rois ; chrétiens, ce sont les vôtres.

M. Alexandre Weill est le même homme d'esprit qui a déclaré une
fois qu'il ne pardonnerait jamais à l'Allemagne, sa patrie, l'accent
peu harmonieux qu'il a conservé d'elle. Il prononce *bécheur de
druïdes* en place de *pécheur de truites*.

tous les amis sincères du progrès est de préparer à la femme les voies de son triomphe. Et Voltaire, le chef des voyants, qui ordonne *d'écraser l'infâme*, a pris justement pour cri de guerre le commandement sacramentel, le mot *d'ordre* de Jéhova.

Que tous ceux qui doutent de la fidélité de ma traduction consultent le Talmud; ils seront édifiés. Le Talmud, qui est la Bible des Israélites éclairés, spécifie brutalement la nature du fruit défendu et la faute de la femme. En ce récit, en effet, le démon Samaniel ne se borne pas à donner à celle-ci de perfides conseils; mais il la séduit pour son compte et la rend mère d'une affreuse postérité de géants et de cyclopes qui se conduisent très-mal; et Dieu, pour punir la coupable, l'afflige doublement dans sa chair et la condamne à garder éternellement les marques de l'adultère. Dans la Genèse mexicaine, la souffrance et la mort entrent aussi dans le monde par la parturition.

L'histoire de l'asservissement de la femme par l'homme, telle qu'on vient de la raconter, se trouve confirmée, du reste, par celle de l'asservissement de l'homme par l'homme.

La race noire, la race de Cham, ne se distingue pas seulement de la race de Sem et de celle de Japhet par sa couleur, sa chevelure laineuse, son front fuyant et sa physionomie plus voisine de celle de la brute ; la nature l'a timbrée encore d'un cachet tout particulier d'infériorité morale, qui est la peur du Diable. La croyance au mauvais génie et la terreur du revenant sont, en effet, les seules idées religieuses qui aient pu se frayer accès dans le cerveau étroit et réfractaire des deux cents millions d'hommes noirs qui peuplent l'Afrique centrale. Jamais n'y a pu trouver place la notion d'un Dieu bon et juste, rémunérateur des saintes œuvres et punisseur du mal, notion qui se rencontre au fond de toutes les religions des grands peuples. Et les ministres de la religion de ces peaux noires sont dignes de leur dieu. Ce sont d'affreux sorciers qui se décorent de queues de bêtes à l'arrière, et, sur le front, de cornes d'antilope. Ils sont les médecins de l'âme comme du corps et n'entreprennent jamais une guérison avant de s'être fait payer. Nos sorciers font de même ; tout le savoir de ces guérisseurs-là se borne à conjurer des sorts. Il y a dans ce pays-là un prince puissant et tout récemment découvert, qui s'appelle Souna, et qui a institué un prix de beaucoup de milliers de francs pour le sorcier qui trouvera un remède contre la mort. Pas un n'a encore réussi.

Or, les races blanches ayant reconnu l'infériorité de la noire, à ce cachet de crédulité satanique, l'ont déclarée maudite dans son père, et ils l'ont pour cette cause, réduite en esclavage et outrageusement exploitée dès le commencement. C'est la peur de l'Enfer, ainsi que vous voyez, qui prépare tous les esclaves en dépravant les consciences et en aveuglant tous les entendements. C'est elle qui a fait descendre le noir à l'état de brute et l'Irlandais à l'état de noir. C'est elle qui a perdu la femme et qui a fait que l'homme a prolongé jusqu'à ce jour la minorité intellectuelle et politique de sa compagne; et le barbare ne s'est pas encore aperçu qu'en se faisant le seigneur et maître de la femme, il se constituait le bourreau de son propre bonheur, attendu que la loyauté en relations d'amour est la seule garantie de ce bonheur, et que l'esclavage dégage de toute responsabilité l'esclave qui a droit à la ruse et à la duplicité. Enfin, la chose le regarde ; mais j'estime pourtant que la femme a suffisamment expié par six mille ans et plus de captivité préventive, le tort incontestable qu'elle a eu de se donner au diable, et qu'il est temps de lui rendre les moyens de rentrer dans sa gloire. Si les reines d'Angleterre portent si bien la couronne, si aux États-Unis toutes les femmes sont reines, c'est que la race anglo-saxonne a été la première à expulser le diable et le miracle de son dogme et de ses domaines. Par contre, de tous les peuples de la race blanche qui ont prospéré sur la terre d'Amérique, l'Irlandais superstitieux est le seul qui y déshonore sa couleur et fasse souche de laquais.

Mais comme la puissance de fascination du reptile qui craint les oiseaux forts et se venge sur les faibles, explique bien mieux encore les paroles de Jéhova que toutes les versions du Talmud et tous les témoignages de l'histoire africaine ! Reprenons le récit des malheurs du jeune rossignol et appuyons vivement sur les causes de chacun d'eux pour faire honte à la femme de ses terreurs ab-

surdes et la forcer de revenir au culte de son indépendance et de sa dignité.

Je rappelle derechef que la morale de cette histoire s'adresse principalement aux mères de famille
imprudentes, trop enclines à confier la tutelle de
leurs filles à des guides astucieux et sans délicatesse.

L'action stupéfiante du regard de l'Aspic qui contraint la proie terrifiée de se livrer corps et âme au
terrificateur, symbolise cette ridicule peur du diable que les agents de la superstition démoniaque
sont habiles à faire entrer dans l'âme des personnes
du sexe, crédules et faibles d'esprit, pour leur sou-
tirer leur fortune. La parité des moyens et l'iden-
tité du but sont ici tellement palpables, qu'il n'y a
qu'à rapprocher les deux phénomènes l'un de l'autre pour que l'analogie en jaillisse, comme l'étincelle
du silex frappé par le briquet. Et si jamais fut une
époque propice aux études de ce genre, disons que
c'est celle où nous sommes, époque éminemment
féconde en agitations religieuses, en conversions
forcées et en détournements de mineures, voire en
vol d'enfants mâles.

Le Rossignol a péri pour s'être laissé affoler par la peur, jusqu'à entrer tout vif dans la gueule du charmeur qui avait envie de sa chair. — Qui n'a vu quelquefois de malheureuses jeunesses affolées aussi par la peur, par la peur de l'enfer, tomber en puissance de jongleurs immoraux et cupides, et friands de leur chair? La conscience publique me répond que je puis me dispenser de citer à ce sujet des noms propres et d'invoquer le répertoire de *la Gazette des Tribunaux*.

L'éclair du Mauvais-Œil, qui terrifie l'oiseau et lui brise les ailes, c'est le reflet du foyer d'enfer où brûlent les damnés; c'est la vision horrible que l'inventeur de fantômes fait apparaître subitement aux regards de sa pénitente, pour lui paralyser les membres et lui stupéfier l'intellect.

Le Rossignol a péri pour avoir abdiqué sa personnalité et s'être laissé amener à cet état d'engourdissement moral et d'*insensibilité cadavérique*, que d'illustres casuistes qualifient d'*état parfait de grâce*, et que j'appelle, moi, de son nom véritable, l'*état parfait d'exploitabilité* (*perindè ac cadaver*). Le Code civil français, œuvre d'hommes forts et ennemis de la superstition, avait parfaitement compris les chances de spoliation qu'encourent les personnes riches et faibles en puissance de jettature infernale, lorsque pour déjouer les manœuvres des captateurs de successions, il avait enlevé aux médecins de l'âme, comme à ceux du corps, le droit d'hériter de leurs malades. Mais les nombreux procès en captation d'héritage qui viennent de temps à autre affliger les honnêtes gens et épouvanter les familles, attestent que la sagesse du Code n'a pas porté tous ses fruits, tant s'en faut.

Le Rossignolet a péri, parce que sa volonté, cette puissance nerveuse qui résidait en son cerveau, et que Dieu lui avait donnée pour diriger ses actes, a été délogée de son siége par une autre volonté plus forte, une volonté externe (magnétisme) qui s'est introduite en la place par le canal des yeux, et qui, une fois maîtresse de la direction des muscles du pauvret, l'a contraint de se donner corps et âme au fascinateur. — Le même malheur arrive tous les jours à une foule de pauvres pénitentes qui ont fait la sottise de donner leur âme à tenir à des dépositaires sans foi, lesquels abusent ordinairement de leur toute-puissance sur les infortunées créatures désarmées de leur raison, pour les perdre..., et qui les perdent si bien par les mille dédales de leurs cloîtres, qu'on ne peut plus les retrouver après. Je retiens les noms propres de s'échapper de ma plume et des scandales judiciaires de ces dernières années.

La gueule du reptile où les proies s'engloutissent vivantes... est l'asile inviolable, le cloître à labyrinthe dont je viens de parler, l'*in pace* ténébreux où les convertisseurs patentés enterrent vives les jeunes vestales, après les avoir préalablement allégées du fardeau des biens temporels dont la possession pourrait faire obstacle à leur salut.

La jeune et belle vestale qui renonce aux joies de ce monde, dont elle devait faire le plus bel ornement, qui prend le voile et laisse couper ses longs cheveux pour faire pièce à Satan, est une pauvre innocente, possédée comme le rossignol du démon du suicide, et qui s'impose un sacrifice d'autant plus regrettable, qu'il ne lui profitera pas plus en ce monde qu'en l'autre. Par la raison que la médisance est avec la fainéantise et la fabrication des conserves, la seule occupation des dévotes recluses, et que la médisance n'est pas voie de salut. Langue de dévote, langue de vipère, a dit la sagesse des nations.

L'extrême dilatabilité de la mâchoire inférieure du serpent reproduit avec une fidélité désespérante et quasiment injurieuse, l'incommensurable dilatabilité de la besace de certaines congrégations religieuses, une besace qui a l'air aussi d'être tissue en caoutchouc, et que le roi Salomon a eu tort de ne pas comprendre dans la catégorie des choses qui ne sont jamais soûles. (Relire les détails à l'appui au paragraphe de l'Avarice.)

Et la faculté d'engloutir plus qu'on ne peut tenir, n'est pas le seul rapport analogique qui soit entre ces congrégations et le reptile fascinateur. Ainsi la science a constaté la prodigieuse fécondité de la Vipère, qui met au jour, bon an mal an, quinze vipéreaux environ, lesquels viennent presque tous à bien, n'ayant plus d'ennemis à craindre depuis que les grands échassiers sont partis. Une autre propriété encore bien connue de la Vipère, est son excessive ténacité à la vie. On sait qu'il faut la tuer plusieurs fois pour la faire mourir, et qu'on a vu des têtes de vipères depuis longtemps séparées de leur corps, se reprendre tout à coup à vivre pour s'attaquer à la main bienveillante qui les ramassait de confiance pour les loger dans un bocal.

Or, l'analogiste est en mesure de citer des fécondités encore plus prodigieuses que celle de la Vipère, et plus alarmantes aussi pour la sécurité des familles : à savoir la fécondité de ces congrégations religieuses, autorisées ou non, qui se trouvent posséder tout à coup des millions, des palais, des caves bien meublées en des localités favorables où leurs premiers émissaires étaient arrivés trois ou quatre, la besace sur le dos, cinq ans auparavant. Fécondité d'autant plus merveilleuse, que tous les membres de ces congrégations, hommes ou femmes, sont voués au célibat! Richesses et prospérités d'autant plus scandaleuses, que la main-morte et la mendicité sont également interdites par la loi !

Comme exemple de ténacité remarquable à la vie, on peut citer aussi l'histoire de cette compagnie fameuse, experte en momeries religieuses et titrée en miraculisme, qui, depuis trois cents ans qu'elle existe, s'est fait chasser cinquante fois de partout, d'Angleterre, de France, d'Espagne, de Portugal, de Russie, de Paraguay, de Chine, et toujours a réussi à se relever de ses disgrâces, plus puissante, plus envahissante, plus miraculatrice que jamais. Si je vous disais, moi qui vous parle, que j'ai vu de mes propres yeux les habitants de la même cité, d'une cité française, illuminer leurs fenêtres pour témoigner leur allégresse de l'expulsion des bons pères, et s'étouffer vingt-cinq années plus tard, à la porte de leurs églises, pour entendre leur parole. Des gens bien informés affirment que le général de l'Ordre commande à l'heure qu'il est, en France, à plus d'un million de soldats de tout âge et de tout sexe !

Et la congrégation puissante n'a plus guère d'ennemis à redouter non plus, depuis que la postérité des Rabelais, des Poquelin et des Arouet s'est éteinte pour faire place à la dynastie des Tartufe et des Escobar, des Nonotte et des Patouillet !

Un des plus grands malheurs de l'analogie passionnelle, est d'être prise pour malicieuse lorsqu'elle n'est que fidèle et naïve et qu'elle raconte avec sim-

plesse les choses comme elles sont. Ici donc ne va
pas manquer de retomber sur elle l'accusation, pré-
vue et redoutée, de faire de la morale neuve avec
des histoires vieilles pour l'appliquer au jugement
des événements du jour. Je me résigne philosophiquement à mon sort, désespérant de l'éviter ; désespérant de prouver à l'homme, créature variable
et changeante, que l'opinion des bêtes était la même
il y a six mille ans qu'aujourd'hui, et que les vérités éternelles n'ont point d'âge, et que le langage
de l'analogie passionnelle, qui est celui des para-
boles chères aux révélateurs, s'applique fatalement
à tous les lieux, à toutes les époques, à toutes les
situations.

Le sage n'ignore pas non plus que le méchant
doit faire mesure comble d'avanies au juste qui est
venu pour démolir l'erreur, et cette tribulation ne
le surprendra pas. Il sait encore qu'il entre dans
ses chances de voir se retourner contre sa face la
droite des victimes qu'il aura voulu délivrer, et il
s'attend de même à ce douloureux mécompte. Et
au lieu de se retirer de leur cause, il se contentera
de gémir sur leur ingratitude et de se laver les

mains de leur désobéissance aux ordres de Jéhovah.

J'en ai fini de la question du salut de l'espèce féminine en ce monde et dans l'autre. Terminons ce chapitre inépuisable du serpent, d'où nous avons déjà tiré plusieurs histoires universelles et autres, par celle des agitations religieuses qui ont troublé la tranquillité de la France, depuis l'invasion des Normands jusqu'aux jours où nous sommes. Une histoire qui porte pour titre : *Gesta Diaboli per Francos*, et qui a le double avantage de présenter les faits de la grande Révolution française sous un jour complétement neuf, et d'aviser le pouvoir des périls dont il est menacé. Les prospérités de l'Aspic, ses déluges, si vous aimez mieux, racontent les calamités de la France et la solidarité qui rattache la fortune du Démon à celle de son emblème.

Aldrovande, un célèbre professeur de zoologie italien, qui vivait au seizième siècle et qui avait vu les villes et les mœurs de beaucoup, rapporte qu'un déluge effroyable d'Aspics et d'autres mauvaises bêtes déborda sur la France aux jours de l'invasion normande, et que le même phénomène, indice du

courroux céleste et accompagné d'un autre débordement de sauterelles et de loups enragés, signala
à diverses reprises les règnes désastreux des rois
Charles VI et Charles VII. C'est, en effet, sous le
premier de ces princes, surnommé l'Imbécile, que
l'Anglais, bâtard du Normand, est introduit en
fraude dans Paris par le traître Bourguignon, et s'y
fait proclamer roi de France. C'est sous le second
qu'un évêque de Beauvais, porteur d'un des plus
affreux noms du calendrier des bourreaux, fait
brûler vive comme sorcière l'héroïque Pucelle
d'Orléans, dont tout le crime était d'avoir terminé
la guerre de Cent Ans en chassant l'Anglais du
royaume. De beaux jours pour l'Aspic que ces temps
de pillage et de dévastation sans trève, où les
champs demeurent en friche, où les ronces et les
genêts envahissent la place des cultures, où personne n'a souci d'ensemencer et de labourer les
champs pour que d'autres y récoltent! La guerre
chez les hommes fait la paix chez les bêtes. La Superstition et l'Aspic regrettent amèrement ces derniers jours du moyen âge qui virent l'apogée de
leur gloire, et leurs vœux impudents appellent le

retour d'une dynastie semblable à celle des Valois, dont le nom leur est cher.

Une large tache de sang marque dans nos annales ce règne de la Médicis, qui dura trois règnes d'homme, mit en honneur la magie noire et la galanterie, et fut la phase d'explosion du délire fanatique et de la monomanie homicide. C'est le temps où les ministres du Dieu de paix et d'amour appellent les assassins au meurtre et bénissent leurs poignards; où le tocsin qui pousse les populations au carnage retentit à toute heure aux clochers des cités, des hameaux et des bourgs; où des fleuves français les eaux ensanglantées apportent en moins d'un mois plus de deux cent mille morts aux mers épouvantées. Alors le laboureur abandonne sa charrue et laisse la plaine ouverte aux envahissements de l'ivraie et des mauvaises bêtes. L'atmosphère s'empoisonne de la senteur pestilentielle des cadavres ; les loups dévorants, les chiens même redevenus sauvages par la misère de leurs maîtres, vaguent en sécurité par les faubourgs des villes, et trouvant chaque jour pâture de chair humaine, s'acoquinent à ce régal et n'en veulent plus d'autre. Et les dix plaies de l'Égypte s'engendrent l'une l'autre; la famine, la peste, la guerre et le débordement des vermines de tout genre, couvrent la face de la contrée maudite. Ceci n'est que la copie déteinte des chroniques du temps, des Mémoires de Sully entre autres, qui ne peignent pas l'état de la France d'alors sous d'aussi brillantes couleurs que les scribes de la cour papale, laquelle cour jugea à propos d'instituer une fête pour conserver à l'admiration de la postérité le souvenir de l'horrible massacre de la Saint-Barthélemy.

Beaucoup de ruines, beaucoup de châteaux éboulés indiquent encore à présent, sur la carte de France, le passage des fureurs des guerres religieuses de la Réformation, comme les carcasses des chameaux qui surgissent au-dessus du sable, jalonnent dans le désert la piste des caravanes. J'ai visité en touriste aussi bien qu'en chasseur plusieurs de ces voies scélérates, la vallée de l'Isère entre autres, et celle de la Grosne qui court de l'abbaye de Cluny jusqu'au Grand-Sennecé (Saône-et-Loire). Or, voici ce que j'ai trouvé partout, sans le vouloir. Ces ruines d'antiques castels étaient de-

venues les demeures de prédilection d'une espèce
d'Aspic redoutable, qui ne le cédait qu'à celui de la
Vendée pour la malfaisance agressive et la venimosité. Et là aussi j'ai vu quelques personnes et
bien des chiens, hélas! mourir dans la fleur de leurs
ans sous la dent du reptile.

Cependant, la culture reprend vie, la prospérité
renaît, les mauvaises bêtes ont beaucoup à souffrir
sous le règne suivant, où le célèbre édit de Nantes
vient interrompre le cours des égorgements fanatiques et apaise momentanément les discordes civiles. L'Aspic ne voit jamais d'un bon œil les
encouragements donnés à la plantation des mûriers
et aux autres branches de l'agriculture, qui ne peuvent fleurir qu'au détriment de ses domaines. Il a,
pour détester les réformes agricoles, les mêmes
excellentes raisons que la Bécassine et le Râle. Or,
la haine qu'il porte au nom de Henri IV, de Sully
et de Colbert, témoigne suffisamment que l'existence lui fut triste tout le temps que dura la puissance de ces grands génies politiques. Remarquez
que cette brillante période de gloire qui vit surgir
la France au premier rang des puissances civili-

sées, est précisément celle qui encadre la durée de
l'édit de Nantes, de 1598 à 1685, du règne de Henri
le Grand à celui de la Maintenon. La victoire, pendant tout ce temps-là, est fidèle à nos armes, et les
Français savent vaincre et chanter leurs conquêtes.
C'est le siècle du grand roi, le siècle de Corneille,
de Racine, de Condé, de Turenne, où Poquelin fait
rire des marquis et fustige les faux dévots, où le
prince prend parti pour l'auteur de *Tartufe* contre
les premiers présidents qui ne veulent pas qu'on les
joue. Et voici maintenant le revers de la médaille.
Le règne du roi jeune a fini, celui du vieux commence ; il débute par la révocation de l'édit de Sagesse, talisman du bonheur et de la richesse de la
nation française. Tout change dès ce moment sur
la terre et sur l'onde. La fortune, qui est femme,
déserte nos drapeaux ; nos plus riches industries
passent à l'étranger. Duquesne fait place à Tour-
ville, Luxembourg à Villeroi. Le zèle des égorgeurs
des Cévennes vise à effacer la gloire de ceux de
1572 ; mais le sang versé par Bâville remonte vers
le ciel et retombe en pluie de vengeance sur les
champs de bataille de Hochstett et de Ramillies,

En ces jours de sombre mémoire, c'est Tartufe qui règne et gouverne ; le sceptre s'est changé en quenouille, et de quenouille est devenu goupillon. Les champs, frappés de stérilité, refusent au laboureur le prix de son travail. Une horrible famine s'en suit, qui chasse les affamés de leurs demeures et les fait errer sur les grandes routes où des chroniqueurs dignes de foi les ont vus mâcher l'herbe des fossés comme des troupeaux nomades, et puis s'y coucher pour mourir. Enfin, le grand roi meurt chargé de l'exécration universelle, et le [peuple insulte son cercueil.

Or, pendant que régnait Tartufe et que l'ennemi envahissait la France, et que la famine au Nord et la persécution au Midi chassaient les habitants de leurs demeures et les faisaient expirer de faim sur les grandes routes, la situation était belle pour l'Aspic et les autres mauvaises bêtes. Les chroniques du temps, parmi lesquelles les Mémoires de Vauban et ceux de Fénelon tiennent la première place, les chroniques du temps rapportent que le désert a reconquis en peu d'années tout le terrain que la culture avait mis des siècles à gagner, et que les chardons et les épines occupent désormais les places où s'épanouissaient autrefois les moissons luxuriantes, et que les reptiles de tout ordre ont envahi les demeures abandonnées du vigneron et du laboureur, et que des mouches venimeuses ont apporté la mort dans les étables (charbon), et que les loups affriandés par la chair des cadavres qui gîsent sans sépulture à la surface du sol, s'attaquent tous les jours aux vivants.

Heureusement que de l'excès du mal naît souvent le bien en ce monde, et que la puissance d'expansion des sentiments de liberté et de justice est en raison directe des poids qui les compriment. L'horreur de l'hypocrisie qui régnait depuis trente ans fut donc si forte en France, qu'elle fit explosion à la mort du vieux roi, et soudainement inaugura par tous les pays de l'Europe le règne de la philosophie, qui devait durer cent ans (1715-1815). Ce règne, le plus brillant de tous ceux de l'histoire, s'appelle du nom de Voltaire, du nom du génie lumineux dont on sait la devise. Sa grande date est 89, une date célèbre que l'humanité rédimée prendra prochainement pour l'ère de sa rédemption.

Et elle aura raison, car la Révolution de 89 est la plus magnifique explosion de lumière et de justice qui ait jusqu'à ce jour éclaté sur le monde... Une révolution qui a démoli l'absolutisme monarchique en rasant la Bastille; démoli le privilége en jetant au feu les parchemins de la noblesse; démoli la Superstition en la forçant de rendre gorge de ses richesses mal acquises... Une révolution qui a dissipé les ténèbres du passé, éclairé les voies de l'avenir..., et inauguré le triomphe définitif du bon principe sur l'autre.

Le bon principe est la substance de la religion d'amour; il pivote sur le dogme de la révélation impersonnelle, permanente et universelle, et procède par l'examen et le doute. Le bon principe a pour devise : *Progrès indéfini,* et ses yeux regardent en avant. Il réprouve le miracle qui est l'insulte à Dieu.

Quant au mauvais principe, *Mort au progrès* est sa devise, et ses yeux, comme ceux du hibou, sont tournés vers l'arrière. Il procède par le miracle pour arriver à l'accaparement des richesses temporelles.

La Révolution de 89 porte dans ses flancs les destinées de l'humanité. Paix universelle, règne de Dieu, abolition de l'esclavage et de toutes les misères sociales, toutes ces nobles et incompressibles et éternelles aspirations de l'âme humaine sont implicitement confondues et comprises dans le vœu unanime des peuples pour le triomphe de la Révolution française, qui est, au dire de Fox, le plus grand pas qui se soit jamais fait pour l'affranchissement total du genre humain.

89, qui prit et rasa la Bastille, qui jeta au feu les oripeaux et les priviléges de la gentilhommerie, qui fit rendre gorge à tous les possesseurs illégitimes de leurs possessions usurpées, 89 n'a pas porté un coup moins terrible à l'Aspic qu'à la monarchie du bon plaisir, à la superstition et à la noblesse. Je parle au matériel.

Tous les almanachs de l'époque que j'ai sérieusement consultés, font foi, en effet, que cette année qui vit s'écrouler la puissance de la superstition et de l'absolutisme, fut également mortelle à la vermine des champs, par l'excessive rigueur de son hiver. La Sauterelle, le Mulot, le Hanneton et la

Chenille eurent beaucoup à souffrir du froid, et quant à la Vipère, le coup la frappa si rudement, qu'on la crut détruite à jamais dans une foule de localités. La loi sur la constitution civile du clergé, qui fut votée par la Constituante, acheva l'œuvre de la gelée en restituant la propriété du sol aux dix millions de travailleurs qui en étaient les esclaves la veille ; car cette mesure, qui a triplé en moins d'un demi-siècle la fortune territoriale de la France, ne pouvait s'opérer sans que de vastes espaces incultes fussent rendus à la culture et la plupart des marais assainis. Or, l'ivraie et les mauvaises bêtes que protége l'incurie habituelle de la main-morte, n'ont pas de pire ennemi que le progrès agricole sous toutes ses formes, et notamment l'activité productrice qui caractérise spécialement la propriété morcelée, laquelle pousse à l'empiétement indéfini de la culture sur les friches et à la suppression du désert.

Cependant l'Aspic rouge de l'Ouest, plus tenace à la vie et mieux abrité que ses congénères du reste de la France, avait supporté plus héroïquement l'épreuve de 89, et il ne tarda pas à relever la tête.

La superstition religieuse, momentanément abattue aussi par la législation réparatrice de la Constituante, ne tarda pas à se relever non plus, et le premier signe de vie qu'elle donna fut d'allumer dans la Vendée, dans l'Anjou, la Bretagne, tous les feux de la guerre sainte. Cette guerre sainte éclata naturellement le 24 août 92, le jour anniversaire de la Saint-Barthélemy. Michelet a écrit : « Au moment où les émigrés, amenant l'ennemi par la main, lui ouvrent nos frontières de l'Est, le 24 et le 25 août 92 éclate dans l'Ouest la guerre de la Vendée, la guerre impie des prêtres. »

Cette guerre impie, cette lutte fratricide dont le spectacle odieux dégoûta Kléber de la gloire, dura cinq ans et plus. Elle eut pour point de départ l'insurrection du Bocage et pour catastrophe la destruction de l'armée de Charette à Quiberon. La Vipère, commune aux parages infectés par l'insurrection, eut belle à croître et à multiplier pendant les longues péripéties d'un drame qui débuta, suivant l'usage, par faire les champs déserts en forçant le cultivateur d'abandonner ses travaux nourriciers.

Une des rencontres les plus meurtrières de cette guerre féconde en épisodes du genre, fut celle où l'intrépide Kléber dut soutenir, avec quatre mille bleus, tout l'effort de l'armée de Charette, forte de vingt mille hommes. Comme le général républicain vit que les rangs de sa petite troupe s'éclaircissaient rapidement et qu'elle était menacée d'une destruction totale, il dut se résigner à la nécessité cruelle de sacrifier une partie de son monde pour sauver le reste, et, appelant à lui le capitaine Schwardin qui commandait un bataillon de grenadiers de Saône-et-Loire : « — Schwardin, dit-il, tu vas te porter avec ton bataillon à la tête du pont que voici. — Oui, mon général. — Tu tiendras là pendant deux heures. — Oui, mon général. — Tu te feras tuer toi et tes hommes. — Oui, mon général. — Adieu, et embrasse-moi. — Adieu, mon général. »

Ils tinrent le temps voulu, et ils périrent tous, mais le reste de l'armée fut sauvé. A quelques mois de là, Kléber prenait sa revanche et écrasait l'armée vendéenne à Savenay.

Or, le champ de bataille qui but si copieusement

ce jour-là le sang des bleus, c'est Torfou!!! Le pont que défendit Schwardin est le pont de Bouçay!!! Torfou, Bouçay, vous souvenez-vous maintenant d'avoir vu ces deux noms écrits dans l'ouvrage scientifique du médecin de Nantes? Ce sont les deux communes où les serpents éclosent par milliers sous la pierre des âtres domestiques. *Ubi sanguis, anguis...* La place est douce à la Vipère où le sang des bleus a coulé...

Les principes de 89 triomphent sur toute la ligne en l'an 96; en France, par les victoires de Hoche, qui mettent fin à la guerre civile; en Italie, par celles du général Bonaparte, dont les succès émotionnent douloureusement le Saint-Siége. L'assassinat de Duphot et celui de Basseville ne prouvent pas la sympathie de Rome pour nos armes. De la mort de Charette à 1814, la Vendée se tenant calme, l'Aspic paraît frappé de torpeur léthargique. Il eût sifflé, d'ailleurs, que le bruit étourdissant du canon de l'Empire eût empêché les oreilles du peuple d'ouïr ses sifflements; mais le temps n'était pas à ces airs, pas plus qu'aux donations pieuses, aux miracles et aux processions.

Cependant, les principes sauveurs subissent en 1814 et en 1815 une éclipse quasi totale. La Révolution, à bout de forces, de sang et de victoires, succombe sous les efforts de vingt peuples armés contre elle.

La France expie douloureusement ses conquêtes et sa gloire. Tous les fléaux fondent à la fois sur elle : invasion de l'ennemi, rentrée de l'émigré, rentrée du droit divin. Les loups de la Russie, après avoir convoyé pendant trois ans la retraite de la Grande-Armée, ont traversé le Rhin à sa suite, et se sont installés dans la forêt française où ils font souche de mangeurs d'hommes. La Vendée a l'air de vouloir se soulever de nouveau. L'Aspic relève la tête.

Les années d'humidité excessive qui font sortir de terre une infinité de vermines et développent activement tous les germes de la putridité végétale et animale, sont éminemment favorables à la pullulation des reptiles. Les deux campagnes exceptionnellement humides, de 1816 et de 1817, furent naturellement signalées par un déluge d'Aspics. On se souvient que la fortune de la France menaça de sombrer en l'horrible débâcle, où le sinistre de deux famines qui se succédèrent coup sur coup aggrava si démesurément les charges de l'invasion. Albion, au contraire, triomphait de nos désastres. Le roi de France venait d'écrire au régent d'Angleterre: C'est à vous, après Dieu, que je dois ma couronne.

La Vipère eut de beaux jours pendant les quinze ans qui suivirent, et sa prospérité ne fit que s'accroître jusqu'à la fin de l'été de 1829. Il était naturel que l'emblème de la superstition et de l'obscurantisme reprît vie au souffle de vertige et d'erreur qui inspira toutes les lois réactionnaires de l'époque. Néanmoins, la réapparition des Aspics, qu'on croyait définitivement enterrés depuis 89, surprit désagréablement les fils de la Révolution. J'ai même souvenance qu'un poëte voltairien du temps choisit l'événement pour sujet d'une chanson qui devint populaire et que beaucoup d'hommes pieux d'aujourd'hui ont chantée dans le temps de leur folle jeunesse :

> Aspics noirs, d'où sortez-vous ?
> Nous sortons de dessous terre.

L'année 1829, qui fut l'année de gloire du droit divin restauré, l'année du ministère Polignac, fut pleine aussi pour la Vipère de splendeurs décevantes, bientôt suivies d'une affreuse catastrophe. Il est difficile de rencontrer dans l'histoire deux exemples plus remarquables de solidarité de fortune.

Les quinze années de la Restauration avaient semblé relever les affaires du parti du mauvais principe. Elles avaient vu refleurir une foule d'institutions d'un autre âge, parmi lesquelles le sacre et le miracle. Seulement, la noire camarilla, qui gouvernait alors et qui avait entrepris de démolir pièce par pièce les institutions de 89, ne vit pas que son œuvre était plus forte qu'elle, et l'enivrement du premier succès la perdit comme toujours. Quand elle eut obtenu sa loi du sacrilége, son droit d'aînesse et son milliard; quand elle eut réussi tant bien que mal deux ou trois misérables miracles, miracles de campagne, elle crut qu'elle pouvait tout oser, osa tout et se brisa. Son rêve finit par un coup de tonnerre.

J'ai dit les effets habituels des étés trop humides.

L'an 1829 eut un de ces étés-là. Les cataractes du ciel, pendant plus de quatre mois, ne cessèrent de pleuvoir, et il en advint un déluge qui fit vomir à la terre une si effroyable quantité de Vipères, que j'en tuai pour ma part plus de deux cents sur quelques hectares seulement d'une propriété non boisée, riveraine de la Loire. Elles pullulaient dans toutes les cours des fermes et dans toutes les pelouses des parterres. On en ramenait dans l'épervier en pêchant aux goujons ; on en trouvait dans les trous d'écrevisses. L'hiver rigoureux qui suivit cet été diluvien mit fin heureusement à ce débordement de vermine qui prenait les proportions d'une calamité publique ; mais il porta en même temps un coup terrible à la prospérité des Perdrix et des Lièvres. Je crois que l'hiver de 1829-30, qui commença le 20 novembre pour finir le 12 mars suivant, a été, jusqu'à présent, le plus rude et le plus long des hivers de ce siècle. Les vignes gelèrent dans leur bois en beaucoup de vignobles, et de gros arbres que le froid avait ouverts en 89, et qui s'étaient refermés depuis, se rouvrirent de nouveau sous le coin de la gelée, à quarante années de distance.

Il a fallu vingt ans à la Vipère pour se remettre du désastre de 1830. Elle a eu plus de chance encore que le malheureux droit divin, qui ne s'est pas relevé depuis lors, et toujours attend que le ciel fasse pour lui un miracle, en rallumant dans le cœur de la nation française l'amour de toutes les misères sociales, de tous les priviléges et de toutes les superstitions d'autrefois.

La Vipère a donc fait la morte pendant dix-huit ans pleins, à partir de 1830. Son silence est le plus bel éloge qui se puisse faire du règne qui suivit ; car si la monarchie citoyenne a péri justement pour avoir trop souffert l'insolence d'Albion et les empiétements de Juda, l'histoire impartiale doit lui tenir compte en retour, et du bien qu'elle a fait et du mal qu'elle a empêché. Or, elle a percé beaucoup de routes stratégiques et autres ; elle a bâti aussi beaucoup d'écoles, et les portes de la superstition et de l'ultramontanisme n'ont jamais prévalu contre elle. C'est là une bonne note historique ; et, pour mon compte, je suis heureux de voir que la justice de la postérité, parlant par la bouche d'un grand poëte, ait déjà commencé pour le monarque débonnaire à qui la royauté fut si dure et qui paya si cher son amour de la paix. J'ai, d'ailleurs, une raison puissante pour être indulgent à ce règne : c'est que mes adversaires politiques se sont fort réjouis de sa chute, et que j'ai l'habitude de consulter l'humeur de mes adversaires politiques pour savoir s'il me faut rire ou pleurer de ce qui arrive. Mais l'avais-je assez prévenue du sort qui la menaçait, cette pauvre monarchie citoyenne ! Lui avais-je assez signalé l'imminence de la catastrophe qui l'allait engloutir ! Lui avais-je crié assez haut que ces bourgeois sans cœur à qui elle avait servi dix-huit ans de paratonnerre, l'abandonneraient lâchement à l'heure de la bataille ! Dieu fasse paix à sa cendre, puisqu'elle a mieux aimé périr qu'écouter mes conseils !

Les révolutions qui apportent de grands troubles dans l'existence des nations, sont tenues de faire de grandes choses pour se légitimer. La Révolution de 48 eut le tort de méconnaître cette obligation rigoureuse.

Son autre grand malheur fut de tomber aux mains de gens pieux, honnêtes et modérés, qui, au lieu de consacrer leur victoire par quelque splendide mesure de rédemption sociale, n'eurent rien de plus pressé que d'arracher les ministres du culte à leur chaire pour les pousser à la tribune et leur faire bénir des arbres de liberté. On a vu les tristes effets de l'eau bénite sur les peuples (nom populaire du peuplier). Quand ils sont si bénis, les peuples vivent peu.

On sait aussi les fâcheux résultats de la rentrée de nos seigneurs les évêques sur la scène politique. Le lendemain de la signature de son traité d'alliance avec le clergé, la République entreprenait l'expédition de Rome, à l'extérieur d'abord, à l'intérieur après. Le lendemain, le vent de la réaction soufflait des quatre points cardinaux du ciel, emportant par lambeaux la pauvre loi sur l'instruction primaire du gouvernement précédent. Le lendemain, les prétentions ultramontaines ne connaissaient déjà plus d'obstacle ; la terre enfantait sans relâche de nouvelles corporations religieuses plus remuantes et plus envahissantes que celles de la veille, et la hauteur du verbe des humbles ministres du culte s'élevait au diapason de leurs envahissements. L'agitation religieuse n'a cessé de soulever le sol de la France à dater de ce jour, et dix ans ne s'étaient pas écoulés depuis la restauration du trône de saint Pierre, que les plus illustres membres de l'épiscopat gallican, oublieux des bienfaits sans nombre dont les avait comblés le fils aîné de l'Église, se laissaient aller contre lui à la menace et à l'injure. Les chefs de la haute société de Saint-Vincent-de-Paul, fiers du chiffre de leurs adhérents plus nombreux que les étoiles, se posaient au-dessus des lois. Les fils des croisés du Poitou, de l'Anjou, de la Bretagne, organisaient une pieuse ligue contre les armes de l'allié de l'Empire, et échangeaient généreusement leur titre de citoyens français contre celui de soldats du Pape. Un archevêque, enfin, un revenant du vieux monde, se disposait à fêter publiquement et par une cérémonie pompeuse, le jubilé d'un massacre religieux perpétré il y a trois siècles !

Toujours les mêmes tendances et les mêmes illusions ! Toujours la même politique, impitoyable et orgueilleuse et mémorative des injures, mais oublieuse des bienfaits, oublieuse de l'histoire !

La République de février, qui était un gouvernement de constitution débile, trouva naturellement sa fin dans cette alliance dangereuse en laquelle elle avait espéré un refuge. Elle-même avait attiré ses malheurs sur sa tête, comme le voyageur imprudent qui s'en va demander un abri contre l'orage à l'arbre qui attire la foudre.

Le gouvernement qui a remplacé la République était autrement robuste qu'elle. C'est probablement même le plus robuste et le plus puissant de tous les gouvernements qu'ait jamais eus la France. Je le crois aussi maître des autres pays que du nôtre. J'estime qu'il peut d'un mot retirer de leur tombe les nationalités enterrées pour y mettre à leur place tous les pouvoirs de droit divin d'Italie, de Constantinople, d'Albion et de Vienne. Mais voici l'obstacle à sa gloire, l'obstacle à la démolition du vieux monde et à l'édification du nouveau : Ce gouvernement si puissant a les pieds pris par une entrave qui l'empêche de marcher dans sa force, au dedans comme au dehors. Et cette entrave est le boulet de l'alliance contractée avec Rome en des jours nébuleux. *Indè mali labes...* Toutes les difficultés que le gouvernement français rencontre depuis douze ans sur sa route, coalitions de l'extérieur, conflits de l'intérieur, viennent de là.

Parce qu'il y a antagonisme profond et radical entre le principe du droit populaire et le principe du droit divin, et que la pire des utopies politiques est de vouloir accorder des principes que Dieu a désunis dès le commencement. Parce qu'il y a solidarité invincible d'intérêts entre les gouvernements de droit divin, comme qu'ils s'appellent, et tout parti clérical, quel qu'il soit...; et parce que la pire illusion des gouvernements révolutionnaires est de compter pour le triomphe de leur œuvre sur le concours sincère et dévoué des ministres des autels.

Et ce n'est pas pour être désagréable au parti clérical que je m'exprime ainsi. Ce n'est pas surtout pour lui faire un crime de sa résistance systématique au progrès; car loin de le blâmer de cette résistance, je l'en approuve, trouvant fort légitime que ceux qui croient avoir pour eux la parole de Dieu, s'inquiètent peu des vains discours des hommes. Et je déclare que si j'avais comme eux, l'orgueil de croire que l'Éternel lui-même est descendu de sa gloire pour me venir trouver en cette minuscule planète égarée dans l'espace, et tout exprès pour m'apprendre les voies de mon salut et la forme de la Terre, je déclare, dis-je, que j'aurais grand'peine à ne pas faire un très-mauvais parti aux malotrus de mon espèce qui afficheraient la singulière prétention de m'en remontrer à cet égard. Or, comme ma conscience me défend de considérer comme inexcusables chez les autres les actes que je commettrais si j'étais à leur place, j'accorde parfaitement à celui qui a foi en la révélation de Moïse ou en l'infaillibilité du Pape, le droit de mépriser et de honnir ce que, nous autres douteurs, nous appelons le progrès. Je lui permets encore de s'inscrire en faux et à titre de représailles contre Kepler et contre Galilée qui, les premiers, se sont inscrits en faux contre le système astronomique révélé par Moïse, démontré par Josué, et sanctionné par la déclaration du Pape Alexandre VI. Ces représailles sont, à mon sens, des actes de bonne guerre, et cette opposition systématique à toute idée nouvelle est légitime. Car les conquêtes de la science et de l'industrie qui tendent à changer la vallée de larmes en vallée de délices, démolissent en même temps les vieilles superstitions, et les adorateurs fidèles du passé ne peuvent saluer et reconnaître les puissances nouvelles sans pactiser avec l'impiété. Enfin je vais plus loin encore que Mgr l'évêque de Montauban lui-même en ses pieux manifestes. Je n'accorde pas seulement que l'intolérance soit le premier des droits du croyant... je confesse hardiment qu'elle est le plus saint de ses devoirs... et que la tolérance n'est que le masque hypocrite de l'indifférentisme et de l'apostasie. Je demande seulement en retour de ces concessions si larges, que le douteur qui pense que la terre est ronde ait le droit d'exposer ses principes astronomiques. Et comme il est prouvé par l'histoire que la foi intolérante pousse souvent à des excès regrettables et notamment à faire brûler ceux qui doutent, j'estime qu'il est bon que la loi civile, qui n'est d'aucune secte, intervienne entre les dissidents pour les empêcher de se nuire et pour mettre la camisole de force aux trop fervents.

Ce langage est celui de l'homme sage et ami de

la liberté, et qui n'entend point marier des principes hétérogènes et antipodiques, comme le progrès et la routine, la lumière et les ténèbres, l'expansion et la compression. Les révolutionnaires de 89, nos pères, se montrèrent essentiellement animés de cet esprit de modération et de prévoyance, et c'est pour cela qu'ils furent grands et que leur œuvre est restée.

Les grands révolutionnaires de 89 ne furent pas, en effet, des accordeurs d'incompatibilités naturelles, mais bien des logiciens de haut titre qui, toujours, se conduisirent d'après les conseils du bon sens et léguèrent à leurs successeurs un noble exemple à suivre. Ceux-là ne demandaient pas aux épines de porter des raisins, et ne songèrent jamais à recruter des adhérents à leurs principes dans les rangs de ceux qu'ils avaient dépouillés de leur influence et de leurs richesses. Et comme ils avaient deviné, bien avant que le prince Louis Bonaparte l'eût écrit, « que les ministres de la religion en France seraient généralement opposés aux intérêts de la démocratie, et ne *pourraient* guère enseigner au peuple que la haine de la révolution et de la liberté, » ils eurent grand soin de retirer à ces ennemis-nés de leur révolution l'enseignement du peuple, et ils mirent ainsi leurs institutions et leurs actes en accord avec leurs principes.

Les révolutionnaires de 48 eurent le tort immense de ne pas suivre cet exemple, et c'est pour cette faute que leur œuvre a péri.

Et je regrette amèrement pour la grandeur de la France et le bonheur de ce temps-ci, que l'élu couronné du 2 décembre ne se soit pas assez souvenu sur le trône des sages méditations de l'exil et de la solitude. L'Aigle est un oiseau de jour qui vole haut dans le ciel et qui aime à darder ses regards dans les feux du soleil, dont l'éclat, au contraire, offense les yeux du Hibou...; et La Fontaine et l'analogie passionnelle nous apprennent qu'il y a antipathie fatale entre ces deux moules ailés, comme entre les pouvoirs qu'ils symbolisent, et qui sont le Pape et César. Je regrette donc que le gouvernement actuel ait péché comme son devancier, par défaut de sens analogique, et n'ait pas su comprendre *à priori* qu'un parti qui n'entend relever que de Dieu seul ne peut se croire tenu de gratitude envers qui que ce soit. Le premier Empereur avait relevé les autels et signé le concordat de 1801 ; mais ce service immense rendu à la religion apostolique et romaine ne le sauva pas des foudres de l'excommunication de Rome, et le Saint-Siége applaudit de toutes ses mains à sa chute. On a bien dit, pour justifier l'Église de cette ingratitude, que l'empereur Napoléon Ier avait perdu tous ses droits à la reconnaissance du Saint-Siége, en extraditant par deux fois un Saint-Père de son domicile. Le motif est spécieux ; mais le moyen d'accepter l'excuse, quand on juge avec calme des choses du passé par celles du présent. L'héritier de la puissance et du nom du premier Empereur n'a pas ravi de Souverain-Pontife à l'amour de ses sujets, au contraire, il le leur a rendu, et lui seul de sa main secourable retient depuis douze ans le Saint-Siége en sa chute. Or, pour toutes les munificences et les grâces qu'il a semées avec tant de profusion sur l'Église, il n'a encore récolté que l'injure et l'ingratitude. Et le ministre à parole a dû exprimer à cette occasion ses regrets éloquents à la France, et supplier la Providence divine de détendre la situation.

Songeons-y bien, du reste, le parti clérical dési-

rerait rembourser en une autre monnaie la force
que le gouvernement actuel lui prête si généreusement, et lui rendre appui pour appui, qu'il ne le
pourrait pas, — par la raison bien simple que le
parti clérical n'a pas de racines dans le sein du
pays, — par la raison que la France qui vote, qui
travaille et qui marche, n'est pas à l'ultramontanisme, mais à 89. Si cette France était papiste, elle
serait en l'état de l'Irlande et de la Pologne, de
Naples ou du Mexique;... et l'Angleterre et la
Russie lui tiendraient le pied sur la gorge au lieu de
s'incliner sous ses commandements. Lord Macaulay
l'a dit, croyons-en ce grand homme : « La France
a toujours été la moins papiste de toutes les nations
catholiques. » Et ce qui est vrai de la France l'est,
malheureusement pour Rome, du reste de la chré-
tienté. L'Angleterre n'a commencé à être une
grande puissance qu'à dater de sa séparation d'avec
Rome. L'Italie et l'Espagne n'ont un peu commencé
à rentrer dans leur gloire qu'en se dépapisant.

J'ajoute que la nation française est une nation
qui domine les autres par l'esprit, et que sa réputation de supériorité spirituelle lui vient précisé-

ment de la guerre que ses grands écrivains ont déclarée aux vieilles croyances. Rabelais, Henri IV, Molière, Voltaire, Beaumarchais et Paul-Louis, qui ont semé tant de bons mots et tant de gaîté sur notre triste planète, sont des douteurs de la plus dangereuse espèce, et qui ont usé contre Rome tous les traits de la satire et de la malignité gauloises ; et Rome n'a qu'un regret, celui de n'avoir pu faire subir à ces damnés moqueurs le supplice de Jean Huss pour leur apprendre à rire. Et pour se consoler de n'avoir pu les brûler vifs dans ce monde, elle les fait brûler morts dans l'autre, et elle charge le bourreau de livrer leurs écrits aux flammes. Or, ces actes, loin de lui faire de nouveaux amis dans le sein de la France, qui admire Molière et Voltaire, n'ont jamais fait qu'accroître le nombre de ses ennemis. Et si le prince Louis Bonaparte a été investi du souverain pouvoir par tant de millions de suffrages, ce n'est pas pour avoir décrété l'expédition de Rome, croyez-m'en ; c'est *quoique*, non *parce que*. Si la France a confié si délibérément ses destinées au neveu de César, c'est que le nom de César personnifiait pour elle sa grande révolution victorieuse; c'est qu'en acclamant l'héritier du crucifié de Sainte-Hélène, elle jetait vaillamment son gage de défi à la face de la Sainte Alliance, et déclarait de nouveau la guerre au droit divin, guerre à outrance, guerre à mort.

Et si quelqu'un a droit d'exprimer ces regrets et de tenir ce langage, c'est, à coup sûr, l'analogiste, pour qui cette opinion n'est pas neuve et qui a souffert pour la dire. Car il avait bien vu, dès le commencement, tous les embarras politiques, et les agitations religieuses, et les déluges d'Aspics qui étaient cachés dans les flancs de l'expédition de Rome...; et il avait courageusement essayé, suivant son habitude, de détourner le gouvernement de son pays de l'entreprise périlleuse, démontrant par une foule d'arguments sans réplique que la mission de sauver le Capitole ne pouvait rationnellement incomber aux fils de la Gaule. Malheureusement, les conseils de sagesse ont peu de chances d'être favorablement accueillis dans les heures de trouble et de réaction modérée, et le dévouement courageux de l'analogiste reçut le même prix que celui de Laocoon, prêtre du dieu des mers, qui fut mangé jadis par deux serpents sortis de Ténédos, pour avoir protesté aussi contre l'aveuglement de ses concitoyens, à l'endroit du cheval de bois qui portait dans ses flancs la ruine d'Ilion. Il avait cependant raison, le prêtre de Neptune, comme le récit d'Énée le fit bien voir plus tard. L'histoire des Aspics de l'époque où nous sommes va faire voir de même si je m'étais trompé.

Tous les chasseurs de l'Ouest ont pu constater, en l'été de 48, une réapparition redoutable d'Aspics. Je chassais dans la banlieue de Tours. Je fus témoin d'une foule d'accidents graves sur les rives de la Loire, de l'Indre et de la Manse. C'est en cette année-là que furent bénis les arbres de liberté. Je préviens mes lecteurs que je tiens note exacte de la conduite des saisons et de celle des Vipères depuis plus de trente ans, et que je n'avance pas un fait qui n'ait ses preuves.

L'année d'après, l'Aspic se met en campagne dès les premiers jours du mois de mars. Une chienne d'arrêt m'est mordue le jour du Vendredi-Saint ; elle hésite pendant huit jours entre la vie et la mort, et, après sa guérison, refuse d'aborder le fourré.

Dès le mois de mai, d'innombrables partis de Vipères et de Couleuvres se répandent par les plaines, par les blés, par les vignes, interdisant partout la circulation aux jambes nues. Les accidents se multiplient d'une façon inquiétante. Les chasseurs et les hommes de l'art croient remarquer une certaine augmentation dans le nombre des cas graves. Quelques-uns osent dire que la malignité de l'humeur et du venin de la Vipère semblent croître en raison de sa puissance numérique et de ses débordements. Le fait n'est pas douteux pour moi, qui entretiens des relations aussi suivies que possible avec l'espèce, et qui poursuis, depuis tant d'années, l'étude de ses mœurs et de ses variations. Au jour de l'ouverture, dans une plaine émaillée de vignes, aux environs de Tours, trois de nos chiens sont mordus. C'est en cette année 49 que la peur de la Vipère commence à troubler les esprits. La contagion du choléra joint ses ravages à celle de la peur.

C'est en cette année-là aussi que s'organise le parti qui fait décréter l'expédition de Rome à l'extérieur comme prélude à celle de l'intérieur.

L'année d'après, l'engeance démoniaque envahit

triomphalement les trois quarts de la superficie du
territoire national. Les grandes plaines du Nord,
les steppes, les sommets dénudés des hautes chaînes
sont les seules contrées que l'invasion respecte. La
Vipère tient tout l'Ouest, de Cherbourg à Bayonne;
toute la région longitudinale du milieu, de Noyon
à Narbonne ; tout l'Est, de Strasbourg à Antibes.
Elle s'installe aux sables des dunes et aux éboule-
ments des falaises, comme pour renouveler connaissance avec la lamproie de saint Basile. Les progrès de son audace et de sa venimosité sont visibles
à l'œil nu pour tout observateur. La vieille opinion
que le venin de la Vipère n'était jamais mortel
pour l'homme, tombe devant les faits. Si les Vipères des montagnes boisées de l'Est conservent
encore l'excellente habitude de vivre loin des hommes, l'Aspic rouge de Vendée, d'Anjou et de Touraine fait montre d'appétits plus mondains. Il
recherche l'été l'herbe drue des pelouses; il fait
choix, pour dormir la grasse matinée, de la couche
sèche et brûlante des romarins touffus; il s'enroule
paresseusement aux bras des espaliers qui cuisent
le long des murs, à l'exposition du Midi, pour de là

se glisser le soir dans les appartements par les interstices des persiennes. Il se retire l'hiver au sein de vos foyers, de vos écuries, de vos cours ; il est fréquemment près de vous, qui se chauffe en famille et sommeille sous votre âtre : c'est l'hôte invisible et muet de toutes les cachettes chaudes. On le trouve blotti dans le crin végétal et dans le maïs des paillasses. Beaucoup d'honnêtes gens en couvent toutes les nuits qui ne s'en doutent pas.

Cette année-là, les propriétaires chasseurs commencent à mettre à prix la tête de la vermine. Les conseils-généraux ne tarderont pas à suivre cet exemple.

C'est en cette funeste campagne de 1850 que la réaction s'emmaline, exhume le spectre rouge des caveaux de 93, et décrète la loi Falloux qui remet décidément aux ennemis-nés de la Révolution le gouvernement de l'instruction publique. Si cette loi a été conçue dans l'unique but de paralyser l'essor de l'intelligence humaine, il convient de rendre à ses auteurs la justice qui leur est due, en disant que jamais œuvre d'obscurantisme n'a produit de résultats plus complets, plus rapides. Il n'y a pas douze ans que cette loi perfide régit le domaine de l'instruction publique, et déjà le niveau des études a baissé d'une façon alarmante dans toutes les branches de l'enseignement. Et les malheureux héritiers de la succession du ministre angevin, ne savent plus à quel autre saint se vouer pour conjurer l'influence de saint Ignace et relever le pays de son abaissement moral ; car si le niveau de l'intelligence a subi chez l'élève une dépression fâcheuse, celui du caractère ne paraît pas s'être haussé chez le maître. Je lis avec terreur dans le compte général de l'administration de la justice criminelle en France pour 1861, que le chiffre des attentats contre l'enfance continue de suivre une progression alarmante, et que, dans la dernière période décennale partant de 1850), le chiffre moyen de ces attentats s'est élevé de 420 à 684. Le nombre des accusations a été de 784 en 1858; il a subi depuis deux ans une baisse notable.

L'histoire a déjà assigné bien des causes de mort à l'infortunée République de 1848. L'unique, la véritable, est la morsure d'une Vipère que la loi Falloux recélait sous ses fleurs.

L'agitation religieuse n'a cessé depuis ce jour-là de soulever la France et de faire siffler ses Serpents. Chaque année a vu s'accroître dans des proportions menaçantes le nombre des congrégations religieuses. et se colorer à l'avenant le style des mandements de nos seigneurs les évêques. Les chercheurs les mieux informés portent à huit mille le total *inconnu* des communautés religieuses qui existent aujourd'hui en France. Le nombre seul des congrégations religieuses de femmes autorisées, de 1850 à 1856, s'élève à quatre-vingt-douze. C'est, en six ans, vingt-cinq autorisations de plus que n'en ont accordé, pendant leurs cinquante ans de règne, l'empereur Napoléon Ier, les rois Louis XVIII, Charles X, Louis-Philippe, trois Bourbons dont deux Très-Chrétiens. Et il y a de ces congrégations autorisées qui comptent cent quarante maisons conventuelles. Et personne ne connaît le chiffre des non-autorisées!

L'industrie miraculatrice, à qui le procès de la demoiselle Rosette Tamisier avait porté un coup terrible sous le précédent règne, a repris aussi pendant le cours de cette période décennale. Puis le Pape a décrété un nouveau dogme qui a eu le malheur de rencontrer parmi les plus fidèles de sincères opposants. Les journaux de l'ultramontanisme avaient promis que la promulgation du nouveau dogme verserait en toutes les âmes une bienfaisante rosée de concorde et de paix. Elle est bien tombée la rosée, mais sous forme de pluie d'invectives, et elle n'a rien rafraîchi.

Seulement, les Tribunaux civils et les Cours criminelles ont eu à juger, pendant le cours de la même décade, beaucoup plus de procès en captation d'héritage et beaucoup plus d'outrages aux bonnes mœurs que devant.

Il importe à l'histoire des perturbations intellectuelles de l'époque, de loger ici l'avénement d'une nouvelle sorte d'aliénation mentale, qui nous est venue d'Amérique et dont la coïncidence funeste n'a pas peu contribué à la recrudescence de la superstition démoniaque parmi nous. Je veux parler du spiritisme.

Le spiritisme est une des mille formes de cette maladie de l'esprit humain qui s'appelle l'ennui du doute ou le besoin de savoir, une maladie quasiincurable, qui affecte surtout les âmes tendres embrasées de l'amour de Dieu. Les ravages de ce mal sont particulièrement désastreux vers ces époques d'affaissement universel et de désespérance profonde, qui suivent les grands bouleversements politiques avortés. En ce temps-là, les amis les plus ardents du progrès, à qui les révolutions ont manqué de parole et qui ne savent plus à qui croire, sont volontiers portés à aller chercher n'importe où et surtout dans l'autre monde, les solutions des problèmes sociaux qui tourmentent celui-ci. C'est pour cette cause-là et d'autres, que le spiritisme, qui est né à moitié chemin du siècle, sur les rives mystiques du Meschacebé, père des Eaux, a envahi si rapidement la France. Il a offert à beaucoup de désillusionnés de la politique révolutionnaire, ce refuge que l'amour du Créateur offre tous les jours à une foule d'adorables pénitentes revenues des illusions de l'amour de la créature. Et la dévotion aux tables parlantes a emporté comme l'autre, à la plupart des personnes qui s'y sont adonnées, le reste de leur raison.

Le spiritisme est, comme chacun sait, l'art d'évoquer les âmes des morts et de les faire causer sur tous les grands sujets qui ont le privilége de passionner et de préoccuper notre espèce depuis que le monde est monde. Les tables parlantes, par le moyen desquelles les esprits évoqués communiquent avec les mortels, sont considérées par certains comme des piles voltaïques d'une nouvelle espèce, en lesquelles des opérateurs habiles réussissent quelquefois à emmagasiner des forces de fluide volitif, capables de réaliser des prodiges de dynamique dont on n'a pas d'idée. Ce sont, en tous cas, des miroirs merveilleux qui reflètent avec une fidélité désespérante, les craintes et les désirs et jusqu'à l'orthographe des personnes qui les mettent en jeu. Je les ai toujours vues spirituelles et de bon ton avec les gens d'esprit, stupides avec les sots, grossières avec les butors. Elles répondent en latin aux rédacteurs du *Journal des Débats*, et elles m'ont révélé à moi quelques analogies curieuses, entre autres celle de l'éditeur.

Maintenant, par cela même que les discours des tables ne sont que les échos des pensées de ceux qui les meuvent. il devait arriver que les tables parlantes des dévotes et des robes noires qui ont foi en Satan, n'accorderaient la parole qu'au malin esprit des ténèbres. C'est ce qui a eu lieu, en effet; et le Diable, chaque jour évoqué, a naturellement profité de l'admirable occasion qui lui était faite par les circonstances, pour accroître la terreur de son nom et le chiffre de sa clientèle. Ce chiffre va croissant toujours, et se mesure à celui des donations pieuses qui est le thermomètre infaillible de la valeur des actions du Diable, puisque toute donation a pour but essentiel de sauver des griffes de Satan l'âme du donateur. M. le docteur Constans, inspecteur des établissements d'aliénés, a constaté dans un rapport publié en la présente année (1862), que dans la seule commune de Morzines (Savoie), le Diable, en six ans, s'était mis en possession de 110 femmes!!! (Voir le journal *la Presse* du dimanche 16 novembre.)

Et comme la terreur du Diable est le commencement de la folie, ainsi que nous l'avons surabondamment démontré, *initium dementiæ timor Diaboli*, il résulte de tout ce que dessus, que le spiritisme américain, qui se disait venu pour le salut du monde, n'a fait jusqu'à présent que fournir à la France de nouveaux éléments de trouble moral et d'agitation religieuse.

Or, qui dit agitation religieuse ou recrudescence de superstition démoniaque, dit déluge d'Aspics.

Si la statistique officielle eût fait tous les ans son devoir, qui était de constater les cas de mort et les accidents graves survenus par morsures d'Aspic, je n'aurais qu'à citer ses chiffres pour avoir ici cause gagnée : puisque la simple comparaison des comptes-rendus annuels eût suffi pour démontrer la thèse que je soutiens ; à savoir que les déluges d'Aspics sont les conséquences forcées des agitations religieuses. Elle eût fait mieux encore, comme on va voir ; elle eût prouvé que non-seulement, les envahissements de l'Aspic ont suivi en ces derniers temps une marche parallèle à ceux de l'ultramontanisme ; mais que l'apogée de la puissance du reptile a correspondu jour par jour, heure par heure, minute par minute, à l'époque néfaste où la fièvre de la superstition démoniaque atteignait en ce pays son plus haut paroxysme. Ceci est de l'histoire d'hier; chacun peut vérifier l'exactitude du rapprochement analogique.

Le fléau du déluge d'Aspics n'a pas cessé de monter pendant dix ans, de l'ère de la loi Falloux à 1860. Chaque printemps l'a vu mordre une rive nouvelle et y semer l'effroi des fléaux inconnus. Chaque année s'est accru le chiffre des attentats du reptile contre les personnes en même temps que le chiffre des primes allouées pour la destruction. De plus en plus aussi jusqu'en 1860 s'est emmalinée son humeur.

J'ai connu autrefois un Aspic canteleux, défiant et timide, et que je traitais de lâche pour la hâte qu'il mettait à se dérober à mes coups, du plus loin qu'il m'apercevait. Cette espèce-là n'est plus, et celle qui l'a remplacée ne lui ressemble guère. L'Aspic qui vous aperçoit aujourd'hui ne fuit plus et ne cherche plus à se dissimuler sous l'herbe pour rentrer prudemment chez lui. Il se dresse, pour vous provoquer, de toute sa hauteur; il appelle la bataille par ses sifflements pleins de colère, et souvent réussit à vous faire rebrousser chemin, parce qu'on craint toujours pour ses chiens, si l'on n'a pas peur pour ses jambes ; et l'orgueilleux reprend paresseusement son sommeil, tout fier de vous avoir interdit le passage. Et comme la faim vient en mangeant, le reptile ambitieux, voyant désormais la plaine vide de ses grands ennemis, a quitté le fourré, les genêts et la brande, pour s'épandre au grand jour par les champs et les vignes. Il s'est établi à demeure dans les chaumes de froment, domicile de la Perdrix, de la Caille et du Lièvre ; il s'aventure dans ceux de chanvre ; je l'ai tué en plein labouré. La chasse à la Perdrix, dans certaines contrées de France, est devenue désormais plus redoutable aux chiens que celle du sanglier !

La statistique a bien fait de nous laisser ignorer le chiffre des enfants de lait assassinés dans leur berceau par l'Aspic sans pitié, vers l'époque illustrée par le rapt du jeune Mortara ; car ce rapprochement eût glacé d'effroi tous les cœurs. Pour la même raison, je suis heureux de pouvoir taire le nombre des jeunes filles mortes de la mort d'Eurydice, aux environs des jours où furent déployées tant de manœuvres frauduleuses pour détourner de la foi de leurs pères les mineures d'Israël. Passons généreusement sur cette triste période de procès scandaleux, pour arriver à l'an de grâce et de bénédiction qui ferme la décade, l'an 1860, que les plus ardents rétrogrades appellent l'an de la Sainte Croisade.

C'est en cette année-là, en effet, que le mauvais principe s'est le plus violemment démené et que les chefs de l'agitation religieuse ont tenté le plus hardiment, mais le plus vainement, de soulever le pays. C'est en 1860 que la ferveur du zèle apostolique a suscité les mandements les plus incendiaires. L'année 1860 est celle de la campagne de Castelfidardo ; l'année où Mgr d'Orléans menaça de se fâcher tout rouge et de se réfugier au fond des catacombes, si on le contrariait ; où Mgr de Poitiers, trouvant que le gouvernement français ne s'était pas encore assez compromis pour sa cause, le traita publiquement d'Hérode et de Ponce-Pilate... ; le même Mgr de Poitiers qui, quelques mois plus tard, dépensait des flots d'éloquence pour honorer la cendre de l'infortuné Gicquel, un vertueux croisé, mort en odeur de sainteté aux champs de la Romagne, mais malencontreusement ressuscité depuis pour encourir une peine infamante par jugement de Cour d'assises.

Or, voyons comment se comportaient la saison, les choses du dehors, pendant que les prélats fougueux déploraient leur martyre en style académique; pendant que la congrégation de Saint-Vincent-de-Paul affiliait, affiliait... et que les pieux collecteurs du denier de Saint-Pierre s'en allaient quêtant, requêtant.

Pendant ce temps-là, aux prolongements sans fin d'un hiver indécis, succédait un printemps sans fleurs, suivi d'un été mou. Le soleil, foyer de lumière, répulsif par nature au triomphe de l'obscurantisme, le soleil se voilait la face, pour ne pas être témoin de nos misères, et sa bouderie nous coûtait des milliards. La disette au teint blême s'abattait sur la France; le froment moisissait sur pied, le seigle s'ergotait, le raisin se nouait à l'état de verjus, l'oïdium travaillait. Les levrauts, les agneaux mouraient de cachexie; les perdreaux de consomption; les mouches charbonneuses pullulaient; l'Aspic rouge exultait, écumait, sibilait. Il avait revu les beaux jours de l'an 1816 et de l'an 1829. En ce temps-là, M. le docteur Viaudgrand-marais de Nantes écrivait son livre effrayant.

J'ai parlé au début de ce trop long chapitre de la fatalité qui semblait me poursuivre. Le récit touchant qui va suivre, démontrera peut-être que j'avais payé de mes douleurs le droit de m'exprimer ainsi :

J'avais depuis quinze ans déployé ma tente de chasse en cette région giboyeuse du centre qui part du Gâtinais pour finir à la Brenne, enclavant les diocèses d'Orléans, de Poitiers, de Tours. C'est le plus beau de tous les pays de France pour la chasse de plaine, la chasse au chien d'arrêt. L'immense place qu'y tiennent encore les landes et les étangs explique ses avantages. Outre les charmes de la Bécassine, le marais possède, en effet, les charmes de l'inconnu, et n'a contre lui que la fièvre, les moustiques et le rhumatisme. L'équinoxe du printemps est la grande époque du passage des Bécassines et des Marouettes que l'amour rappelle vers le Nord. Elles étaient arrivées de bonne heure en 1860, et sur la nouvelle qui m'en avait été transmise, j'arrivais le soir du 10 mars aux rives des étangs de Sologne. Le lendemain matin, vers dix heures et avant que d'entrer en chasse, mon chien était mordu. Les Aspics, d'habitude, ne sortent pas sitôt de leur retraite d'hiver; mais l'année faisait exception. L'irritation, au surplus, était bien dans d'autres cervelles au diocèse d'Orléans, où Sa Grâce venait de publier sa fameuse *Lettre au catholique*. Le jour même, je disais adieu aux marais de Sologne pour n'y plus revenir, et je maudissais dans mon cœur les disciples oublieux des préceptes du doux Maître qui était venu au monde pour apporter la paix et détruire la race des Vipères.

Ce triste début promettait. Cependant, voyant l'Ouest en feu, j'avais sagement projeté de laisser passer l'orage et d'attendre, pour y revenir avec armes et bagages, que le calme y fût revenu. Hélas! j'avais compté sans l'appel d'une amie mourante qui nous conviait tous à une dernière fête de chasse sur ses terres, ses terres giboyeuses, qui seraient vendues après elle et où nous ne chasserions plus. La reconnaissance me faisait un devoir d'obéir à cet ordre, et, huit jours après, au 20 août, je prenais langue aux rives de la Vienne, diocèse de Poitiers. La première fois que je sortis, accompagné du garde, pour reconnaître les remises, ma chienne fut mordue à deux places, et si grièvement, qu'elle ne put chasser de trois semaines.

Le chien qu'on me prêta éprouva le même sort le jour de l'ouverture, après deux heures de chasse. Force m'était de renoncer au gibier, si je ne voulais continuer de faire retomber sur mes infortunés compagnons de chasse la solidarité de ma funeste chance. Je me mis à chasser tout seul, attendant patiemment, pour ramener mes chiens en scène, la venue des brouillards d'octobre, qui sonnent la retraite aux Vipères. Mais ils étaient venus de Paris en grand nombre, des peintres, des viveurs spirituels, et la simple politesse, à défaut de l'amitié, m'eût interdit de fausser compagnie à si aimables gens. Or, une fois que nous chassions à trois, près des bords de la Claise, au beau milieu de vastes chaumes, éloignés de toute garenne de plusieurs kilomètres, nous tombâmes sur un banc d'Aspics dont je n'oserais dire l'effectif de peur de me tromper en moins. Là, dans l'espace de cinq minutes, trois de nos braques furent blessés, dont un mortellement, et, en moins d'un quart d'heure, nous avions fait mordre la poussière à vingt de ces bêtes scélérates. Le braque qui succomba avait reçu deux doubles blessures, l'une à la lèvre, l'autre au nez; un des crochets de la Vipère s'était brisé par la violence du coup et il était demeuré engagé dans la chair. Cette rencontre eut lieu le 18 septembre, le jour de la bataille de Castelfidardo!

Un autre accident de même nature nous arriva le 4 octobre, un mardi, en pleine saison de brouillards. Ils ont dû formuler à Rome quelque énergique *Nolumus*, ce jour-là.

Le lendemain, s'éteignait la dame de Saint-Cyran, la bienfaitrice regrettée du canton, la noble amie du pauvre, qui aimait mieux garder sa chasse aux déshérités de la fortune que de l'affermer aux heureux. Mes respects et ma gratitude dédient mentalement ce livre à sa mémoire. Le lendemain, je disais adieu à la contrée maudite et chère, où l'agitation religieuse s'allumait dans tous les cerveaux combustibles, au feu des mandements de Mgr de Poitiers.

Mais le sort apparemment ne m'avait pas encore assez cruellement éprouvé.

Un seul chien me restait, vierge de l'infection, un animal charmant, le type le plus admirable d'une race merveilleuse d'odorat, de jarret, de finesse et d'esprit. Tous les chiens de cette race arrêtent et rapportent de naissance, dès leur première sortie, dès l'âge de six mois; mais celui-là, *Bichebou* est son nom, avait déjà commis en cet âge si tendre plusieurs actes qui, dans tous les pays intelligents du monde, lui eussent assigné une place d'honneur au Panthéon des bêtes.

Une fois qu'il folâtrait aux lisières de la garenne contiguë au château de ses pères, il y fit trouvaille d'un levraut frais saigné par une belette. Il s'en empare, le soupèse, l'engueule, et son premier mouvement est de le porter directement à la cuisine du logis; mais aussitôt la réflexion lui vint qu'il pourrait bien, en suivant l'avenue, faire rencontre de mauvais chiens capables de lui ravir sa proie, et alors il s'écarte et prend à travers champs pour rentrer au castel par une porte dérobée dont il a le secret. Or, voilà qu'en sciant les guérets,

son odorat subtil est soudainement frappé de l'é-
manation qui s'exhale du corps de deux perdrix à
demi enterrées dans la poudre du sillon, à quelques pas de lui. A cette vue de l'odorat, il tombe
pétrifié sur place, le fouet et le nez au vent, une
patte de devant suspendue en sa chute, avec son
lièvre aux dents, dont les deux trains ballants lui
dessinent de chaque côté de la mâchoire comme un
appendice moustachu de proportions gigantesques.
La mémoire des yeux me rappelle ce spectacle
émouvant, le pauvre petit animal en son attitude
solennelle, portant presque aussi lourd que lui et
pliant sous le faix, mais décidé à se laisser périr
d'épuisement plutôt que de faillir à son devoir.
Quand il vit qu'il allait faiblir si nul ne lui venait
en aide, il tourna d'abord lentement la tête vers
l'arrière pour interroger l'horizon : puis, ne voyant
rien venir, il s'assit pour se reposer, et, enfin, d'un
mouvement plus insensible encore, s'inclina doucement vers la terre et s'y coucha tout de son long,
sans bruit, attendant les événements. Nous étions
là plusieurs, suivant des regards le drame avec
tout l'intérêt qu'on peut imaginer. J'essayai vaine-

ment de faire revenir l'animal au sifflet ; il était
cloué à son poste par une attraction passionnelle
plus impérieuse que la voix de son maître. Il me
fallut l'emporter dans mes bras pour l'arracher à
la fascination. Ce fut là son premier arrêt.

A quelques semaines de là, nous arrive un ami,
propriétaire d'une jeune miss anglaise à quatre
pattes, âgée de quinze mois au plus, la plus jalouse,
la plus évaporée de toutes les créatures de son
ordre, ce qui n'est pas peu dire. M. Bichebou lui
fait fête et s'ingénie de toutes façons à lui plaire,
multipliant pour elle les cabrioles les plus extrava-
gantes, les voltefaces les plus subites et les détours
les plus inattendus. Mais tous ces enfantillages ne
sont de jeu qu'autant qu'on ne sort pas de la cour
de récréation habituelle, du rayon de la pelouse.
Le badinage cesse, les allures et les manières changent aussitôt qu'on voit prendre au maître le chemin des luzernes où s'agitent des questions sérieuses. Nous conduisons un matin les jeunes bêtes
en un bout de prairie tourbeuse où grandissent
deux ou trois couvées de cailleteaux. Bichebou
tombe en arrêt ; la jalouse anglaise, incapable de

maîtriser son émoi à cette vue, s'élance comme un trait sur la caille indiquée, force l'arrêt de son camarade. Celui-ci, au lieu de céder à la contagion de l'exemple, s'abat subitement des quatre membres sur le sol, et tourne vers moi son regard éloquent pour dire : Ce n'est pas moi, c'est elle. Je le caresse et le console de mon mieux, pendant qu'on administre à sa jeune compagne la flagellation méritée. On se remet en quête ; nouvel arrêt de M. Bichebou, nouvelle incartade de Miss Leed ; mais, cette fois, la patience du jeune sage est à bout ; il se ramasse en entendant accourir la coupable, et, au moment où elle passe à portée de sa colère, il bondit furieusement sur elle, et, complétement oublieux des égards dus à son sexe et à sa qualité d'étrangère, lui coupe l'oreille en deux, comme fit saint Pierre à Malchus. Oncques depuis ne bourra Miss Leed. Le lendemain, quand elle voulut reprendre la partie de cabriolage, l'autre lui dit : Je ne vous connais pas... Ils ne courent pas dans les rues les chiens d'arrêt capables de tels traits de sagesse, à l'âge de sept mois. Le grand Condé et le grand Alexandre eux-mêmes, qui vainquirent de si bonne heure, étaient plus âgés que ça. D'ailleurs, le philosophe Sénèque et Rousseau le lyrique ont parfaitement démontré qu'il est moins glorieux de vaincre ses ennemis que de se vaincre soi-même.

> Mais de son ire éteindre le salpêtre,
> Savoir se vaincre et réprimer les flots
> De sa fureur, c'est ce que j'appelle être
> Grand par soi-même, et voilà mon héros.

Donc le jeune héros qui, dès le berceau, annonçait un caractère si ferme, des principes si arrêtés, terminait ses études dans une célèbre institution, près de Tours, vers les temps de triste mémoire où nous étions arrivés tout à l'heure, et j'allais le chercher pour l'emmener avec moi vers des bords plus tranquilles. Mais l'artiste qui l'avait dressé, justement fier des talents de son élève, tenait à les lui faire déployer devant moi, et je ne pouvais pas raisonnablement me refuser à la satisfaction d'un désir aussi légitime. Et puis, une semaine au plus nous séparait alors de la Toussaint, et, vers cette époque-là, les Aspics sont rentrés. Jour fut pris pour l'épreuve, au premier beau soleil, en la forêt de Larcé.

La forêt de Larcé, sise à une heure de Tours, est une demeure giboyeuse où se plaisent également la Truffe, le Sanglier, le Chevreuil, le Lapin, le Lièvre, la Perdrix, la Bécasse, etc. Elle est célèbre dans l'histoire moderne pour avoir été le théâtre de l'assassinat de Paul-Louis, qui eut lieu le 10 avril 1825, six semaines environ avant le dernier Sacre, le Sacre du Roi Trop Chrétien Charles X. Un monument funèbre a été élevé sur la place où fut commis le crime. C'était alors un de nos rendez-vous de chasse. Je m'y trouvais le mercredi 26 octobre de l'an 1860, à neuf heures du matin, attendant les amis, le cigare à la bouche et mollement couché sur un lit épais de bruyères disposé en forme de banc autour du mausolée. Mon jeune chien devance les chasseurs ; car il a rencontré mon pas dès son entrée au bois et s'est emporté sur la piste ; il tombe sur moi sans dire gare, m'escalade, me foule aux pieds, me dévore de caresses. C'est, pendant cinq minutes, un assaut d'embrassements frénétiques interrompus de hurlements de joie,

quand tout à coup un petit cri d'angoisse succède aux
hurlements joyeux. Je me retourne épouvanté ; car
je soupçonne la cause de ce changement de ton.
La foudre est moins rapide ; un quart de seconde a
suffi pour métamorphoser l'animal fougueux et bon-
dissant, en une statue de pierre. L'expression de
la stupeur et de l'égarement a fait place dans son
œil à celle de la tendresse et de la gaîté folle ; il
me tend à guérir sa patte endolorie. Je connais
ces symptômes du regard éperdu et de l'immobi-
lité soudaine et n'ai pas besoin de voir la plaie
pour comprendre toute l'étendue de mon malheur.
J'étais couché sur un nid de Vipères quasi-engour-
dies par le froid ; la chaleur de mon corps les avait
ranimées ; les jappements de mon chien les avaient
agacées ; une de ses pattes avait pénétré jusqu'à
elles, à travers l'herbe sèche; elles l'avaient mordu…
Là aussi la terre avait bu le sang du libre penseur,
le sang de l'hérétique, le sang de Paul-Louis Cou-
rier, vigneron de Veretz.

Il me fallut charger sur mes épaules le pauvre
paralytique, pour le porter à une lieue et demie de
là, dans une maison de secours où le mal le retint

longtemps. Ainsi se termina l'épreuve d'où devait revenir à l'élève tant de gloire, au maître tant de bonheur. Cette année-là, nous ne chassâmes plus.

On n'a plus de patrie, plus d'amis, plus de chasses dans lès contrées où règne la Vipère, où chaque remise recèle un guet-apens, où la crainte du deuil empoisonne tout bonheur. L'année d'après (1861), je mettais le cap sur l'Est, et je faisais l'ouverture de la campagne de plaine aux rives de l'Ognon, de la Seymouse, de la Lanterne, si riches autrefois en gibier de toutes espèces, et où tous les charmes de la pêche s'unissaient à ceux de la chasse pour faire de cette contrée plantureuse la plus délicieuse des demeures d'ici-bas. Mais le civilisé acharné à la destruction de son bonheur, y a fait la solitude et le vide dans les bois, comme dans les eaux et comme dans les plaines. On y trouve encore des cœurs d'or, de petits vins innocents, des hospitalités princières; mais ce n'est pas assez pour faire le bonheur. Aux larges vallées de la Haute-Saône, aux gorges verdoyantes des Vosges, il manque la Perdrix, le Lièvre, la Caille et le reste, pour être des paradis de chasse. Après trois jours de courses et d'explorations infructueuses en ces déserts arides, mes chiens, mortifiés du vide absolu des taillis, des guérets et de l'air, me disaient de leurs longs regards, chargés de tristesse et de plainte : Ramenez-nous aux Vipères.

Explique maintenant qui voudra, par d'autres raisons que les miennes, ces bizarres coïncidences de dates et d'événements relatées aux pages ci-dessus. Mais les faits que j'ai rapportés sont exacts, et j'ai pour garants de ma véracité, outre cent témoins oculaires, mes chiens qui ne sont plus.

J'ai dit beaucoup de choses en ce chapitre, entre autres l'histoire universelle des superstitions religieuses, qui n'est que l'histoire du triomphe du Serpent sur la Femme. J'ai poussé aussi de tous mes efforts à faire entrer dans la pensée des gouvernements et des sages de venir en aide à celle-ci. Enfin j'ai écrit en peu de lignes une histoire toute nouvelle de la Révolution française. Il en est peu d'aussi complètes, s'il en est de plus longues.

Pourtant, il n'est pas impossible que le lecteur, qui n'est jamais content, me reproche d'avoir oublié de lui dire une chose essentielle, à savoir le remède contre la morsure de l'Aspic.

L'analogie sait, en effet, le secret de tous les spécifiques, et il était en son pouvoir d'indiquer celui-ci, qui est l'infusion de la seconde écorce du frêne dans d'excellent vin blanc. Malheureusement, sa dignité ne lui permet pas de descendre aux vulgaires détails de la pratique médicale et d'indiquer les moyens d'employer cette infusion à l'intérieur et à l'extérieur. L'analogie procède par l'hygiène et non par la thérapeutique; elle ne guérit pas les malades, elle supprime les maladies; elle ne s'attaque pas aux effets, mais aux causes.

L'analogie passionnelle, plus devineuse de ces causes et plus voyante de ces effets que la science, a démontré que les déluges d'Aspics qui désolent aujourd'hui la France, avaient leur cause dans la recrudescence de la superstition démoniaque et dans le réveil de l'industrie miraculatrice en ce changeant pays. Or, elle a tout dit, disant cela, et les bons entendeurs n'ont pas besoin d'en apprendre davantage, car son oracle porte : Ensemble sont nées les deux pestes, ensemble elles doivent périr.

Et remarquez, s'il vous plaît, que cet oracle résume la formule de Voltaire et celle de Jéhova. Remarquez que le spécifique infaillible à employer contre le double mal est implicitement indiqué par la sagesse même des plus profonds penseurs politiques de ce temps.

Parlant du mal secret qui a tué la Restauration, M. Guizot a écrit dans le premier volume de ses Mémoires :

« Ce mal qui s'était laissé entrevoir sous la première Restauration et pendant la session de 1815, et qui *dure encore aujourd'hui* malgré tant d'orages et de flots de lumière, c'est la guerre déclarée par une portion considérable de l'Église catholique de France à la société française actuelle, à ses principes, à son organisation politique et civile, à ses origines, à ses tendances. »

Et bien avant que la fortune adverse eût fait au grand ministre les loisirs suffisants pour écrire ses Mémoires, le prince Louis Bonaparte déplorait également, et en termes non moins explicites, l'antagonisme fatal qui est entre la cause du clergé et celle de la France nouvelle. J'ai cité plus haut ses paroles.

Malheureusement, les deux Autorités illustres se sont bornées à constater le mal ; elles ont oublié de conclure ; et l'analogie passionnelle, qui s'empare avec bonheur de leurs déclarations solennelles, voudrait y ajouter un acte en forme de conclusion. Du moment, par exemple, qu'il a été reconnu formellement en haut lieu que les congrégations ne pouvaient enseigner au peuple que des principes hostiles à la Révolution de 89 et à la liberté, l'analogie trouverait logique qu'on retirât aux congrégations cette arme de l'enseignement dont elles ne peuvent faire qu'un déplorable usage. Et elle accueillerait avec une joie extrême l'abrogation de la loi Falloux, qui est la charte de l'enseignement public actuel, cette charte si funeste, à qui douze ans de règne ont suffi pour abaisser d'une façon si alarmante le niveau général des études et des mœurs et pour faire rétrograder la France de 89 en pleine phase d'obscurantisme.

Qu'il soit donné aux regrets ci-dessus une conclusion pratique ; que la sagesse du gouvernement retire des mains des ennemis de la Révolution tous leurs moyens de nuire ; et le progrès reprendra son cours interrompu... et la Vipère et la Superstition s'enfuiront, comme l'âme de Turnus, indignées sous les ombres.

Voilà déjà que la statistique officielle du crime annonce que les attentats contre les mœurs éprouvent un temps d'arrêt! Voilà que la campagne de 1860, si semblable pour l'humidité à celle de 1829, a été suivie, comme celle-ci, d'un hiver rigoureux, succédant à l'inondation, sans transition aucune. Or, ces grands froids après la pluie sont mortels aux vermines. Espérons que la Vipère aura subi cet hiver-là de cruelles avaries...

L'histoire du temps passé a fort loué Louis XII, devenu roi de France, d'avoir oublié les injures du duc d'Orléans. L'histoire du temps présent et celle du temps à venir sauraient bien plus de gré encore à Napoléon III, devenu Empereur, de s'être souvenu sur le trône des sages méditations du prince Louis.

II

LES SEPT FLÉAUX LIMBIQUES

Elle est longue, la liste des fléaux qui désolent la chasse de France. C'est que le milieu civilisé est le pire des milieux limbiques pour l'exercice du droit de chasse, et que parmi les nations civilisées, la France est celle où la constitution de la propriété immobilière apporte le plus d'entraves à l'essor de cette industrie.

On appelle sociétés limbiques celles où le mal est en dominance, et où l'homme, roi de la terre, est en guerre avec lui-même et avec son espèce, avec la Nature, avec Dieu. Ces sociétés sont au nombre de quatre, qui s'étagent ainsi par ordre de primogéniture : Sauvagerie, Patriarchat, Barbarie, Civilisation. Elles constituent sur tous les globes la période la plus douloureuse de l'enfance des humanités, la période de la dentition, du croup, de la variole et de la vermine parasite ; nous la traversons à cette heure. Les plus sages d'entre nous sont des enfants prodiges avancés pour leur âge ; mais l'idée de gratifier certains de ces petits êtres du privilége de l'infaillibilité divine, est une audacieuse bouffonnerie.

Les sociétés limbiques qui précèdent l'Harmonie sont toujours précédées elles-mêmes par une phase d'Édénisme ou de bonheur *simple*, qui est analogue à la période de l'allaitement chez l'homme. C'est une période d'existence purement végétative, où l'enfant adoré trouve au sein de sa mère, et sans le moindre effort, nourriture, abri et tendresse. La transition de l'Édénisme à la Sauvagerie est l'accident que les Saintes-Écritures désignent sous le nom de Chute, et sur lequel on a bâti tant de contes absurdes.

Les sociétés où le mal est en dominance sont caractérisées par le règne des sept fléaux, dits limbiques, qui sont : Indigence, Fourberie, Oppression,

Carnage, Intempéries outrées, Maladies provoquées, Cercle vicieux. Ces sept fléaux s'engendrent et se suractivent mutuellement avec un entrain déplorable. Ils pivotent sur l'Égoïsme général et la Duplicité d'action.

Or, de même que l'enfance aboutit à l'adolescence qui débouche en âge d'apogée ou de plein développement, ainsi les sociétés limbiques virent progressivement vers la phase d'Harmonie ou de bonheur *composé* qui est phase d'apogée des humanités planétaires et dure des temps infinis. L'Harmonie est ce règne de Dieu dont le *Pater Noster* invoque la venue tous les jours. Pendant toute sa durée, l'homme, réconcilié avec lui-même et avec la nature, coule des jours sans nuages, au sein d'une paix profonde que respectent les éléments et le rhume de cerveau. En ce temps-là, l'humanité ne se souvient pas plus de la gloire des batailles et du canon rayé, que l'adulte ne se ressent des douleurs causées par l'éruption de sa première dent.

Les sept fléaux limbiques, qui sont apanage de Satan, ont pour termes homologues et antipodiques dans le règne de Dieu, les sept félicités qui suivent :

Richesse graduée, Vérité pratique, Garanties effectives, **Paix** constante, Températures équilibrées, Quarantaines générales, Doctrines expérimentales... lesquelles pivotent **sur** la Philanthropie universelle et l'Unité d'action.

Pour résoudre le problème social, il ne s'agit que d'effacer l'un des sept premiers termes, et de le remplacer dans nos institutions politiques par son terme correspondant.

La raison qui fait que la France, de nos jours, est un pays perdu pour la chasse, est celle-ci : Le morcellement de la propriété est mortel au gibier, et le territoire français est divisé en douze millions de parcelles. Le morcellement est un fait de l'ordre civilisé; les choses se passent autrement dans les phases inférieures, comme on va le voir en quelques lignes par l'étude comparative des législations d'icelles. Cette étude intéressante apprendra aux curieux pour quelles causes les périodes qui précèdent celle où nous sommes, sont l'objet de si vifs regrets pour tous les mécontents de l'ordre civilisé.

Dans la phase de Sauvagerie où la chasse est l'industrie pivotale et nourricière de la tribu, il est naturel que toutes les institutions tendent à favoriser son essor. En conséquence, la propriété du territoire de chasse est indivise. Les fruits de la terre sont à tous, mais le fond n'est à personne, et la loi maintient énergiquement le principe de l'inaliénabilité du domaine public. La chasse abomine la charrue et l'appropriation du sol, qui réduisent la superficie de l'espace vierge et font obstacle à l'exercice des sept droits naturels de l'homme. L'inviolabilité de ces droits naturels (chasse, pêche. cueillette, etc.) est le premier article de toutes les chartes en phase de Sauvagerie. La question du *mien* et du *tien* ne s'agite pas entre associés du même groupe, mais bien entre tribus voisines; ce n'est pas une question de servitude ou de mur mitoyen, mais une question de guerre.

La pauvreté et la famine périodique sont parmi les lots du sauvage ; mais la jouissance de son droit naturel de chasse le console de tous ses maux ; et le civilisé, à qui la fortune est adverse, a parfaitement raison d'envier le sort du Mohican qui, dans sa misère, possède toutes les richesses de son sol, et qui n'a pas pour perpétuel aiguillonnement de ses souffrances, le spectacle des jouissances d'autrui. Comme il n'y a pas de propriété immobilière personnelle en Sauvagerie, il n'y a pas de tribunaux pour la faire respecter.

Quand l'homme a conquis le chien, et que le chien lui a donné le troupeau, les choses changent légèrement de face. D'abord, la société transite de Sauvagerie en Patriarchat, et l'importance du rôle du chasseur diminue, puisqu'il n'est plus le pourvoyeur exclusif de la subsistance de la tribu. Mais bien que le droit naturel de pâture soit devenu plus précieux que celui de chasse, depuis la domestication du cheval, du bœuf et du mouton, la carrière de gloire et d'utilité sociale n'est pas fermée pour cela au chasseur. Il est même permis d'affirmer, pièces historiques en mains, que la phase patriarchale est celle des chasses héroïques où brille du plus vif éclat la valeur des Hercule, des Thésée, des Delegorgue, des Jules Gérard et des Chassaing. Et il en est ainsi, parce que le service de chasse n'est plus obligatoire comme sous le régime précédent, et parce que c'est l'amour seul du péril qui décide les vocations et lance les héros dans l'arène. Ensuite, il faut bien repousser les attaques des grands carnassiers, et défendre contre le lion, le tigre, les richesses nouvellement acquises.

La loi patriarchale, du reste, maintient inaliénable et indivis le domaine de la tribu, par la raison que le droit de pâture a besoin pour s'exercer, comme celui de chasse, du libre parcours de vastes solitudes. Alors le libre chasseur, amoureux de son art, n'a pas encore d'entraves à craindre du côté de la propriété, qui n'a pas encore constitué son agence conservatrice, ses gendarmes et ses tribunaux. De là les regrets légitimes que le malheureux civilisé, privé de la jouissance de ses droits naturels de chasse, de pêche, de cueillette, etc., fait entendre en faveur du regime patriarchal.

Notre Algérie, avant 1830, vivait sous les douces lois de la liberté patriarchale, mitigée par le gourdin turc, qui est une institution de Barbarie, c'est-à-dire de phase supérieure. On s'y assassinait la nuit, on s'y volait le jour, et jamais société humaine n'avait présenté peut-être une plus magnifique collection de coquins de tout genre que cette société algérienne mi-barbare, mi-patriarchale, que nous avons détruite. Mais cette terre d'Algérie, où s'épanouissait alors dans tout son lustre la fine fleur de l'esprit patriarchal, qui est esprit de fourbe, de rapine et d'assassinat, cette terre d'Algérie était la terre promise du gibier, du chasseur. J'ai passé un an de ma vie parmi les palmiers-nains de l'Atlas et les friches de la Mitidja, au temps des belles guerres de l'Émir; vers cette époque déjà lointaine, où le sanglier, la bécasse, la perdrix et le lièvre faisaient également élection de domicile aux anciens jardins des tribus repris par le désert... Et mes rêves de chasse et mes souvenirs de sal-pêtre me reportent invinciblement vers ces rives fièvreuses que la munificence de Dieu avait créées si belles et si salubres, et que l'invasion de l'homme a si stupidement dévastées.

Cependant les pasteurs ont pris un beau jour en dégoût la vie contemplative et se sont faits conqué-rants. Nemrod, le grand chasseur, a fondé le premier Empire. Adieu tous les droits naturels, Chasse, Pêche, Cueillette, Pâture, Insouciance, et le reste ; car le guerrier vainqueur a commencé par s'inti-tuler fils de Dieu, du Soleil ou de Jupiter, et par s'attribuer en ladite qualité la propriété exclusive de tous les domaines de la terre. Il a réduit en ilotisme les races qu'il a vaincues, et, en échange de leurs droits de nature, il leur a concédé le droit à la corvée, qui est le droit de s'exténuer sans relâche, pour nourrir l'oisiveté de la race conquérante. Pourquoi se sont-elles laissé vaincre. *Væ victis...*, telle est la formule du régime nouveau.

La conquête, l'oppression d'une race par une autre fait transiter la société humaine de l'patriarchat en Barbarie.

Cependant, le chef des Barbares, des Francs, des Normands, de tous autres, ce vicaire du Très-Haut, à qui tous les biens appartiennent, ne peut pas en garder la jouissance pour lui seul. L'intérêt même de sa sécurité le force d'en déléguer l'exercice à ceux de son entourage, à ceux qui l'ont aidé à vaincre. Il délègue, en effet, son droit de propriété à ses nobles, à condition qu'ils lui rendront hommage de leurs fiefs ; et il fait du droit de chasse, du droit de porter des armes, une annexe du privilége de la propriété.

Ce pouvoir monarchique, qui vient de Dieu et qui

s'étaie sur une aristocratie guerrière propriétaire exclusive du sol, se nomme de son vrai nom le régime barbare féodal. Il est doué d'une ténacité excessive à la vie, et ne meurt guère qu'on ne le tue.

Sous tout gouvernement de droit divin, c'est-à-dire fondé sur la force, le bourreau est naturellement appelé à jouer un grand rôle. C'est la clef de voûte de l'édifice social, a dit Joseph de Maistre. Le régime barbare installe donc le premier tribunal, la première agence de justice et de conservation. Les tribunaux institués par les propriétaires privilégiés du sol ont nécessairement pour devoir de protéger le privilége contre les attaques et les passions mauvaises des ennemis de l'ordre.

L'homme sage, l'ami de l'humanité, peut penser et dire beaucoup de mal du régime féodal et de ses institutions ; mais les souverains absolus, les clergés, les noblesses et les gens de peu de justice, sont excusables de regretter le bon temps du privilége. Et comme ce régime fut l'âge d'or du gibier comme des nobles, je n'interdis même pas aux pauvres bêtes le droit de le pleurer et d'en invoquer le retour.

Les bêtes avaient beau jeu, en effet, dans ce temps-là, où leur existence se trouvait entourée de plus de garanties et de protections que celle du vilain, du manant, du serf de la glèbe. Car, après le premier article du code féodal, qui dit : « *Nulle terre sans seigneur*, » en vient un second qui dispose : « Là où le seigneur a droit, le cerf et le faisan ont droit, *puisqu'ils sont du seigneur*. » Et ce deuxième article est suivi d'un troisième qui vous pend haut et court le misérable qui s'est écarté du respect qu'il doit aux lapins de son seigneur et maître : « Rien que la mort n'était capable d'expier ce forfait. » De l'autre côté du Rhin, ils donnaient jadis le coupable à courre à une meute affamée qui le forçait en moins d'une heure et en faisait curée. L'homme tient peu devant le chien.

La France a joui longtemps des douceurs de ce régime, et il y faisait beau chasser avant 89, alors que la propriété appartenait encore pour les deux tiers au Clergé et à la Noblesse, et pour le restant à l'impôt. Mais comme il n'y a en ce monde si bonne chose dont on ne se lasse, la nation vaincue a fini par en avoir assez du joug de la conquérante ; et,

28.

un beau jour, elle a secoué celle-ci de ses épaules
et l'a envoyée par l'Europe enseigner le culte des
belles manières ; après quoi elle s'est restitué une
petite part de la propriété du domaine dont l'avait
dépouillée la force, à l'heure de la conquête et du
partage du butin. Ç'a été pour l'ancien régime un
immense malheur, pour le gibier aussi. Je pardonne
facilement au peuple français l'usage qu'il a fait
de sa victoire et la leçon de justice sanglante qu'il
a infligée à ses rois, à ses nobles, à tous ses tyrans.
Je regrette sincèrement qu'il ait enveloppé dans
ses vengeances le pauvre gibier, qui ne méritait pas
d'être traité ainsi ; mais je comprends qu'il était
difficile que la chose se fît autrement. Le gibier des seigneurs a si longtemps dévoré le pauvre
monde, qu'il est trop naturel que celui-ci saisisse
avidement l'occasion de prendre sa revanche. Et
puis, on ne voit pas pourquoi le laboureur, qui
nourrit le gibier et ne s'en nourrit pas, lui serait
charitable. La disparition du gibier atteste donc en
tous pays le passage de la justice du peuple, et l'on
peut affirmer que plus une contrée est libre, moins
elle est giboyeuse. Cette vérité se démontre par

l'exemple de la Suisse, qui est tout à la fois le pays
le plus heureux et le moins giboyeux d'Europe, et
par celui du département des Bouches-du-Rhône,
chef-lieu Marseille, qui mit toujours sa gloire à fou-
ler aux pieds les décrets de la métropole parisienne.
On sait que la législation spéciale qui protége la
caille n'a jamais eu force de loi dans le département
des Bouches-du-Rhône, qui n'en fait qu'à sa tête.
C'est pour cette cause que la perdrix et le lièvre y
sont des êtres parfaitement inconnus.

Les personnes qui auront suivi avec une attention soutenue le petit cours de législation compa-
rée qui précède, n'auront pas perdu toutes leurs
peines ; car elles sont armées désormais d'une méthode infaillible pour discerner à première vue les
grandes époques historiques des nations. Cette
méthode se traduit par la formule habituelle :
Dites-moi la chasse d'un peuple et je vous dirai ce
qu'il est.

Et non pas seulement la phase sociale qu'il traverse, mais le sort que la loi fait chez lui à la famille,
à la propriété, à tout ce qui s'ensuit. Essayons, et
vous allez voir.

Quand tous les mâles de la tribu sont forcés de chasser pour vivre, c'est la Sauvagerie. Tous les citoyens sont ici égaux devant la misère. Le domaine public est inaliénable. La femme esclave est condamnée aux fonctions les plus pénibles et les plus répugnantes. Le sang de la femme est pâle, déclarent les Peaux-Rouges. De toutes les créatures à face humaine, la plus misérable est la Squaw, a dit Chateaubriand.

Quand la chasse est devenue l'apanage des natures héroïques destinées à fournir les fondateurs d'empires, — c'est le Patriarchat. La loi maintient la propriété de la tribu indivise ; elle fait le sort un peu plus doux à la femme, mais elle ne la libère pas de l'esclavage, et la polygamie est ici le régime des relations conjugales.

Le droit de chasse est-il devenu le privilége exclusif d'une caste, — c'est la Barbarie qui s'installe. Le monopole de la propriété, des emplois publics et des grades appartient à cette caste. Les industrieux sont esclaves. La loi barbare prévient le morcellement de la propriété par l'institution du droit d'aînesse, qui détruit la famille ; elle fonde le harem, qui continue de détenir la femme en servitude, mais lui procure toutefois d'agréables loisirs et des bains parfumés dont elle était privée sous les deux précédents régimes. Les honnêtes gens, chez les Barbares, sont tous ceux qui vivent sans rien faire ; ceux qui travaillent pour vivre sont par contre les gens de peu.

Enfin le gibier s'en va-t-il? La chasse n'est-elle plus qu'un plaisir d'homme riche dont le droit appartient à tous ceux qui peuvent le payer? — Cela veut dire que la Civilisation règne ici ; que tous les citoyens sont égaux devant la loi et admissibles à tous les grades et emplois publics. Attendu que la loi civilisée débute en tous pays par supprimer, en principe, toute distinction de caste et par substituer le droit d'égal partage au droit d'aînesse. Elle émancipe aussi les industrieux et détruit la polygamie. Elle n'ose pas encore proclamer l'égalité absolue des sexes devant le scrutin ; mais elle reconnaît déjà les droits civils de l'épouse, et la femme commence à tenir beaucoup de place dans le monde, comme le prouve la crinoline, qui est une des institutions spéciales à cette période éminemment propice aux fictions et aux illusions de tout genre. Les riches oisifs y sont toujours plus considérés que les travailleurs utiles; néanmoins les esprits forts affectent de ne plus tant mépriser ceux-ci, et le corps des Ponts et Chaussées est en possession de fournir de héros de roman et de jeunes premiers la littérature et le drame.

La méthode est si simple, si sûre, si infaillible, qu'il n'est pas même besoin de savoir le régime de la chasse d'un pays pour assigner à ce pays son caractère et son titre de période et pour dire ses lois et ses mœurs. La fortune de la Perdrix toute seule y suffirait. Écoutez, pour vous en convaincre, les récits divers de la Perdrix de France, d'Albion et d'Allemagne; elle ne se contentera pas de vous apprendre en dix lignes la loi ou l'institution qui régit ces empires; elle vous expliquera de plus la diversité des génies politiques et littéraires de leurs peuples.

La Perdrix de France qui s'en va, vous raconte, en effet, que ce pays a transité de Barbarie en Civilisation dans la nuit du 4 août; que la race vaincue a mis à la raison la race conquérante; que chaque soldat porte dans sa giberne le bâton de maréchal ; que la punition corporelle a disparu du code, etc., etc.

Tandis que la Perdrix d'Angleterre et celle d'Allemagne, qui ne s'en vont pas, au contraire, avouent piteusement que la continuation de leur prospérité provient de ce que la Germanie et la Grande-Bretagne sont deux États demeurés barbares, où continue de fleurir le régime féodal... Où le *Landlord* et le *Seigneur* continuent de fabriquer les lois dans des chambres dites : Chambres *Hautes*. Où le Landlord et le Seigneur continuent d'être les seuls propriétaires du sol, les seuls admissibles aux grades. Où le bâton et la schlague continuent de retenir dans les liens du devoir le pauvre enfant du peuple, condamné à servir.

Montesquieu, Blackstone, lord Guizot et tous ceux qui font autorité en matière d'esprit des lois, ne vous en ont jamais dit autant que ça sur la différence de la constitution des empires français, britannique, germain ; et vous demanderiez vainement à l'un quelconque de ces grands écrivains, de préciser la distinction qui est entre le Civilisé et le Barbare, car ils en ignorent complétement, et c'est leur ignorance qui fait que leur bouche est muette.

La Perdrix vous apprend encore, par dessus le marché, que l'esprit français est la *gaîté* du bon sens, tandis que l'anglais, le germain, qui s'appelle *l'humour*, n'en est que la tristesse.

Et que le premier, qui est le vrai, naît du vin, tandis que le second, qui est le faux, naît de la bière... Et que les révolutions au vin franc sont les seules qui puissent aboutir, parce qu'elles posent *l'égalité* comme pivot et comme point de départ de toute rédemption sociale.

Et que, par conséquent, la France, la patrie des nez rouges, des illustres *beuveurs*, est l'unique patrie, la terre sainte de la révolution.

A preuve que les lords d'Allemagne et les lords d'Albion ont parfaitement réussi à détourner, au profit de leur caste et de leur tyrannie, les deux plus magnifiques mouvements d'émancipation sociale qui se soient produits en Europe dans le cours de ces derniers siècles. Je veux parler de la révolution religieuse de 1520 et de la révolution politique de 1789. Tous les bénéfices de la première ont été pour l'aristocratie des États réformés, qui ont protesté contre Rome au nom de la liberté de conscience. Le prolétaire, le mechanic, le Saxon d'Albion ou de Saxe n'ont pas senti s'alléger d'un scrupule le poids de leur corvée par le triomphe de cette prétendue liberté, et leur sort n'a fait qu'empirer. En 92, la coalition contre la France, s'est formée sous les auspices néfastes de l'aristocratie britannique et de l'aristocratie teutonique ; et pour que nul ne pût se tromper à l'enseigne, le mauvais génie qui a réussi à retarder de cent ans la marche de la Révolution française, s'est appelé Pitt-Cobourg, nom cabalistique, nom fatal, mi-anglais, mi-germain.

Et le peuple allemand et le peuple grand-breton, abrutis par la bière, par le gin et la schlague, ont parfaitement aidé et assisté leurs maîtres, leurs ennemis naturels, dans la perpétration du crime de lèse-humanité. Honte aux deux renégats !

Ainsi la France est déjà parvenue à la pleine phase d'apogée de sa Civilisation, et vire rapidement au Garantisme par l'envahissement universel de la féodalité financière ; pendant que l'Angleterre et l'Allemagne s'attardent en Barbarie. attendant làchement que l'insurrection victorieuse des races opprimées, du Saxon, de l'Irlandais, du Picte, etc., brise la chaîne qui les retient attachées à cette phase honteuse... Et le jour où elles sauteront le pas, le gibier d'outre-Manche et celui d'outre-Rhin auront, comme celui de France, de mauvais quarts d'heure à passer. Heureusement qu'un autre phénomène aura lieu en même temps qui apportera de larges compensations à ce sinistre. Par exemple, la Terre et plusieurs autres astres tressailleront d'allégresse, et les peuples émus entendront descendre du ciel une grande voix qui dira : « Le règne de Satan a fini. »

Et ce sera de la faute à John Bull, à John Bull, l'abruti, l'aveugle ; à John Bull, rebelle aux exemples de Jacques Bonhomme et de frère Jonathan, si la grande voix d'en haut met encore un demi-siècle à venir jusqu'à vous.

Ainsi dit la Perdrix... que tous ceux qui ont des oreilles pour entendre avec un esprit pour juger, retiennent ses paroles !

Je ne crois pas devoir insister plus longuement sur les agréments d'une méthode qui pourrait abréger d'une façon si plaisante la peine et la durée des études historiques ; qui permet au plus humble de faire la leçon aux maîtres de la science ; qui débrouille à première vue tous les chaos des âges, et restitue à chaque institution sa marque d'origine ; disant en même temps à chaque peuple ce qu'il est, ce qu'il fait, d'où il vient, où il va. Je reviens à la situation cynégétique de la France et reprends l'analyse de mes fléaux limbiques.

On a vu, par ce qui précède, que la phase de Civilisation est, de toutes les phases sociales parcourues jusqu'ici, la plus dommageable au gibier. Si le législateur de France eût été instruit de ce fait, il est plus que probable qu'il eût tenté de réagir de tous ses efforts contre les tendances de cette phase. Malheureusement, ses professeurs d'histoire et de droit naturel ont complétement oublié de l'aviser du fait, pour les causes ci-dessus déduites, et il est arrivé de ce défaut d'enseignement que toutes les fois qu'il a légiféré pour garder et pour conserver, il a légiféré pour détruire. La faute n'en est pas à ses mauvaises intentions, mais à son ignorance ; il est bien difficile de ne pas se tromper de route, quand on ne sait pas où l'on va. La loi du 3 mai 44, qui régit en ce pays la police de la chasse, est donc une loi à rebours ; et une loi si puissamment viciée dans son principe, que ses meilleures dispositions échouent contre la tendance fatale des institutions de l'époque.

La loi du 3 mai 1844 est une œuvre législative qu'il est, du reste, facile de juger à ses fruits, puisqu'il lui a suffi de quinze années de règne pour en finir avec le Lièvre et la Perdrix de France. Elle a été contre son but, ce qui est le plus grand malheur qui puisse arriver à une loi. Elle a décrété l'extermination, en essayant de réglementer la tuerie. Elle a envenimé la plaie du braconnage, au lieu de la guérir. C'est le plus effrayant exemple que je sache du danger de faire faire des lois de chasse par des avocats myopes, et de laisser des armes à feu chargées dans les mains des enfants terribles.

J'ai suivi, avec une attention soutenue, la discussion de cette loi devant les deux Chambres d'alors ; et cette discussion m'a pleinement convaincu, à mon grand déplaisir, que le gouvernement des classes mitoyennes, si propice aux joûtes oratoires, aux transactions de conscience et aux coalitions, n'était pas pour autant le dernier mot de la sagesse humaine, en matière de constitution politique. Elle m'a même amené à prédire, à très-courte échéance, la chute de ce régime instable, qui sombra sous voiles en plein calme, à quelques ans de là.

Le pire défaut de ce système de gouvernement à bascule était d'amener fatalement à la barre du gouvernail trop de beaux diseurs légistes et de professeurs d'histoire, et pas assez de pilotes experts à la manœuvre et capables de diriger le navire de l'État dans les heures de tempête et d'apercevoir les écueils qui gisent sous les ondes. Or, une loi de chasse est un fond tout plein de ces écueils, et comme pas un de ceux qui étaient de quart pendant cette discussion ne les vit, le navire talonna sur tous. Et ce sinistre, ajouté à tant d'autres, fit voir trop clairement au peuple la profonde incapacité des chefs de l'équipage, d'où naquirent naturellement la défiance, la mésestime et le profond ennui dont se plaignit le poëte. On ne sait pas assez quelle faute c'est pour un gouvernement que de donner des aveugles à conduire à ceux qui n'y voient goutte.

29.

Deux circonstances atténuantes peuvent être plaidées néanmoins en faveur des législateurs étourdis qui votèrent cette loi, et des ministres sans cervelle qui menèrent les débats.

La première se tire de ce qu'il y avait alors parmi les votants des deux Chambres un grand nombre d'avocats, et qu'il n'est pas dans les dons naturels de ceux qui vivent des mauvaises lois, d'en fabriquer de bonnes. On ne se joue pas de propos délibéré de ces méchants tours-là... à soi-même.

La seconde provient de l'époque folâtre pendant laquelle eurent lieu les débats, une époque peu propice aux délibérations sérieuses, et qui, chez nous, précède le carême. Elle fut, cette année-là, exceptionnellement gaie et longue; et l'influence de l'hilarité du dehors sur les travaux de l'honorable assemblée, se traduisit d'une façon fâcheuse par la dépense énorme qui s'y fit de mots charmants et d'heureux calembours. C'est en l'une de ces séances qu'un ami furieux de l'ordre proposa de frapper une taxe énorme sur les grands équi-pages de chasse, pour en finir avec les meutes (*l'émeute*). Et qu'un autre loustic, qui était député du Var, interrogé pourquoi les cailles n'abondaient pas tous les ans en même quantité aux mêmes places, répondit hardiment que cela devait provenir de ce qu'elles ne passaient pas toujours par le même chemin. Ils étaient très-laids et très-gais, ces dignes représentants de la France mitoyenne, ce qui fit qu'ils eurent trop d'esprit et qu'ils finirent vite. Pardonnons-leur de bonne grâce, nous autres tristes ; mais faisons mieux encore que d'oublier leurs torts, effaçons-les de notre législation. Retirons de nos Codes les lois de ces coupables pour mieux ôter leurs noms de la voie de nos blâmes.

Le proverbe des champs dit vrai : Quand le sort est sur les poules, le diable ne les ferait pas pondre. Il en est des lois comme des poules ; quand le sort est sur elles, toutes les peines qu'elles se donnent pour opérer le bien concourent fatalement à accroître l'intensité du mal. Nous l'allons prouver tout à l'heure.

INDIGENCE

L'indigence est le texte de la plainte commune. C'est le mal qui frappe tous les yeux ; c'est le fond du rapport lu devant le Sénat. Au fléau de l'indigence aboutissent, en effet, tous les autres fléaux limbiques, et il engrène en tous par le cercle vicieux. Par conséquent, il est difficile de le décrire sans répéter une foule de faits connus. Je prie, à ce propos, qu'on me pardonne les redites que rend inévitables ma méthode d'englobement. Laissez dire... ; peut-être qu'à force de rappeler au pays sa honte et ses misères, nous réussïrons à lui faire monter le rouge au front.

Rien de plus pauvre et de plus dépeuplé que nos campagnes et nos forêts de France. Où sont le Bison et l'Aurochs, l'Élan, le Renne, le Cerf aux larges bois et l'autre, et le Daim et tant d'autres espèces puissantes et vigoureuses dont le Créateur avait fait don aux riches contrées de la Gaule? — Le Bison et l'Aurochs et le Cerf aux larges bois ont péri, et leur nom a été rayé du livre de vie par l'impitoyable main de l'homme. L'Élan et le Renne ont fui vers les glaces du pôle qui ne les sauveront pas de la destruction. Le Cerf et le Daim, deux nobles races que la police des chasses privilégiées a tant de peine à défendre de la mort, ne se rencontrent plus guère qu'en quelques cantons exceptionnels de dix ou douze arrondissements de France. Les rares survivants de la race de l'Ours, qui peuplait autrefois tous les massifs forestiers du pays, ne doivent la conservation de leurs jours qu'au parti désespéré qu'ils ont pris de choisir pour demeures des pics inaccessibles, au séjour des neiges éternelles. La main protectrice du louvetier retient seule le loup sur le bord de sa tombe. Le Sanglier et le Chevreuil ont déjà disparu de la moitié du territoire. Voilà pour les grandes bêtes de chasse, habitantes des forêts. Le Lièvre lui-même, une espèce fécondissime destinée à vivre partout, est devenu un mythe pour certaines contrées du Midi. On devient un personnage dans le département des Bouches-du-Rhône pour avoir tué un lièvre, et vos compatriotes vous mettent en vers latins.

J'ai dit les misères des Tétras, des deux Coqs de bruyère et de la Gelinotte. Le Faisan qu'on élève et qu'on nourrit chez soi n'est guère plus un gibier que le pigeon fuyard et la poule domestique.

La plaine se dépeuple aussi rapidement que la forêt. La Perdrix grise n'existe déjà plus guère que pour mémoire dans les champs cultivés du Midi et de l'Est. La rouge a dit adieu depuis un demi-siècle à vingt départements dont elle était l'honneur, et là où elle a pu demeurer, on la compte. La Caille, fatiguée de la guerre d'extermination que lui font toutes les populations de l'Europe occidentale, désapprend chaque jour la route de nos climats. L'Outarde, la Canepetière, le Ganga, le Guignard, ont quitté nos champagnes sans esprit de retour, et les accents plaintifs de l'Œdicnème pleurard troublent seuls à cette heure le silence de la Crau.

La Sauvagine, la Sarcelle, la Foulque, la Bécassine ne s'abattent plus guère sur nos eaux et sur nos marécages, à moins d'y être forcées. Le domaine

de l'Ortolan et celui du Becfigue se réduisent tous
les jours. Je sais de grandes plaines où l'Alouette
ne chante plus, et de grands bois où le Rossignol,
la Fauvette et le Rouge-Gorge ne nichent plus
que de loin en loin. La France, ce si plaisant pays,
à qui le ciel prodigue avait donné toutes les températures et les fruits les plus excellents, pour qu'il servît
de demeure de prédilection aux espèces les plus
succulentes, la France est devenue pour toutes les
créatures du Seigneur un affreux coupe-gorge où les
plus hardis voyageurs ne s'aventurent qu'en trem-
blant. Paris, la grande cité, la ville aux monuments
sans nombre, compte à peine en sa vaste enceinte
quatre à cinq misérables colonies d'hirondelles.

Alors les insectes, délivrés de la surveillance
incommode des petits oiseaux chanteurs, ont rongé
la moelle des grands arbres et dévoré leurs feuilles,
et la végétation des forêts et des vergers a souffert
d'incalculables dommages. La destruction de l'Ortolan et du Becfigue a livré la vigne à l'invasion
de la Pyrale et de l'Oïdium. La contagion de la
pourriture cholérique a gagné le froment, la pomme
de terre et le reste, et de grandes famines ont sévi.

Car le gibier détruit, une source féconde de plaisir et d'alimentation a été tarie pour le peuple; la Perdrix, le Rouge-Gorge et l'Alouette sont devenues mets prévilegiés du riche... l'accroissement du prix du gibier a poussé le travailleur des champs à quitter son noble métier de laboureur pour se faire braconnier; et il s'en est suivi des vols à main armée, des procès et des guerres civiles. Mais voilà que je m'échappe de la question d'*indigence* pour tomber en celles d'*oppression*, de *carnage*, de *cercle vicieux*. Je vous l'ai dit, toutes ces misères s'enchaînent, et l'on ne peut en attaquer une seule, sans les ébranler toutes.

L'indigence de gibier, pour un peuple qui se respecte, est la plus désastreuse et la plus honteuse à la fois de toutes les calamités publiques; car elle accuse l'impéritie et la sottise de l'indigène en même temps qu'elle apparaît comme le signe d'une vengeance céleste provoquée par quelque grand crime. Le pays de France où le fléau a le plus cruellement sévi, est la douce contrée où sonne le *troun de l'rr*, où mûrissent les pommes d'or...; une terre que les Romains, qui possédaient le globe, appelaient *la Province*, la Province par excellence, comme ils disaient Rome, *la Ville…;* une terre de promission naguère encore si féconde en gibier de toutes sortes, que d'Esparron, contemporain de Richelieu, se croyait obligé d'y prendre soixante Perdrix par jour, pour empêcher cette espèce de s'emparer par force des habitations de l'homme.

Or, il n'a pas fallu plus d'un siècle et demi aux prodigues enfants de la belle Provence, pour dévorer leur légitime et dissiper les monceaux de richesses dont le ciel leur avait fait don. Ils ont jeté bas les forêts de leurs cimes et ouvert leurs vallées riantes au souffle desséchant du mistral, et tout s'est tari dans sa source en ces bords désolés, gibier, fertilité, verdure. La Caille et la Perdrix n'éveillent plus de leurs réclames sonores les échos de leurs plaines, et l'oiseau de passage a désappris le chemin de la contrée maudite. J'ai vu et partagé les souffrances morales et physiques du chasseur marseillais, réduit pour exercer son droit de chasse à se blottir, avant l'aurore, dans un cabanon de pierres sèches dont la température dépasse, à certaines heures, celle des plus hautes étuves, et qui est dit, pour cette cause, poste à feu... en quelle place l'infortuné attend que le hasard amène au-dessus de sa tête un pinson égaré, une mésange voyageuse... et j'ai failli une fois m'attendrir sur cette ruine immense ; mais la froide raison m'est revenue bientôt, qui m'a repris vertement de ces lâches concessions du cœur, et m'a fait voir dans le supplice humiliant de l'affuteur du poste, la justice de Dieu infligeant aux enfants l'expiation du crime de leurs pères, contempteurs de toutes les lois divines et humaines et ingrats aux bontés d'en haut...; et depuis j'ai envisagé d'un œil sec l'infor-tune méritée de l'indigène de la Canebière, et j'ai charbonné d'une main ferme sur la porte de son enfer la sentence vengeresse : *Discite justitiam moniti...*

L'indigence est le pire de tous les fléaux lim-biques, puisqu'il engendre tous les autres et que tous les autres aboutissent à lui ; il pousse à la des-truction en mode composé. Ainsi, dans le départe-ment des Bouches-du-Rhône, où il ne se tue qu'un seul lièvre chaque année, mais où le mortel favorisé par la chance acquiert de ce fait seul une importante position sociale, l'indigence du gibier allume chez tous les héros de la cité phocéenne l'ambition de s'illustrer par ce coup glorieux. Ailleurs, et partout, devrais-je dire, comme le prix du gibier augmente en raison de sa rareté, l'indigence, à mesure qu'elle gagne, hausse la prime du braconnage, et le mal se nourrit du mal.

Le poste à feu du Var et des Bouches-du-Rhône annonce à tous les autres départements de France le sort qui les attend dans un très-prochain avenir ; car la cure du mal d'indigence exige l'emploi de remèdes héroïques, et j'espère peu que les législateurs et les administrateurs de notre époque osent prendre l'initiative des mesures curatives commandées par les circonstances.

La première de ces mesures est d'adopter en principe et d'appliquer imperturbablement la *méthode de l'écart absolu*, qui consiste à prendre le contre-pied de tout ce qui s'est fait chez nous depuis un siècle ou deux en matière de législation de chasse. Il est clair, en effet, que pour aller de l'Indigence où nous sommes à la *Richesse graduée* que nous voulons atteindre, il nous faut faire volte-

face et suivre une voie diamétralement opposée à
celle que nous avons suivie jusqu'à présent. Ce raisonnement est très-logique, mais il est par malheur
de ceux qui ne séduisent que les analogistes, les
enfants et les simples, et qui glissent, sans y laisser
de traces, sur l'esprit des hommes sérieux préposés
à la direction des destinées des peuples. Trouvez-
moi donc en ce temps-ci et dans ce pays-ci un ministre à parole ou non, assez osé pour mettre en tête
de son programme : *Méthode de l'écart absolu.* Et
pourtant chacun doit comprendre qu'il n'y a pas de
salut pour le gibier de France hors de cette mé-
thode-là.

Alors, puisque l'administration et la législation
reculent devant l'emploi du spécifique, je n'ai plus
à leur conseiller que l'emploi des palliatifs ou des
demi-mesures.

Premier palliatif : Limitation de la durée du
temps de chasse à quatre mois par année, du
1er septembre au 1er janvier.

Second palliatif : Suppression générale du droit de
chasse pendant un an au moins, avec interdiction absolue du colportage et de la vente du gibier étranger.

Troisième palliatif : Abrogation de la loi de finances qui prescrit à l'administration forestière d'amodier la chasse des forêts de l'État. La destinée du domaine de l'État est d'être le refuge inviolable, inaliénable et sacré, toujours ouvert au malheureux gibier contre la persécution.

Or, l'application de ces mesures est urgente, attendu qu'il y a péril en la demeure.

FOURBERIE

La fourberie est l'âme des relations sociales en phase civilisée. Le Renard Subtil, le pieux Jacob et le sage Ulysse, figurent déjà très-honorablement dans les légendes Sauvage, Patriarchale et Barbare; mais nulle part la duplicité, l'esprit de mensonge et de ruse ne mènent aussi haut que chez les Civilisés. C'est à un maître fourbe de notre époque, à un illustre diplomate français, qu'appartient cette pensée profonde, que la parole a été donnée à l'homme pour dissimuler sa pensée. C'est pour le monde civilisé que l'analogie grecque, mère de toute vérité, a institué le culte du dieu Mercure, triple patron de l'Éloquence, du Commerce et du Vol.

La fidélité au serment n'est même pas de rigueur en relations d'amour chez les Civilisés; et beaucoup s'y font gloire, ainsi qu'en politique, du chiffre de leurs apostasies.

Mais où domine surtout la fourberie, c'est dans la sphère des relations commerciales, où toute l'habileté consiste à acheter trois francs ce qui en vaut six et à vendre six francs ce qui en vaut trois.

Or, l'exercice du droit de chasse en France est tombé dans les attributions de Mercure. Par conséquent, la chasse est devenue, comme toutes les autres spéculations commerciales de l'ordre civilisé, une arène de dépravation, de vol et de mensonge. Hâbleur, chasseur, gascon, sont chez nous des mots synonymes.

Une industrie qui table sur la vente du gibier volé ne pouvait produire d'autres fruits : l'épine ne donne pas de raisins.

La fourberie en matière de chasse a jeté de si profondes racines en ce pays qu'elle y a complétement perverti le sens moral en une foule de contrées. Ainsi, non-seulement le vol du gibier s'y pratique la nuit comme le jour sur la plus large échelle, mais cette industrie criminelle semble réellement fleurir à l'ombre protectrice de nos mœurs et de nos institutions. Le braconnier, le voleur de profession, qui pénètre la nuit dans un parc bien muré pour y exécuter une razzia de lièvres et de chevreuils, n'est pas bien persuadé qu'il commet le même crime que s'il s'introduisait dans un parc à moutons pour s'emparer de ce qui s'y trouve et en faire argent au marché. La loi, du reste, a l'air de partager son doute. Elle se garde bien, en effet, de prendre ce crime pour ce qu'il est, c'est-à-dire pour un crime de vol à main armée, la nuit, avec accompagnement des circonstances aggravantes d'effraction et d'escalade ; elle en fait un simple délit, justiciable de la police correctionnelle. Et même il arrive bien rarement que les délinquants condamnés aux minimes emprisonnements et aux minimes amendes réussissent à subir leur peine ; car les faveurs de la clémence impériale ou royale, qui se plaît à adoucir les rigueurs de la loi pour les moins fortunés, tombe toujours sur eux une ou deux fois par an.

D'un autre côté, les ménagères bourgeoises de la ville et de la campagne s'applaudissent de la liberté accordée à une industrie qui, n'ayant pas à supporter les frais d'éducation du gibier qu'elle vend, est en mesure d'en approvisionner leurs cuisines au plus bas prix possible. Le travailleur des champs, qui ne chasse pas, n'est pas fâché non plus de voir réduire d'une façon notable les jouissances du riche oisif. L'économiste enfin qui réclame à grands cris la liberté illimitée du commerce, sourit au braconnier qui partage ses principes, et de qui le fusil lui offre une superbe occasion de rajeunir sa vieille métaphore de la lance d'Achille. Si bien que le braconnier a toujours eu pour lui d'ardentes et nombreuses sympathies. Le brigadier de gendarmerie lui-même, cette austère personnification de l'ordre public et du respect de la propriété, n'est pas éloigné de considérer l'institution du braconnage comme un mal nécessaire, sans l'existence duquel beaucoup de gendarmes ignoreraient le goût de la perdrix.

Pourquoi il n'est pas rare d'entendre les repris de justice de cette catégorie se vanter en plein cabaret de leurs exploits nocturnes comme d'actes méritoires. J'en sais qui ont la délicatesse de prévenir les gardes de la nuit et de l'heure où ils on l'intention d'opérer dans leurs garderies, pour que ceux-ci s'arrangent à rester au lit cette nuit-là. Un grand malheur est que la loi ne s'armera pas contre ces audacieux avant qu'ils n'aient assassiné un banquier juif ou un évêque, et que les banquiers et les évêques ne rôdent guère par les bois la nuit.

Je calcule que la France, qui ne nourrit peut-être pas, à l'heure qu'il est, quatre millions de perdrix, n'en tient pas moins sur pied une armée de 400,000 chasseurs, dont 150,000 patentés et les autres interlopes. Je calcule que sur les 150,000 patentés, 80,000 pour le moins trafiquent du gibier qu'ils tuent, et que parmi les 70,000 qui restent, il y en a les deux tiers qui ne se feraient pas plus scrupule de ramasser la pièce de gibier tuée par le voisin, que de tirer un chevreuil devant le nez de ses chiens. C'est triste, mais c'est vrai.

Et la preuve que la chose se pratique tous les jours dans les meilleures sociétés, résulte d'un tas de jugements quotidiennement rendus en la matière, et dont les dispositifs, malheureusement, démontrent que l'esprit de la loi écrite dans le Code diffère complètement de l'esprit de la loi écrite dans la conscience.

Ainsi le tribunal de Châtillon-sur-Seine décide, par jugement du 23 février 1859, que Suschetet n'a fait qu'user de son droit en tuant, *au traverser de sa propriété*, le chevreuil que chassait le chien de Philippon, etc.; et la Cour impériale de Dijon confirme, par arrêt du 2 août suivant; la Cour de cassation aussi. (Voir l'arrêt de la Chambre des requêtes du 29 avril 1862, affaire Cooper-Rochon.) Enfin, la Cour impériale de Paris tranche la question en termes plus explicites encore : « Attendu, dit l'arrêt du 17 juin 1862, que le fait d'avoir tué sur sa propriété une pièce de gibier qui la traversait, après avoir été levée par un autre chasseur sur son propre terrain, et lorsque le chien courant de ce dernier chasseur était encore à la poursuite du gibier, *ne saurait constituer un délit de chasse.* »

Ainsi le texte rigoureux de la loi autorise et légitime des actes de chasse que réprouve la conscience du chasseur honnête...; car jamais le chasseur honnête n'acceptera les bénéfices d'une loi qui lui permet de tuer sur son terrain une bête levée sur le terrain d'autrui et chassée par les chiens d'autrui.

Et alors vous me demandez les moyens de conjurer les désastres d'un fléau qui a pour lui les mœurs et le concours des institutions de l'époque ? — Je vous réponds sans ambages :

Si l'honneur est tout à fait mort dans l'âme des enfants de saint Hubert, il faut tâcher de l'y ressusciter. S'il y couve encore sous la cendre, il faut tâcher de le raviver au plus vite ; et pour cela il n'y a qu'un moyen, qui est de faire passer dessus le souffle revivifiant de l'esprit de corps, qui commande à tous les affiliés le respect du drapeau, et retient dans la loyauté par la peur de la honte.

Instituez la corporation des veneurs sur le patron de celle des avocats, des notaires, des francs-maçons, etc.; que la porte en soit ouverte aux honnêtes et fermée aux tarés.

Qu'il soit créé dans chaque arrondissement un tribunal ou jury d'honneur de la chasse. — Que les membres de ce jury soient nommés pour la première fois par tous les chasseurs de l'arrondissement munis d'un permis de chasse. — Que ce tribunal évoque et accueille toutes les plaintes et prononce sur tous les conflits un jugement motivé au point de vue exclusif du droit naturel et de la loyauté.—Que les jurés ne se préoccupent aucunement des dispositions de la loi écrite, qu'ils infligent le blâme ou l'éloge suivant les cas, et que leurs sentences reçoivent toute publicité. Je vous réponds que ces sentences, qui ne seront pas exécutoires en justice, porteront plus haut et plus loin que tous les jugements et arrêts des tribunaux et Cours, et que nul ne les bravera.

A cette simple garantie de publicité et de justice sans frais, vous en ajouterez deux ou trois accessoires. Vous ne retirerez pas au chasseur le droit de vendre son gibier; vous déciderez seulement qu'un registre d'inscription sera perpétuellement ouvert et affiché dans le local des séances de votre tribunal d'honneur, et qu'une colonne de ce registre renfermera les noms des chasseurs qui chassent pour chasser, une autre ceux des chasseurs marchands, des amis du commerce. Vous stimulerez l'administration fiscale à vous venir en aide en forçant les marchands à payer la patente. Vous statuerez encore que quiconque aura vendu ou volé une pièce de gibier, ou tué une bête de chasse devant les chiens d'autrui, sera privé, par jugement public, de ses droits d'électeur et d'éligible au tribunal d'honneur. Enfin vous forcerez tout néophyte qui voudra être admis dans les rangs de la corporation, de s'engager solennellement à ne jamais **voler, ni** braconner, ni vendre...; et vous écrirez sous son nom le jour où il aura forfait à son engagement.

Que tous les tribunaux d'honneur, une fois installés, s'entendent et s'appuient pour déclarer une guerre à mort au braconnage, pour dénoncer tous les fraudeurs et tous les recéleurs, marchands et aubergistes, pour provoquer enfin une insurrection universelle des honnêtes gens contre les fripons; et le métier de voleur de gibier ne tardera pas à perdre de ses charmes; et la Cupidité cessera d'être la Dominante de la gamme de chasse, et le Mensonge sa Tonique.

Il faut bien nous mettre dans l'idée que la chasse d'aujourd'hui n'est que l'héritage d'une institution féodale et guerrière, destinée à faire faire l'apprentissage de la tuerie humaine aux jeunes mâles de la caste conquérante, et à procurer à leurs pères un moyen honnête et plaisant de s'entretenir la main pendant les loisirs de la paix. Si je me souviens bien de ce qu'ils m'ont appris dans mes classes, le tir de l'Ilote à la flèche était le passe-temps favori des nobles de Lacédémone, autrement dit des Spartiates, une caste sanguinaire et féroce qui honorait le brigandage, l'assassinat, l'adultère et le vol, ce qui pourtant ne l'empêchait pas d'être brodée de vertus sur toutes les coutures. Ces vertueux Spartiates étaient donc aux malheureux Ilotes, habitants primitifs de la Laconie, ce que sont les

Normands d'Angleterre au Saxon et à l'Irlandais de la Grande-Bretagne. Les Spartiates enivraient leurs souffre-douleurs les Ilotes pour inspirer à leurs nobles moutards le dégoût de l'ivresse, comme font les Normands d'aujourd'hui, qui abrutissent aussi l'Irlandais et le Saxon pour les rendre plus gouvernables. Et l'Ilote ivre chantait la gloire et les exploits du Spartiate qui le tenait à la chaîne; comme John Bull, quand il est soûl de gin, chante le bras fort du Normand, dont il connaît le poids pour en être chaque jour bâtonné, fustigé. J'en ai plus que jamais, et ne puis m'en défendre, à la stupidité de John Bull, qui montre les dents et nous grogne, au lieu de nous ouvrir les bras, toutes les fois que l'envie nous prend d'opérer chez lui une descente pour le délivrer de ses fers, comme nous en avons fait déjà pour son frère cadet Jonathan, qui s'en est bien trouvé. Auront-ils donc toujours des yeux pour ne rien voir, ces Ilotes ingrats...?

Or, l'exercice du droit de chasse en France, terre civilisée, n'est pas complétement démarqué du caractère barbare et féodal qu'il a conservé en Albion ainsi qu'en Allemagne. Il est bien vrai que le noble fils ou le noble petit-fils de l'émigré qui n'a pas péri corps et biens dans la grande tourmente, ne peut plus, comme jadis, faire manger par ses cerfs, ses lapins, ses faisans, les récoltes du pauvre monde. Il est bien vrai qu'il s'expose en ce cas à se faire condamner au paiement d'une amende proportionnelle à la gravité du préjudice commis ; mais l'histoire démontre que ce n'est pas l'intention de continuer les bonnes traditions qui lui manque. J'en sais, en effet, de cette race, et des plus hauts titrés, qui aiment mieux se laisser condamner par tous les tribunaux et épuiser toutes les juridictions, que d'accorder à leurs fermiers, qui les enrichissent et qu'ils ruinent, le droit de tirer le lapin. Et les parvenus de la finance, les preux de la mélasse et du trois-six, qu'un heureux coup de Bourse a faits propriétaires des domaines des fils des croisés, ne se montrent guère plus soucieux que ceux-ci des droits du travailleur. Et le terrain de la chasse est, en France, de tous les champs-clos politiques, celui où se continue avec le plus d'acharnement la lutte de l'ancien et du nouveau régime. C'est à ce point que la chaste Diane en est venue à faire chez nous presque autant de jaloux et de meurtriers que Vénus, et que le droit de chasse me semble pouvoir être comparé, sans trop de pédantisme, à une pomme de discorde... dont les pepins jouiraient de la triste faculté d'enfanter des guerriers prêts à se poignarder, à l'instar des quenottes du dragon de Cadmus.

Admirez maintenant quel beau jeu va faire à cet esprit de lutte et de discorde, la loi civilisée, la tendance fatale et irrésistible de l'époque.

La loi du 3 mai 1844, dispose, article Ier : « Nul n'aura la faculté de chasser sur la propriété d'autrui sans le consentement du propriétaire. »

Assurément que cette disposition-là, qui fait le droit de chasse inhérent à la propriété, consacre un principe juste. Il n'en est pas moins vrai que si elle était exécutée à la lettre et partout, elle aurait pour premier effet de retirer le droit de chasse à tous ceux qui ne possèdent pas une étendue de terrain clos ou d'une seule tenue assez vaste pour leur permettre de chasser sans sortir de chez eux. C'est-à-dire que la stricte application de l'article précité entraînerait d'emblée la restitution du privilége exclusif de la chasse à la grande propriété...; lequel résultat n'entrait pas dans les vues du législateur.

Je ne sais même pas pourquoi j'ai l'air de renvoyer l'avénement de cette restauration et de cette oppression aux éventualités de l'avenir, quand le présent est déjà si lourd pour nous autres gens sans terre, et quand la rude main de la loi s'abat si impitoyablement chaque jour sur notre pauvreté. Car la disposition dont je parle n'a pas eu besoin de subir la longue pression des ans pour manifester au dehors la puissance d'écrasement dont elle était douée, et les troubles qu'elle a engendrés témoignent suffisamment de sa malignité. Elle a commencé par produire l'oppression du pauvre par le riche, en attendant qu'elle produise l'oppression du riche par le pauvre. C'est un tableau navrant que celui de cette lutte intestine quotidienne, qui tient armées les unes contre les autres toutes les classes de la société. J'appelle sur ce sujet l'attention sérieuse de tous les hommes d'État. Il se peut que cette petite guerre, qui sourdement fermente et couve au sein de notre pays, contienne les éléments d'une vaste conflagration sociale.

L'oppression du droit de chasse s'opère généralement à l'aide du procédé dit de *l'amodiation des enclaves*. Les enclaves sont des parcelles de terrain appartenant à *divers* et englobées dans la masse d'une grande propriété.

Vous avez amodié, à quatre ou cinq prolétaires de Paris, la chasse d'un canton de cinq à six cents hectares, terres arables, prés et bois. On vous a dit, quand vous êtes venu sur les lieux, que tout le canton vous appartenait de tel chemin à tel autre, à la réserve de quelques parcelles insignifiantes, d'une dizaine d'arpents au plus, dont les propriétaires vous feraient bon marché. Le bail est signé; vous avez pris un garde, acheté du faisan pour engiboyer vos boqueteaux, et vous avez, bien entendu, ajourné indéfiniment la question de l'amodiation des parcelles minuscules. Or, quelqu'un du voisinage a été plus avisé que vous; c'est le châtelain d'à côté, un ex-industriel quelconque, marchand de soupe ou fabricant d'assiettes, qui, fort de ses écus et de son influence sur les menus propriétaires de la commune, s'est fait par iceux concéder le droit de chasse exclusif sur les quelques parcelles noyées dans vos six cents hectares. Vous n'avez pas eu connaissance du pacte qui a été conclu sous le manteau de la cheminée, et, quand le jour de l'ouverture arrive, vous vous mettez en chasse, vous et tous vos amis, sur la foi des traités. Mais voici bien une autre fête : à peine avez-vous entamé la conversation du salpêtre, qu'un monsieur se présente, décoré d'une plaque en fer-blanc sur laquelle sont inscrits ses titres, et qui vous déclare procès-verbal à tous, pour avoir chassé sur autrui sans son consentement. Le délit est flagrant, patent, indéniable. Vainement objectez-vous qu'on vous a pris en traître, et que le monsieur qui vous a vus venir, aurait pu parfaitement vous arrêter à temps et avant que vos pieds n'eussent franchi le sillon redoutable qui sépare l'innocence du crime, bien qu'aucun signe particulier ne le distingue des autres. C'est votre affaire à vous de savoir où vous êtes, et lui n'a pas reçu pour consigne de vous renseigner. Peut-être même que le digne serviteur entrait secrètement dans les vues de son maître, quand il attendait sagement que vous eussiez commis l'infraction, pour vous en prévenir. Peut-être ce dernier avait-il besoin d'un procès contre vous. D'un procès, je veux dire d'une condamnation; car en matière de chasse assignation et condamnation sont tout un; la loi étant si dure et si formelle, qu'elle interdit complétement l'indulgence aux juges les plus disposés à absoudre. Et une fois condamnés, les chasseurs de Paris ne se soucient plus trop de s'aventurer derechef sur un terrain semé d'embûches; ils s'empressent de résilier leur bail à perte; le marchand de soupe s'en empare pour un prix réduit, et rentre ainsi dans tous les déboursés de ses prédécesseurs. C'est comme ça, disent-ils, que ça se joue.

Vous remarquerez, s'il vous plaît, qu'il n'y a pas eu ici simple oppression du pauvre par le riche, mais qu'il y a eu en outre entente cordiale entre le grand propriétaire et le petit, pour opprimer et dépouiller le mitoyen. L'innocente disposition de l'article premier précité se prête par son élasticité à bien d'autres combinaisons et coalitions désastreuses.

Le mode d'oppression du droit de chasse par amodiation d'enclaves est le procédé d'accaparement le moins coûteux, le plus commode et le plus usité dans tout le pays qui rayonne à trente lieues autour de Paris. Je ne connais pas de chasseur parisien un peu loyal, un peu honnête, qui n'en ait été la victime. Je ne sais plus combien de fois j'ai eu personnellement à m'en plaindre, en Seine-et-Oise, en Seine-et-Marne ; mais je crois pouvoir affirmer que l'oppression ne s'exerce nulle part avec autant d'âpreté chicanière, de préméditation et d'esprit de suite, qu'en l'arrondissement de Fontainebleau.

Il est vrai qu'il y a dans cet arrondissement-là une forêt sombre et mystérieuse, hantée des enchanteurs, et dans cette forêt un gibier qui, par sa beauté sans égale et sa haute valeur, posséda de tout temps le funeste privilége d'allumer toutes les convoitises et d'élever à leur paroxysme toutes les passions mauvaises que le démon de la chasse peut verser dans les cœurs. J'ai nommé le Faisan, l'illustre riverain du Phase, dont la conquête paraît avoir été le motif déterminant de l'expédition des Argonautes.

Le Faisan est de sa nature une espèce inquiète et volage, friande de tous les grains qui mûrissent hors des bois, sarrazin, chenevis, maïs, et capable de commettre les plus graves imprudences pour se passer la joie des plaisirs défendus. Elle profite surtout du brouillard pour s'égarer au loin. On ne peut songer à la retenir en forêt vers certaines époques de l'année, et le seul moyen qu'on ait de protéger ses jours en ses folles équipées, est d'amodier la chasse des gagnages où elle s'aventure.

Il s'égare donc tous les automnes aux alentours des forêts de Fontainebleau, de Saint-Germain ou de Compiègne, une innombrable quantité de faisans vagabonds, qui, peu jaloux de la fin glorieuse qui les attendait dans leurs parcs, franchissent imprudemment l'enceinte protectrice pour se livrer d'eux-mêmes aux coups des braconniers. Et les infortunés gardiens des joies de la couronne sont sur pied nuit et jour, et se tuent le corps et l'âme à imaginer des moyens de prévenir ces fugues désastreuses; mais le succès fait le plus souvent défaut à leurs combinaisons, et parfois encore il arrive que leurs bras, égarés par le désespoir, frappent

sur les bons, croyant toucher sur les méchants. De
là une nouvelle oppression dite *par excès de zèle*.

Il n'y a pas six mois que j'ai subi, en noble compagnie, le contre-coup de l'une de ces mesures inspirées par l'excès de zèle, et si elle n'avait frappé
que moi, je ne m'en plaindrais pas ; mais comme
l'oppression a froissé de nombreux intérêts et porté
atteinte aux droits d'une foule d'honnêtes gens, je
me suis cru tenu de rendre le fait public, pour appeler sur la chose l'attention d'en haut.

Les faits que je signale se sont passés sur le territoire de la commune de Samois, riveraine de la
forêt impériale de Fontainebleau, le vingt-troi-
sième jour du mois d'août de l'an 1862, qui était le
jour d'ouverture de la chasse dans le département
de Seine-et-Marne. Cinq cents personnes et plus en
ont été témoins. Je n'invente pas, je raconte.

Donc, M. le baron Lambert, lieutenant de vénerie et maître des chasses de la forêt de Fontainebleau, délices des souverains de France, n'avait
pu voir sans un profond chagrin quelques-uns de
ses faisans s'échapper chaque année de ses nobles
domaines pour s'aller faire tuer tristement sur les

terres d'alentour, sur celles de la commune de Samois notamment : et le désir lui vint d'arrêter cette tuerie sans gloire ; et dans ce but il pria la commune de vouloir bien lui affermer le droit exclusif de chasse sur son territoire, moyennant un prix convenable. Beaucoup de graves raisons, par malheur, s'opposaient à ce que la commune agréât la proposition.

Il y avait d'abord que parmi les propriétaires de Samois, un très-grand nombre étaient chasseurs, et que ces chasseurs ne voulaient se dessaisir de leur droit de chasse à aucun prix. Il y avait de plus que la commune avait déjà loué primitivement à d'autres.

La commune, en effet, avait depuis longtemps déjà résolu ingénieusement le difficile problème de retirer un gros revenu de sa chasse sans gêner le moins du monde les plaisirs de ses habitants. Elle concédait chaque année le droit de chasse en détail et à un prix très-rémunérateur, à une foule de bons bourgeois parisiens, secrètement dévorés de l'amour du faisan et qui, alléchés par cette concession, ne tardaient pas à faire élection de domicile en ses murs, à y prendre leur permis de chasse, à y consommer sérieusement. Et comme elle avait gagné fort à suivre ce système, elle n'en voulait pas changer; et comme le premier effet de l'acceptation de la proposition ci-dessus eût été d'expulser de son sein une classe de consommateurs et de locataires méritants, elle recula devant le sacrifice et repoussa l'offre qui lui était faite, priant poliment son auteur de peser en sa conscience les graves et nombreux motifs de son refus.

Le prix de location de la chasse s'est élevé, en la dernière campagne, au chiffre de neuf cents francs.

Mais l'autorité ne pouvait guère faire état de ces motifs; car il est presque admis en France que l'autorité ne peut reculer ni faillir. M. le lieutenant de vénerie, qui n'avait pas réussi à sauver ses faisans par l'emploi du moyen légitime et direct qui était l'amodiation intégrale du territoire de la commune, se crut donc obligé d'arriver à ses fins par l'emploi du petit moyen, du moyen indirect de l'amodiation des enclaves.

Un grand trouve toujours un petit qui lui prête appui contre le tiers. Le maître de la chasse d'une grande forêt a toujours *sous sa coupe* un tas de braves gens du voisinage disposés à le servir, à lui complaire en tout. M. le baron rencontra donc sans peine parmi les habitants de la commune de Samois un nombre respectable de petits propriétaires qui se montrèrent empressés de lui concéder le droit exclusif de chasse sur leurs propriétés.

Le territoire de la commune de Samois est divisé, comme celui de la plupart des communes avoisinant Paris, en une multitude infinie de parcelles dont le plan cadastral représente assez bien un damier à cases inégales plus rectangulaires que carrées. La superficie totale du territoire est de cinq cents hectares ou de mille arpents environ, fractionnés en plusieurs milliers de parcelles. M. le lieutenant de la vénerie impériale réussit à amodier la chasse d'une cinquantaine d'arpents appartenant à dix-sept propriétaires, et divisés en près de *quatre cents parcelles;* ces quatre cents parcelles en somme ne représentant pas la vingtième partie du territoire.

Désignons maintenant sous le nom de cases noires les enclaves amodiées et les autres sous le nom de cases blanches. Puisque pour aller d'une case blanche à une autre de même couleur, il faut absolument passer par une noire, il devient évident que si l'on interdit au chasseur qui n'a le droit de chasse que sur les blanches de passer par les noires, il sera fort embarrassé ; surtout si quelqu'un a eu soin d'aposter au coin de chaque noire, un garde ou un gendarme pour lui barrer la voie ou verbaliser contre lui, en cas de contravention.

Or cette image plus ou moins ressemblante était celle que présentait le délictueux territoire de la commune de Samois, au matin du grand jour de l'ouverture de la chasse. Une escouade imposante de gardes et de gendarmes avait été distraite du service de la forêt impériale pour veiller à l'inviolabilité des parcelles des petits propriétaires de la commune rebelle. On avait même fait venir deux gendarmes du dehors pour prêter main forte à la loi.

Ce que voyant, nous autres Parisiens, gens paisibles venus pour chasser en payant, nous tournâmes bride au plus vite, gardant notre argent pour Marlotte qui ne vaut pas Samois. Et bien nous en prit-il ; car il en coûta cher aux plus braves d'entre nous qui voulurent plus tard marcher contre l'obstacle, et notre prudence a son excuse dans l'insuccès de leur témérité. Même il arriva que parmi les chasseurs indigènes qui connaissaient le mieux la couleur des parcelles, beaucoup reculèrent intimidés devant ce déploiement inusité de gardes et de gendarmes, et plus encore devant l'impossibilité manifeste de discerner la parcelle interdite de la parcelle permise. Les plus sages opinèrent à soumettre le litige à un arbitrage auguste, et à faire présenter au Souverain, par les habitants de la commune, une adresse respectueuse où l'on invoquerait sa justice. La majorité des chasseurs se rallia à cette opinion et attendit pour se mettre en campagne l'effet de la requête. J'ignore si cette situation délicate s'est détendue depuis, mais je sais que l'exaspération des esprits fut grande dans le premier moment. Je crois même pouvoir hardiment prendre sur moi de dire que si les élections générales eussent eu lieu ce jour-là, et que M. le baron se fût présenté comme candidat de l'administration, il n'eût pas recueilli l'unanimité des suffrages parmi les votants de Samois.

Maintenant, il est très-clair que M. le baron

Lambert, amodiateur d'un terrain de chasse quelconque, était parfaitement dans son droit de faire respecter ce terrain et d'agir ainsi qu'il a fait. La preuve en est que le tribunal de Fontainebleau lui a donné gain de cause sur toute la ligne; et ce n'est pas le ressentiment de ma mésaventure du 23 août qui m'empêchera de méconnaître la pureté des intentions conservatrices de M. le lieutenant de vénerie, pas plus que la légalité de ses actes.

Il y a plus, j'ai eu dans ma vie des chasses à faisan, et je sais par une cruelle et coûteuse expérience quel tribut d'inquiétudes, de soins et de déboursés de tout genre vous impose le gouvernement de ce gibier indisciplinable et stupide, et mes sympathies, à ces causes, sont complétement acquises au maître des faisans de la liste civile. Mais de ce que je veux la fin, il ne s'ensuit pas forcément que je veuille aussi des moyens employés dans la circonstance. Au contraire, et bien loin de là, quand ma logique se croit obligée d'accepter la légalité de ces actes, ma conscience indignée proteste contre la concession et se relève de toute sa hauteur pour crier par dessus les toits qu'une telle légalité nous tue, tue le droit et l'équité, et nous ramène au temps du bon plaisir.

M. le lieutenant de la vénerie impériale me permettra de lui faire observer, en effet, qu'une pareille légalité autorise le premier venu, l'étranger qui ne possède pas même un pouce de terre sur le sol d'une commune, à signifier nonobstant aux habitants de cette commune une sommation conçue à peu près en ces termes : « Nous, etc., sommons par ces présentes les propriétaires de la commune de .... d'avoir à nous céder le droit de chasse sur leurs terres, au prix de..., leur déclarant que, faute par eux de ce faire, ils seront déchus du droit d'amodier leur dit droit de chasse à tous autres, voire de celui de l'exercer eux-mêmes... car tel est notre bon plaisir. »

Or, M. le lieutenant de la vénerie impériale est trop ami de la justice et trop respectueux des droits de la propriété, pour ne pas convenir qu'une pareille sommation dépasserait, par son outrecuidance, les limites de ce qui est permis au temps où nous vivons.

J'enregistre l'aveu, m'en tiens pour satisfait et conclus sur cet incident. Il serait beaucoup plus digne et plus juste de la part de la loi de nous interdire complétement le droit de chasse sur les propriétés riveraines des forêts de la couronne, que de nous en laisser jouir en laissant au premier venu la faculté de nous en dépouiller. Dessinez tout autour du domaine impérial une zone profonde de plusieurs kilomètres et faites décider qu'on n'y chassera plus ; nous nous tiendrons pour avertis et n'irons pas contre la loi ; mais, de grâce, effacez de la législation toutes ces dispositions élastiques qui prêtent aux conflits et à l'oppression du zèle, et faites que l'application trop rigoureuse du droit ne frise plus l'injustice et ne rappelle les belles paroles du jurisconsulte romain : *Summum jus, summa injuria.*

Toujours est-il que l'histoire des malheurs de la commune de Samois démontre la justesse de la proposition que nous avons formulée au début de cette analyse, à savoir que l'innocente disposition de l'article premier de la loi du 3 mai, qui défend de chasser sur le terrain d'autrui sans son consentement, contient virtuellement et en substance la suppression absolue du droit de chasse pour les dix-neuf vingtièmes des citoyens français.

Plût à Dieu, en effet, que le vautour de la jalousie qui dévore le foie au chasseur de la banlieue parisienne, eût fixé son séjour aux riches plaines de l'Ile-de-France ! Mais je l'ai retrouvé planant à tous les points du ciel, du Rhin aux Pyrénées, de Dunkerque à Marseille, et partout soufflant sur nos terres les haines, les conflits et les meurtres ; partout empoisonnant les cœurs par le venin de ses morsures, et convertissant fatalement tous les voisins de propriété en ennemis intimes. Je n'ai jamais eu dans ma vie qu'un seul procès de chasse, et je l'ai eu en Touraine, un pays de gais viveurs et de passions calmes, une terre généreuse et hospitalière entre toutes au juste persécuté. Il paraît que j'avais ramassé sur la chasse du voisin, dont je ne savais pas les limites, une pièce tirée sur la mienne. Ce voisin, qui était marquis, m'intenta pour ce crime un procès qui fit presque autant de bruit que l'enlèvement d'Hélène en ce pays paisible. J'en sortis vainqueur heureusement, malgré l'éloquence de l'avocat adverse et grâce à l'équité du tribunal de Tours, protecteur de l'innocence. Toutefois, comme la victoire m'avait coûté cinq cent vingt francs de plus que ne m'eût coûté la défaite, et comme je n'étais pas assez riche pour payer ma gloire, il advint tout naturellement que la perspective des honneurs et des frais d'un second triomphe oratoire me glaça, et que la peur m'exila du séjour de délices où l'amitié m'avait ouvert asile au doux Jardin de France.

A mollibus disce duros... D'après le caractère pernicieux des ravages que le fléau peut produire sur les tempéraments de la molle Touraine, comme l'appelait César, jugez de l'influence atroce qu'il peut avoir sur ceux des contrées moins rassises. Il résulte pour moi, d'expériences tentées sur plus de cent sujets, faux bonshommes Comtois, Picards têtus ou Bourguignons rageurs, que la température de la fureur jalouse du garde-chasse, du *forestier* surtout, égale au moins, si elle ne la dépasse, celle de la fureur d'Othello.

Et je n'ai parlé encore jusqu'à présent que de l'oppression exercée sur le domaine de la chasse au chien d'arrêt, et je n'ai fait qu'effleurer la question. Je ne finirais pas ce livre, si j'entreprenais de citer tous les empêchements qui entravent la chasse au chien courant. Car si le chasseur au chien d'arrêt est à peu près maître de sa bête et peut presque toujours la retenir de se fourvoyer en pays ennemi, la condition est toute différente pour le chasseur à courre, qui perd nécessairement tout pouvoir sur sa meute, sitôt qu'elle a lancé. Il est bien évident qu'ici l'article premier, qui défend de chasser sur le terrain d'autrui sans sa permission, supprime complétement le droit de chasse. Cela est si vrai, que le législateur, qui avait compris la portée de cette disposition draconienne, a bien vite essayé d'en atténuer l'effet, en introduisant dans l'article XI un léger lénitif.

« *Pourra* ne pas être considéré comme délit de chasse, a-t-il dit, le fait du passage des chiens sur l'héritage d'autrui. »

Pourra ne pas être est très-bien. Mais le futur émollient ne sauve pas la position ; il n'est qu'exceptionnel et purement arbitraire. Il ne détruit pas le *pourra être* qui ressort pleinement de l'article Ier, et persiste à demeurer le cas commun, la règle générale. Alors il faudra donc que le juge apprécie ;

mais le juge ne peut apprécier que sur des rapports
de gardes, puisque la parole du plus brave et du
plus honnête des hommes ne peut pas valoir en
justice contre l'affirmation du garde assermenté.
Or, si les gardes du voisin, qui sont mes ennemis
sans me connaître et qui ont intérêt à ce que je
ne chasse pas chez eux, affirment que j'ai appuyé
mes chiens, quand je les rappelais;... que je ne les
ai pas rompus quand je pouvais le faire ; s'ils affirment, en un mot, que j'ai commis un acte de chasse
quelconque, le juge sera bien forcé de m'infliger
l'amende, à défaut de ces preuves contraires qui ne
peuvent jamais être données. Condamné donc, si
je perce au bois pour couper au plus court; condamné si je m'arrête pour écouter mes chiens ; condamné si je sers d'une balle sur le terrain d'autrui, une mauvaise bête qui me découd mes chiens
et cherche à me découdre moi-même... Alors je
ne connais plus que trois moyens de ne pas tomber
dans le cercle de tant d'éventualités menaçantes : le premier, qui consiste à abandonner ses
chiens, dès qu'ils ont mis la patte sur le terrain d'autrui, et à stoïquement attendre et sans bouger de

place une heure, deux heures, quatre heures, qu'ils vous aient ramené votre bête au lancer. Ce peut être une occupation pleine de charmes pour plusieurs que cet exercice de patience, mais à coup sûr il n'a rien de commun avec ce qu'on appelle le déduit de la chasse. Le second moyen, qui ne réussit pas toujours, est de prier le bon Dieu de faire que l'animal lancé se laisse battre comme un lapin dans un carré de quelques hectares et ne prenne pas parti. Le troisième, qui est de beaucoup le plus honorable et le moins trompeur de tous et celui que j'ai adopté, le troisième est de suivre l'exemple du bon roi Dagobert et de dire adieu à ses chiens.

Car le *pourra ne pas être* de l'article XI, n'est que l'Édit de Tolérance du droit de chasse, venant après l'Édit d'Abolition de l'article Ier, et le droit dont la jouissance dépend de l'autorisation ou de la tolérance du voisin, ne peut pas s'appeler un droit; d'autant moins qu'il est très-connu que le civilisé ne tolère des plaisirs d'autrui que ce qu'il n'en peut empêcher. On dit que c'est une grande consolation pour les vieux et pour les eunuques d'empêcher les autres d'aimer; mais la sphère d'amour n'est pas la seule où l'impuissance engendre la jalousie.

Une conclusion désespérante s'échappe des quelques exemples d'oppression que je viens de citer; c'est que le fléau, d'où qu'il vienne, frappe surtout les bons et ne profite qu'aux méchants. M. le baron Lambert nous a bien empêchés de chasser sur les lisières de sa forêt, mais notre malheur n'a profité qu'au braconnage. Or, je n'ai fait qu'effleurer, je le répète, l'article Ier de la loi, et un article qui consacre un principe dont j'ai proclamé la sagesse! Quand je vous parlais de l'influence fatale qui préside à la confection de toutes les lois de chasse en phase civilisée! Arrivons à l'article IV.

L'article IV de la loi du 3 mai interdit la vente et le transport du gibier dans les départements où la chasse n'est pas permise. Il consacre évidemment aussi un excellent principe, nous sommes tous d'accord sur ce point; mais voyez un peu le malheur : parce qu'il est dans la logique que les plus importantes dispositions d'une loi viciée dans son essence soient celles qui produisent les pires résultats, il est advenu que l'article IV qui, dans la pensée de ses

auteurs, devait produire le plus de bien, a produit
le plus de mal. Non-seulement, en effet, l'article IV
qui devait tout sauver, a concouru plus activement
qu'aucun autre à tout détruire, ainsi qu'on le verra
tout à l'heure à l'article *Carnage;* mais il a engendré deux genres d'oppression qui étaient à cent
lieues de l'idée du législateur. Il a fait d'une loi de
chasse un édit *somptuaire*, un *mandement de carême!*
C'est à se casser de désespoir la tête contre les
murs, ou à rire comme un tas de mouches, quand
on pense au grand nombre de fruits inattendus qu'a
portés cette loi.

L'article IV, disions-nous, interdit le transport et
la vente du gibier dans le département où la chasse
n'est plus permise. Eh bien, alors, quand M. le
préfet du Nord ne veut plus qu'on chasse chez lui,
il faut de toute nécessité que ses infortunés justiciables se résignent à faire maigre ; se résignent,
non pas seulement à mettre le fusil de chasse au
clou, mais encore à bannir de leur table le rôti de
faisan et le salmis de bécassine. Or on comprend
facilement que les arrêtés de clôture qui prohibent
cet ordinaire-là ne soient pas du goût de tout le

monde et provoquent des murmures en Flandre.
Pour mon compte, je n'hésite pas à me ranger du
côté des murmurateurs. Si, en effet, la logique
m'explique parfaitement que l'interdiction de la
vente du gibier est la conséquence forcée de l'interdiction de la chasse, elle ne me fait pas voir aussi
mathématiquement en quoi les habitants du Nord,
qui n'ont fait aucun mal, ont mérité de subir tous
les ans *quatre mois de pénitence* de plus que les habitants de l'Hérault qui n'ont fait aucun bien.
Quand la raison d'État, dans un but judicieux d'u-
tilité publique, impose à tous les citoyens français
le renoncement à la chair d'une espèce précieuse
qu'il importe de conserver, elle fait acte de sagesse,
et j'obéis de grand cœur à ses prescriptions. De
même quand la loi religieuse, dans le but de sauver
nos âmes, nous commande, à de certains jours ou à
de certains temps, l'abstention des viandes déplaisantes à Dieu, je m'incline respectueusement devant ses commandements maternels. Mais quand
M. le préfet du Nord, qui n'a pas charge d'âmes et
n'entend rien sauver, m'oblige à renoncer à tous
les charmes de l'existence, sans autre motif que de

faire acte d'autorité, je déclare qu'il m'opprime; je m'insurge et jette les hauts cris contre cet abus révoltant de pouvoir; j'en appelle au Conseil d'État.

Et le Conseil d'État, s'il est bien inspiré par les principes de 89, qui pivotent sur la reconnaissance de l'égalité des droits de tous les citoyens devant la loi, le Conseil d'État fera droit à ma protestation en retirant du Code la disposition tyrannique qui arme l'administration locale du droit exorbitant d'intervenir directement dans la réglementation du régime diététique de ses administrés.

On me dispensera de prouver, je l'espère, que l'arrêté préfectoral qui défend de manger du Perdreau, du Faisan, du Lièvre, en plein temps de carnaval, sous peine de 50 francs d'amende, a tous les caractères d'un mandement de carême... Avec cette différence essentielle pourtant, que les mandements de l'Église contre le gras ont toujours respecté le temps du carnaval et n'ont jamais mené les pécheurs qu'en enfer, d'où il est très-facile de se tirer moyennant repentir; tandis que les mandements des préfets contre la terrine de Nérac et le pâté de Chartres vous mènent infailliblement devant la correctionnelle inflexible, avec laquelle il n'est pas d'accommodements.

En quel siècle vivons-nous, grands dieux! que les enseignements de l'histoire d'hier soient déjà pour nous lettre morte, et que je sois aujourd'hui presque le seul à me remémorer que c'est précisément sur cette délicate question de gras et de maigre qu'a éclaté la scission funeste, le schisme abominable qui a détourné, depuis trois cent cinquante ans, tant de pieux deniers du trésor de saint Pierre et livré, en revanche, tant d'âmes à Satan! Seigneur, combien je vous rends grâce de ce que je ne ressemble pas à tous les autres hommes qui sont de la vache à Colas, millionnaires et libres penseurs, et si durs aux mandements de l'évêque, si bénins à ceux du préfet!

Il y a loin du régime d'oppression actuel à celui des garanties effectives qui fait le pendant harmonique de ce troisième des fléaux limbiques; et les sages du temps n'ont pas encore mis à l'étude le chemin qui doit nous conduire de l'une des deux stations à l'autre. On comprend seulement à première vue que la confection de cette voie exigera de puissantes percées dans les flancs de nos institutions actuelles, et surtout de nombreux emprunts à la législation d'une phase supérieure que tout le monde ne connaît pas à fond. Et c'est pour cette raison que beaucoup de bons esprits, des plus téméraires même, hésiteront longtemps encore à tenter l'entreprise…. J'entends qu'on trouve un tantinet obscur ce langage métaphorique dont je m'enveloppe à dessein ; mais, patience, mes paroles nuageuses s'éclairciront d'elles-mêmes avant peu… Lorsque les hauts barons de la féodalité financière commenceront d'opérer sur la propriété rurale comme ils sont en train d'opérer en ce moment sur la propriété urbaine des grandes capitales, Marseille, Lyon, Paris ; — je veux dire que l'exercice du droit de chasse sera plus facile à régler qu'aujourd'hui, après que la science industrielle aura mis le producteur agricole en possession de la charrue à vapeur et du reste… Attendu que le premier résultat de l'application des nouveaux instruments de travail sera l'institution de la propriété *actionnaire*… ; laquelle débutera par fondre les parcelles contentieuses dans l'unité de la grande exploitation rurale, et, supprimant le morcellement, supprimera tous les germes de conflits et de discordes qui résidaient en lui. L'institution de la propriété actionnaire produira en même temps plusieurs autres résultats qui étonneront les badauds. Et, par exemple, elle ne fera pas rire messieurs les titulaires des offices de chicane ; elle rendra de plus disponibles les bras de cent millions de travailleurs européens, et elle déversera le trop plein des États engorgés sur les continents vides. Je m'abstiens d'entrer plus avant dans la spécification de ces conséquences inévitables, afin de laisser à mes lecteurs l'agrément de la surprise. Cette abstention de ma part est d'autant plus judicieuse du reste, que beaucoup de ces révélations ne seraient pour eux que du juif, une langue que tout le monde n'entend pas.

Donc, aux seules institutions de la période supérieure de Garantisme appartient le pouvoir d'arrêter dans sa marche le fléau d'oppression. Là est le spécifique. Quant aux palliatifs applicables en l'état, je ne les vois pas se produire en grand nombre et ne m'abuse aucunement sur leur efficacité. C'est qu'une constitution sociale qui a été minée, ravagée, corrodée par l'action séculaire du virus de cent contagions, ne se refait pas en un jour. C'est que le Vaisseau de l'État, même chez les peuples les plus soumis et les plus maniables, n'obéit pas au gouvernail comme un simple bateau à vapeur et ne vire pas de bord lof pour lof, dans l'espace de quelques minutes, sur l'ordre de son commandant. Et après qu'on a constaté que l'oppression et la fourbe ont si bien entamé nos mœurs, qu'elles ont forcé la loi de se prononcer pour elles, il y aurait plus que folie à supposer qu'une parole de sagesse pût défaire soudain l'œuvre des siècles et faire tourner le monde sur un autre pivot. A opérer de tels prodiges, hélas ! les voix unies de tous les sages de la terre demeureraient impuissantes ; ces sages s'appellassent-ils Socrate, Jésus-Christ, Marc-Aurèle ; eussent-ils, pour charmer et retenir leurs auditeurs, des chaînes d'or dans la bouche comme le dieu Mercure.

Ajournons donc les réformes sérieuses et reparlons d'expédients.

Nous nous sommes précédemment servi de l'ins-

titution du jury d'honneur pour dénoncer au fisc
et à l'opinion publique les marchands de gibier,
les trafiquants indignes, les amis du commerce.
Rien ne nous empêche d'employer le même moyen
pour infliger un blâme retentissant aux nombreux
oppresseurs de toute catégorie, abuseurs de légalité, amodiateurs d'enclaves, prolétaires ou propriétaires, grands seigneurs titrés ou vilains. Il
faut également que la loi à intervenir se prononce
pour ou contre la chasse au chien courant, et
qu'elle interdise ou autorise absolument le droit de
suite hors duquel il n'y a pas de chasse. Elle devra statuer encore que tout propriétaire qui voudra
interdire la chasse sur son terrain, sera tenu de le
dire, au moyen d'un signal quelconque préventif
de tout guet-apens, et que l'absence de cette pré-
caution sera considérée comme une autorisation
tacite; et qu'en tout cas il sera toujours permis au
chasseur de traverser un terrain interdit mais non
clos, en tenant son fusil désarmé. La loi nouvelle
devra régler de plus la question du tir des bordures,
qui est une cause féconde de procès entre voisins,
et dix autres encore.

CARNAGE

La plupart des humains des sociétés limbiques sont des êtres féroces, naturellement portés vers la destruction de leur espèce et des autres. Et Hobbes, qui ne savait pas l'avenir, a eu raison d'écrire: *Homo homini lupus*, l'homme est un loup pour l'homme.

En effet, le Sauvage, l'homme simple de Jean-Jacques, tout frais sorti des mains de la douce nature, n'a pas de plus grand bonheur que de faire rôtir son ennemi et de s'en assimiler la substance ; et le régal lui est d'autant plus savoureux que la cuisson a été épicée de plus larges tortures.

L'odeur du sang humain ne répugne pas non plus aux enfants d'Israël, aux Juifs patriarchaux, puisqu'il est écrit dans leurs livres que Jéhova retira la couronne au malheureux Saül, qui n'avait tué que mille Amalécites, pour en faire cadeau à

David, qui avait atteint ses dix mille. Or, nous savons de reste que l'humeur sanguinaire des dieux se borne à refléter celle des hommes, qui font naturellement leurs dieux à leur image.

Pauvres diables de dieux qui souvent sont en bois, et seraient bien empêchés de se défendre de ces goûts dépravés que leurs tyrans leur imposent, en Barbarie et en Sauvagerie comme en Patriarchat ; car il suffit que la chair de l'ennemi soit savoureuse au palais du fidèle, pour que l'odeur du sang soit douce aux narines de l'Idole, et l'histoire d'Huit-zilipotchli confirme pleinement à cet égard les enseignements de celle de Sabaoth, de Moloch et des autres. Huitzilipotchli est le dieu Mars, le dieu exterminateur des Aztèques, qui se fit offrir en une seule fête, le splendide holocauste de soixante mille cœurs de prisonniers de guerre arrachés tout chauds de leurs poitrines. Le chiffre paraît authentique ; ce qui ne l'est pas moins, c'est qu'à la suite de l'écœurement épouvantable, un horrible festin de soixante mille cadavres fut servi, qui laissa dans l'esprit du peuple mexicain vainqueur, un éclatant souvenir de la toute-puissance de son dieu. Hobbes n'a pas toujours tort, comme vous pouvez voir, **et** j'estime que les Attila, les Timour, les Djingis, qui couchaient par terre les empires comme le vent d'orage les moissons, adoraient aussi des dieux forts....

Le Civilisé se délecte à verser le sang de ses frères, comme le Sauvage et le Barbare. Sa fureur sanguinaire est moins excusable, voilà tout; parce que son Dieu est un Dieu de paix, de concorde et d'amour. Aussi, n'osant pas lui offrir le cœur chaud de ses ennemis, se contente-t-il de l'associer au succès de ses armes, en le remerciant de lui avoir accordé le dessus du carnage.

Les plus grands noms de l'histoire chez les Civilisés sont, du reste comme chez les Barbares, les noms des tueurs d'hommes. La lyre des Pindares n'a de chants que pour eux. La guerre accapare le mot gloire ; les échos des batailles dominent tous les autres tapages ; le pinceau et le ciseau rivalisent d'efforts et de zèle pour poétiser les scènes de tuerie et reproduire les traits des principaux acteurs. Le génie architectural épuise également tous ses styles à bâtir des casernes. Les plus jolis ponts d'Angleterre, de France, d'Allemagne, portent des noms de victoires : Leipzig, Waterloo, chez les uns ; Iéna, Austerlitz chez les autres. Noms lamentables qui n'évoquent que d'affreux souvenirs de boucheries humaines, et que le poëte Chrétien qui était le maître après février 48, oublia d'effacer des monuments français.

Mais que voulez-vous? Ainsi l'a décrété la loi du mouvement social, et il n'y a pas à s'insurger contre l'arrêt d'en haut.

Jéhovah a dit à son peuple, par la voix de Moïse :

« Tu prêteras à usure (*fœnerabis*) à beaucoup de nations, et tu n'emprunteras à personne. Tu en domineras beaucoup, et personne ne te dominera. » (*Deutéronome*, chapitre XV, verset 6.)

Or, il fallait de toute nécessité que la promesse de Jéhovah s'accomplît.

Et pour que la promesse de Jéhova s'accomplît, il fallait que la Civilisation mît sur pied des armées permanentes de trois à quatre millions de soldats véritables, sans compter les milices volontaires d'Albion.

Et que l'entretien de ces armées ruinât beaucoup de nations, et les forçât de recourir aux emprunts nationaux, c'est-à-dire à la bourse des enfants de Moïse.

Alors Albion leur a emprunté vingt milliards, la France douze milliards, l'Autriche, la Russie, l'Espagne, la Turquie et les autres, dans les mêmes proportions.

Les enfants de Moïse, dociles au commandement de la loi sainte, ont donc *prété avantageusement à beaucoup de nations ; et ils n'ont emprunté à aucune* (n'ayant ni patrie à défendre, ni armée à solder, la chose leur a été facile), *et ils en dominent plusieurs !*

Et voilà comme quoi l'histoire de la Civilisation démontre que le prophète Moïse était un voyant de haut titre, qui s'était parfaitement rendu compte de ce que devait produire au bout de trois mille ans l'intérêt d'un sou bien placé.

Elle démontre encore cette histoire que les Chatam et les Cobourg, et tous ceux qui ont fait les traités de Pilnitz et de 1815, n'ont travaillé que pour Juda, croyant travailler contre la France. Ils s'agitaient, Moïse les menait.

Admirez Moïse en sa gloire, Moïse sortant de sa tombe après trois mille trois cents ans révolus, pour récolter à lui tout seul les fruits de la politique moderne !

Car voici ce qu'il est advenu de cette sage politique, dite de la Sainte-Alliance, qui ne sut imaginer rien de mieux, en fait de garanties effectives nationales, que l'institution de ces grandes armées permanentes qui se regardent de travers d'un côté de la frontière à l'autre, l'arme au bras, le canon chargé et la mèche allumée :

A l'heure qu'il est, les banquiers d'Israël ont hypothèque privilégiée sur tous les revenus des empires chrétiens, y compris celui du Saint Père. Pas un impôt ne se paie, dont le premier écu ne rentre dans leur bourse. Pas un de nous ne produit, ne peine, ne circule sans leur payer tribut ; pas un de nous ne possède un coupon de rente ou une action industrielle quelconque, qui n'ait d'abord soldé sa prime au soumissionnaire de l'emprunt, du chemin de fer, etc. Et demain, nos maisons, nos rues seront à eux, et après-demain nos campagnes, et ils seront nos maîtres à tous, tant que nous sommes, nous tenant par l'eau et le feu.

Et quand M. Proudhon, l'éloquent pamphlétaire, répétera que le livre de Moïse est un hymne de charité et de justice, de l'alpha jusqu'à l'oméga, une immense clameur s'élèvera du sein de la multitude asservie pour protester contre cette définition.

Et quand M. Louis Blanc, l'éloquent historien, rangera le peuple de Moïse dans la classe des persécutés, la protestation des mêmes s'élèvera encore contre cette classification. Mais n'anticipons pas sur l'histoire des misères du futur, et contentons-nous sagement de celles du présent.

L'instinct de la destruction est très-puissant, avons-nous dit, chez les Civilisés. Il perce effectivement en eux dès l'âge le plus tendre. Gardez-vous d'enfermer un bébé tout seul dans une chambre, à portée d'un paquet d'allumettes chimiques, car il n'aura pas de cesse qu'il n'ait tiré parti de la substance incendiaire pour mettre le feu à sa robe et à votre mobilier. Les faits divers de la grande presse font tous les jours mention de marmots ainsi consumés.

Les enfants inventent beaucoup, à ce que prétend l'histoire. Ce sont eux qui en expérimentant sur le pot-au-feu maternel, avec ces mêmes allumettes chimiques, ont démontré les propriétés parricides de ce produit et assuré sa vogue.

Le petit Civilisé n'attend pas son âge de raison pour s'habiller en artilleur, en hussard, en zouave. Malheur alors aux siens, si sur ces entrefaites il rencontre un fusil de chasse oublié dans un coin et chargé de chevrotines ; car il ne manquera pas de s'en saisir vivement et de le décharger aussitôt sur le premier venu, pour montrer sa valeur.

Plus tard, et pour peu que sa vocation ne l'entraîne pas irrésistiblement vers les saintes joies de l'étude, on l'envoie à l'armée, où il n'a plus d'autre lecture que celle du Moniteur spécial, plus d'autre société que celle des héros, et il rêve naturellement de cueillir des lauriers dans les champs de Bellone.

S'il fait mine, au contraire, de mordre à l'anatomie ou aux x, le voilà voué à la science. Auquel cas il y a beaucoup de chances pour que l'ambition le pousse à retrouver le feu grégeois ou le poison

des Borgia, ou bien encore à ouvrir le ventre aux
pauvres bêtes pour voir ce qui se passe chez nous.
Et ce n'est pas notre nature, je le répète, c'est le
vent de notre époque qui nous emporte malgré nous
vers ces études-là. J'ai pour ami Alph. Tam..., le
plus humain, le plus honnête et le moins canon-
nier de tous les artilleurs, un homme qui a renoncé
à la pipée par impossibilité de donner le coup de
pouce au Rouge-Gorge. C'est lui qui a inventé le
canon rayé à ses moments perdus!!!... Et ne sup-
posez pas qu'il lui arrive parfois de déplorer cette
erreur d'un bon cœur; il lui est, au contraire, superlativement agréable de s'entendre rappeler sa
gloire; et c'est pour lui donner ce plaisir que je
viens d'écrire ces quatre lignes.

Il y a plus, l'instinct de destruction est si développé chez le Civilisé qu'il lui fait bosse au front!
La bosse de la combativité, comme disent les phré-
nologues, qui prétendent appeler les choses par leur
nom. S'ils disaient vrai, pourtant! Si l'héroïsme et
l'amour des combats n'étaient que de brillants eu-
phémismes, que de banales figures de rhétorique
destinées à couvrir de très-vilaines choses avec de

jolis mots ! Hélas ! il m'arrive des heures d'injustice suprême où je suis tenté de croire que les disciples de Gall ont le droit de parler comme ils font.

Car voilà le grand mal, la douleur des douleurs, l'abomination du fléau. La guerre et la chasse sont sœurs ; la première est la chasse à l'homme, la seconde, la guerre à la bête ; et les deux arts sont si voisins, ont entre eux de si étroits rapports, que tout ce qui affecte l'un affecte nécessairement l'autre. Or on dirait vraiment que le mobile supérieur qui anime aujourd'hui les héros des deux camps est l'aspiration au carnage.

Le guerrier a son idée fixe, qui est de faire sauter un vaisseau ou de faucher mille soldats à l'ennemi d'un seul coup ; le chasseur aspire à abattre mille faisans dans une chasse.

Identique est le but : destruction, extermination ; semblables sont les moyens d'y atteindre.

Le chasseur adopte avec rage et applique consciencieusement à son industrie criminelle tous les perfectionnements que la science civilisée apporte journellement dans l'art de la tuerie. D'autres fois, c'est l'arquebuserie qui devance l'artillerie dans la voie scélérate ; mais je serais très-embarrassé de dire laquelle des deux doit à l'autre. Si l'arquebuserie a prêté la capsule fulminante à l'artillerie, elle lui a emprunté en revanche, la balle explosible ou l'obus pour la chasse au Rhinocéros, à l'Éléphant, à la Baleine, et le canon pour la chasse à la Sauvagine et à la Colombe voyageuse. Quoi qu'il en soit, le résultat final qu'il importe ici de constater, est que tout progrès réalisé dans le domaine de la chasse aux humains amène fatalement un progrès analogue dans le domaine de la chasse au gibier.

Et non pas seulement tout progrès réalisé dans l'art de la tuerie humaine..... Tout progrès d'où qu'il vienne, tout progrès sans exception aboutit au carnage, en phase civilisée. C'est la loi et une loi si dure, si cruelle et si inflexible, que je ne lui connais pas une seule exception. Écoutez l'histoire rapide des désastres qu'a subis la fortune du gibier de France, par suite des améliorations omnimodes agricoles et industrielles de ce dernier demi-siècle.

L'introduction des prairies artificielles a peut-être bien doublé et triplé depuis cinquante ans la production agricole de la France. — Seulement, la culture du trèfle, du sainfoin et de la luzerne a réduit partout des trois quarts l'effectif de la Perdrix grise, de la Perdrix rouge, de la Caille, etc.

Le défrichement des landes a rendu à la production, pendant le même laps de temps, deux à trois millions d'hectares peut-être. La production territoriale a dû considérablement gagner à cette conquête du désert par la charrue et par la pioche. — Seulement, le défrichement des landes a détruit, en beaucoup de pays, la Perdrix rouge et le Lièvre. Le dessèchement des marais a aboli la Bécassine, le Râle, la Sauvagine. Le boisement des plaines arides, qui est une excellente opération comme le dessèchement des marais, a chassé des Champagnes pouilleuses l'Outarde, le Guignard et la Canepetière.

Le sarclage des céréales est une méthode de culture perfectionnée qui ajoute de nombreux hectolitres de grain à la production annuelle. — Seulement, le sarclage a pour effet certain de détruire toutes les couvées de Cailles et de Perdrix, qui ont eu le bon esprit de ne pas faire élection de

domicile parmi les trèfles et les luzernes. Le sarclage n'est pas moins funeste à la population du
Lièvre qu'à celle de la Perdrix.

L'ancienne culture *à billons* possédait l'immense
avantage de soustraire la Perdrix à la rafle du traî-
neau de nuit. La substitution de la planche au
billon est un progrès incontestable. — Seulement,
la culture en larges planches restitue le territoire
amélioré à l'industrie du panneauteur. Et ainsi de
suite de toutes les autres améliorations agricoles.
Arrivons à un autre ordre de progrès, d'inventions.

Le chemin de fer occupe une place brillante dans
le domaine de la science et de l'industrie modernes.
Il a augmenté la durée de l'existence humaine et
réduit la distance des lieux. Il a opéré d'autres miracles dont le récit serait long à faire. — Seulement, en rapprochant tous les centres de leurs
périphéries, tous les foyers de consommation des
lieux de production, il a offert à tous les braconniers de France le placement sûr et avantageux de
leurs produits. Le chemin de fer, qui ouvre le
marché de Paris à tous les colleteurs de France,
des Vosges aux Pyrénées, de la Bretagne à la fron-

tière suisse, condamne à périr en un nombre d'années fort restreint, le peu qui reste de Perdrix, de Gelinottes, de Lièvres et de Chevreuils, à cent cinquante lieues de Paris.

La luzerne et le chemin de fer suffisent, à mon sens, pour anéantir complétement le gibier de plaine en moins de cinquante ans dans tous les pays où la loi ne le protége pas. Je n'ai pas fini, poursuivons :

Ces phares étincelants, qu'ils allument la nuit sur nos côtes, pour éclairer la marche des navires, préviennent bien des naufrages, sauvent bien des humains de la mort, et la civilisation a le droit de s'honorer de ces inventions merveilleuses, où brille du plus vif éclat le génie de la solidarité sociale. —Seulement, ces feux tournants ou fixes qui indiquent les passes et signalent les écueils, sont autant de piéges meurtriers tendus par des mains innocentes à la curiosité des espèces voyageuses ; et tous les ans des milliers de Bécasses et de Sarcelles imprudentes, désireuses de se mirer de près au foyer de lumière, donnent du front contre la muraille de verre qui protége l'appareil perfide ; et le gardien de la tour, qui relève chaque matin leurs cadavres, prend texte de ces nombreux sinistres d'abordage, pour glorifier la Providence divine de ses attentions pour lui.

C'est une belle invention aussi, et glorieuse entre toutes, que celle des lignes télégraphiques par lesquelles la foudre asservie voiture les messages de l'homme et supprime définitivement les distances. — Seulement, le destin a voulu que la voie de communication nouvelle apportât, comme les autres, son contingent de victimes à la destruction. Tous les jours donc de malheureuses Perdrix, de pauvres Alouettes, aveuglées par la brume ou battues par l'oiseau de proie, se brisent la tête ou les ailes aux invisibles barreaux de la portée aérienne.....

Pour dire que le progrès, qui est l'accroissement indéfini des éléments de la richesse sociale, vire fatalement à l'extermination des espèces utiles en phase civilisée.

Et le législateur essaierait vainement de réagir contre ces tendances irrésistibles ; il n'y réussirait pas, parce que le sort est sur lui.

Ainsi le législateur du 3 mai a cru faire pour

le mieux d'investir les préfets du droit de fixer la clôture et l'ouverture de la chasse dans leurs départements ; et les préfets de leur côté ont cru faire sagement d'attendre l'achèvement des récoltes pour autoriser le libre parcours de la plaine. Or, tous les deux, le législateur et le préfet, en agissant de la sorte, n'ont réussi qu'à déchaîner sur le pauvre gibier de France le fléau de Carnage en mode *composé*. — C'est la fatalité, vous dis-je. Seulement, il n'était pas besoin d'être sorcier pour deviner les conséquences qui devaient résulter de la déplorable intervention de l'administration locale dans la réglementation des choses de la chasse.

Je retrouve, en effet, au rez-de-chaussée d'un ancien journal de Paris, des phrases que j'y écrivais il y a dix-huit ans, sur le sujet qui nous occupe, et je demande la permission de les reproduire pour prouver que dans ce temps-là l'abîme de l'avenir n'était pas plus insondable qu'il ne l'est aujourd'hui. Je disais donc, en l'année même de la promulgation de la loi :

« Le Civilisé ne s'entend qu'à organiser une seule chose : le carnage ; en cet art il est passé maître.

Cependant, si le culte de la destruction avait parmi nous des autels, je crois que les préfets en seraient de droit les grands-prêtres. Les préfets auraient été créés et mis au monde pour anéantir le gibier, qu'ils ne feraient pas mieux. »

Et plus loin :

« L'échelonnement des ouvertures entre les départements voisins constitue tout bonnement l'organisation de la tuerie sur la plus vaste échelle ; mais il est hors de doute que l'administration, qui n'est pas mal intentionnée, s'amuse ici à faire de la barbarie sans le savoir.

« Si l'ouverture de la chasse se faisait à la fois dans les trente départements d'une même zone, de celle, par exemple, dont Paris est le centre, il est bien évident que la masse des destructeurs qui stationnent dans la capitale serait obligée de se disséminer sur un espace immense, ce qui fait que tous les Perdreaux de la région du Nord n'auraient affaire pour le premier coup de feu qu'au plus petit nombre possible d'ennemis et s'aguerriraient du même jour : immense résultat dont tout chasseur un peu intelligent comprendra la portée.

« Mais le procédé serait par trop simple et par trop rationnel. Les choses en Civilisation ne se passent pas ainsi. Voici ce qui a lieu :

« Le préfet du Loiret, ou un autre, nous fait savoir à tous par l'affiche publique que la chasse s'ouvre le 20 août dans son département. Aujourd'hui que les distances de soixante lieues se franchissent en cinq heures, que le Parisien s'habille chez lui pour aller à un bal à Tours et rentre chez lui le matin ; aujourd'hui qu'il suffit du moindre appel de plaisir pour mettre en mouvement toutes les populations de flâneurs et d'oisifs, une ouverture de chasse dans un département n'est pas plus tôt annoncée, qu'on voit fondre incontinent sur les malheureuses communes de ce département une formidable légion d'exterminateurs, qui attendaient impatiemment l'arme au bras le signal de la destruction.

« Ils passent comme l'ouragan sur le sol livré à leur furie et le brûlent. Que vouliez-vous que le Perdreau novice fît contre les chasseurs réunis de dix, de vingt départements ? — Qu'il mourût. C'est ce qu'il fait.

« Mais si peu de Perdreaux pour tant de carniers

avides, c'est à peine une pièce pour chacun. Le massacre des innocents du Loiret a fait prendre le goût du sang à notre légion d'exterminateurs. Il faut bien que cette soif de sang s'assouvisse quelque part. Précisément, voici que la complaisance de MM. les Préfets des départements voisins semble avoir prévu le cas et s'être portée au devant de ce besoin si ardent de tuerie. Vous lisez donc dans le premier journal venu que la chasse de Loir-et-Cher ou d'Eure-et-Loir est ouverte le 22, celle de l'Yonne le 25, de la Marne le 28, de Seine-et-Oise et de Seine-et-Marne le 1ᵉʳ septembre, de l'Aisne et de l'Oise le 5 septembre, Somme et Pas-de-Calais le 10, Nord le 20. Si bien que la bande en question n'a qu'à se promener durant un mois, de boucherie en boucherie. Si bien que dans ce seul espace de trente jours, l'administration, par son *imprévoyance*, a vingtuplé la destruction, en vingtuplant les dates d'ouverture. Remarquons bien, en effet, que par suite de l'échelonnement de ces ouvertures, chaque détachement minime de l'armée des Perdreaux s'est toujours trouvé en face du gros de l'armée des chasseurs. Et quels Perdreaux, s'il vous plaît, des novices, des conscrits, qui voyaient le feu pour la première fois! Le général Bonaparte ne se conduisit pas avec plus de perfidie et d'inhumanité à l'égard des armées autrichiennes de Beaulieu, d'Alvinzi et de Wurmser dans sa campagne immortelle d'Italie. En vérité, en vérité, je vous le dis, le Civilisé ne s'entend qu'à organiser le carnage!!! »

On voit que j'étais en ce temps-là pour la division du territoire national en trois zones. C'était une opinion sensée et soutenable qui rallie aujourd'hui de nombreux partisans. Je l'accepterais encore à présent comme pis-aller ; mais comme je sais que toute division de cette nature favorisera, quoi qu'on fasse, l'essor du braconnage, j'ai renoncé depuis à ce système, pour adopter celui de l'unité d'ouverture et de clôture pour tous les départements de France.

Ainsi, dès le premier jour, je signalais à qui de droit les conséquences désastreuses qu'entraînerait fatalement le système qui laissait aux préfets le soin de fixer les époques d'ouverture.

L'échelonnement des ouvertures, autrement dit l'organisation du massacre des innocents, achève l'œuvre du chemin de fer et de la luzerne. C'était déjà plus de fléaux qu'il n'en fallait pour réduire à néant, en moins d'un quart de siècle, tout le gibier de nos plaines. En voici cependant venir un quatrième qui vaut à lui seul tout le reste. Ce quatrième agent de destruction, dont je n'ai pas dit un mot encore, s'appelle le braconnage. C'est à lui que je faisais allusion tout à l'heure, quand je reprochais au législateur et au préfet d'avoir déchaîné le carnage en mode *composé*.

Le carnage en mode composé, c'est la tuerie par le piége, le panneau, le collet, etc., la tuerie par le braconnage jointe à la tuerie par la poudre.

Le mot de carnage s'entendait presque exclusivement autrefois de la tuerie à l'arme blanche, de celle qui faisait couler le sang à larges flots et que l'Église chrétienne avait le plus spécialement en horreur. Cependant, à mesure que nos arts progressaient, l'acception du vocable a dû proportionnellement s'élargir. Ainsi quand le progrès eut donné le grand rôle dans les batailles à la mitraille et à la mousqueterie, force fut bien de retirer au glaive son antique préexcellence de valeur homicide pour

la reporter à l'arme à feu ; et le mot de carnage
dut changer de couleur pour conserver sa place dans
le récit de nos boucheries modernes. Pour une cause
analogue, le langage de la chasse me semble exiger
à son tour une nouvelle extension du substantif
héroïque, aujourd'hui que l'arme à feu a cessé d'être
l'instrument par excellence de la boucherie des
bêtes, et que le rôle glorieux des plus forts empi-
leurs de cadavres est tenu dans cette industrie par
les étrangleurs et les assassins qui laissent tout
leur sang aux victimes. On trouvera donc équitable,
je suppose, que j'aie classé le collet et le panneau
parmi les plus actifs instruments de carnage.

On sait, en effet, que le panneautage, qui est toujours un vol de nuit à main armée, est le procédé
qui opère les razzias les plus désastreuses, les cap-
tures de cinq cents, de mille perdreaux dans une
partie de chasse. On sait encore que le collet, s'il
n'atteint pas de pareils chiffres en quelques heures,
a pour lui d'autres avantages, et par exemple celui
d'agir par tous les temps, en tout lieu et en toute
saison ; tandis que le panneau, la pantière et le
drap de mort n'ont que certaines nuits dans l'an-

née, qu'une plaine dans un canton, qu'un gibier dans une plaine. Ce qu'il y a de bien sûr, en tout cas, c'est que le carnet de l'arme à feu ne marque pas au bout de l'année un chiffre de pièces abattues aussi glorieux que celui du collet et du piége. Et là est la question.

Et vous allez voir maintenant que la loi s'est faite involontairement complice du panneautage, du colletage et du reste, et qu'elle a parfaitement mérité le reproche que je lui ai adressé d'avoir déchaîné sur la France le fléau du carnage en mode composé.

Quand M. le préfet du Loiret s'avise d'ouvrir le feu dix jours avant tous ses voisins, il ne se borne pas, comme le croit le vulgaire, à convier au massacre des innocents pouillards de son département tous les exterminateurs et tous les désœuvrés de Paris, de l'Ile-de-France, de la Champagne, de la Bourgogne, du Berry, de la Touraine, de l'Anjou et du Nivernais, etc. Il déchaîne en même temps sur tous les départements limitrophes le braconnage sous toutes ses espèces et notamment sous celle du panneauteur.

Or, le panneauteur n'est pas un braconnier isolé

travaillant pour son compte comme le colleteur ou l'affûteur. Il s'appelle *légion*, et la légion des panneauteurs, dont le quartier-général est Paris, se compose de plusieurs centaines d'hommes. Elle a ses chefs et ses soldats, plus ses correspondants dans un rayon de quarante à cinquante lieues autour de la capitale ; elle a ses actionnaires, ses associés, sa caisse ;... et ses ressources pécuniaires lui permettent d'assurer une haute paie à ceux de ses agents qui tombent de temps à autre aux mains de la justice.

Les panneauteurs qui procèdent à l'aide du panneau, du drap de mort et de la pantière, opèrent leurs coups les plus brillants dans les trois semaines qui séparent la moisson de l'ouverture. Les pays de plaine et de grande culture, la Beauce, la Brie, la Picardie et la Champagne sont les principaux théâtres de leurs exploits. A dater de la mi-août et plus tôt quelquefois, ils sont donc là, à Paris, à Versailles, à Saint-Germain, à la Villette, qui se tiennent à l'affût de la première ouverture. Et aussitôt que M. le préfet du Loiret a commandé le feu, ils se répandent en tous les sens dans les départements voisins et se hâtent de profiter des heureux moments où le chasseur ne leur fait pas encore concurrence pour y rafler toutes les compagnies et pour transporter leur capture sur les nouveaux marchés qu'on vient de leur ouvrir, Orléans, Gien, Montargis, Pithiviers et cent autres. La nuit est consacrée au vol, le jour à la vente du larcin. Ce qui fait que lorsque le jour de l'ouverture arrive pour Eure-et-Loir, Loir-et-Cher, Yonne et Seine-et-Oise, les chasseurs de ces malheureux départements retardataires sont tout ébahis de ne plus rencontrer que de misérables débris de compagnies, à la place où huit jours auparavant ils avaient fait lever des volées plantureuses.

Il est d'usage que dans les grands banquets de gibier défendu que les panneauteurs se donnent à l'occasion de ces premières razzias, on porte la santé du préfet qui a ouvert le feu.

C'est que le préfet qui part seul, ouvre en effet le braconnage chez les autres en ouvrant la chasse chez lui, et que le panneauteur, qui est Français, aime à rester spirituel et juste en ses plus grands écarts.

C'est-à-dire que la liberté illimitée des ouvertures est la liberté illimitée de la tuerie sous toutes ses formes, légales ou criminelles ! C'est-à-dire que je défie les plus féroces ennemis de la Perdrix, de la Caille et du Lièvre de fulminer à eux tous contre ces espèces malheureuses une disposition législative plus meurtrière que celle qui a investi les préfets du droit de déterminer les époques d'ouverture et de clôture de la chasse dans leurs départements !

Qui sont encore ceux qui ont détruit tous les oiseaux chanteurs, granivores et insectivores? Qui sont ceux qui ont provoqué les réclamations douloureuses des Comices agricoles de Toulon, de Nancy et d'ailleurs? Qui sont ceux qui ont motivé le rapport éloquent lu devant le Sénat? — Les préfets, toujours les préfets, et toujours dans les plus innocentes intentions du monde.

L'argumentation vigoureuse autant que spirituelle de l'éloquent rapporteur, n'a pas laissé sur ce point de prise à la réplique. La loi, dans son premier mouvement, qui était le bon, avait dit, article IX : « La chasse à courre et la chasse à tir sont les seules autorisées. » Mais la sagesse du législateur s'est arrêtée à la règle générale, et la funeste exception est venue qui a *gâté tout*. Ainsi s'est exprimé le rapport.

L'exception, en effet, a laissé aux préfets le soin de prendre des arrêtés pour *déterminer l'époque de la chasse des oiseaux de passage, autres que la Caille, et les modes et les procédés de cette chasse.*

Et les préfets, tout naturellement et comme on devait s'y attendre, ont décrété le filet, le collet, la raquette, la glu... Et comme ils n'étaient pas plus savants que les professeurs du Muséum, qui se sont avisés de classer la Grive et le Rouge-Gorge parmi les oiseaux *sédentaires*, ils ont confondu les espèces. Et comme les piéges autorisés à prendre les espèces voyageuses étaient encore moins capables que MM. les préfets et que les Savants du Muséum de distinguer celles-ci des sédentaires, ils ont pris les unes pour les autres. De sorte que le collet, autorisé pour la Grive et la Bécasse, a détruit la Perdrix, la Gelinotte et le Coq de bruyère. La raquette, la glu et le filet ont fait de même, et le règne tout entier des espèces utiles s'est acheminé rapidement vers la tombe.

Qui sont ceux qui ont déterminé l'époque de cette chasse et ses modes et ses procédés?—Les préfets, les préfets tout seuls. Je viens de vous donner lecture de l'article qui les investit de ce droit exclusif, de ce droit souverain. M. le sénateur Bonjean a donc eu superbement raison d'affirmer que l'exception avait tout gâté, puisque le collet, le filet, la raquette, la glu, etc., sont les fruits de l'exception.

Le même article IX a également autorisé les préfets à *déterminer les espèces d'animaux malfaisants ou nuisibles que le propriétaire, possesseur ou fermier, pourra en tout temps détruire sur ses terres.* Je sais des préfets qui sont partis de cette autorisation pour classer le Chevreuil parmi les bêtes nuisibles, *bonnes à tuer en toute saison!* Pauvres Préfets, pauvres Chevreuils !

Je n'incrimine, je le répète, les intentions de personne, mais je crois que ma conscience de naturaliste et de chasseur m'autorise à qualifier de mesures favorables à l'industrie criminelle du braconnier ces réglementations de *chasses exceptionnelles* concernant les oiseaux de passage et les bêtes nuisibles, qui permettent de chasser le Canard sauvage et la Bécasse dix mois de l'an et douze mois le Chevreuil. Quand est venue la saison d'amour, qui fait le gibier immangeable, personne n'a **plus** droit de le tuer.

Maintenant, auquel des deux coupables, du législatif ou de l'exécutif, l'opinion des sages doit-elle attribuer la plus grosse part de la responsabilité de la situation actuelle? Ici la réponse est facile. Il est clair que la plus lourde part de cette responsabilité retombe sur la tête du législatif; attendu que les préfets ont toujours été des hommes et que le législateur du 3 mai aurait dû le savoir..... Et qu'il était visible que le premier usage que les préfets, qui étaient des hommes, feraient de leur souverain pouvoir, serait de prendre chacun leur jour pour commander le feu, à seule fin de ne pas faire les uns comme les autres et de prouver par ainsi qu'ils étaient les maîtres chez eux. Et c'est en vain que ces législateurs voudraient rejeter sur leur inexpérience tous les maux sortis de leur vote; car, à défaut de leur perspicacité, celle du chasseur était là qui veillait sur leur œuvre et qui ne leur ména-

geait pas ses avertissements. Mais le chasseur eut
beau leur crier casse-cou de toute l'impuissance de
sa raison et de sa plume ; ils ne l'entendirent
pas, étant sourds comme aveugles, et la cause
du Chevreuil, du Lièvre et de la Perdrix fut
perdue.

Il fit bien mieux encore que de les avertir, le
chasseur désintéressé, patriote et loyal...; il leur
offrit de leur remplacer, pour rien, leur mauvaise
loi par une bonne dont ils ne voulurent pas... On
ne se fait pas une idée de tout ce que le gouvernement d'alors a perdu à ne pas accepter cette offre
avec d'autres conseils. On sait seulement qu'il en
est mort et le gibier aussi. C'était écrit, dirait le
musulman fataliste, et il aurait parfaitement raison.
Fatalitas fatalitatum et omnia fatalitas.

Fatalité : le législateur s'imagine restreindre le
nombre des destructeurs de gibier en exhaussant
de dix francs le prix du permis de chasse. Le chiffre des permis ne diminue pas, au contraire... Seulement, l'armée des braconniers se recrute de tous
les pauvres chasseurs qui ne peuvent pas payer
25 francs. Ah ! vous ne voulez pas nous passer le

droit de chasse à 15 francs, eh bien, alors nous chasserons sans payer.

Fatalité : tous les petits oiseaux sont en sympathie naturelle avec les enfants et les femmes. Or, des statisticiens sévères évaluent à plus de cent millions le nombre d'œufs d'oiseaux que ces êtres innocents détruisent bon an mal an, et les plus modérés rabattent ce total de millions à soixante.

Fatalité : les chiens de berger, qui ont reçu mission de garder les brebis, les vaches et les chèvres, se détournent avec volupté de leurs fonctions augustes, pour forcer Levrauts et Perdreaux. Un jeune pâtre de la Brenne me disait une fois qu'il avait eu la chance de prendre, en une seule saison, vingt-six nids de Perdrix, que sa maîtresse lui avait payés religieusement dix sous pièce. Le même, à qui je me plaignais de la rareté du Lièvre, m'expliquait que la chose pourrait peut-être bien venir de ce que la Volante, sa grande chienne, attrapait tous ceux qu'elle *coursait*.

Fatalité : la Louveterie est la seule institution que l'on ait créée pour détruire. Elle seule a conservé, gloire à elle?

En revanche, les Eaux et Forêts, créées autrefois pour garder, ont autrefois détruit. Un adage populaire disait : *Braconnier comme un garde.*

Quand j'étais gamin de Lorraine, il y a huit lustres de cela, la plupart des marchés aux *petites bétes* de l'Est étaient approvisionnés par les gardes des Eaux et Forêts, gardes de l'État, des hospices ou des communes. J'ai déjà dit que ce nom de petites bêtes s'appliquait plus spécialement aux Rouges-Gorges et aux Rouges-Queues; mais les marchands de ces espèces l'étendaient volontiers à la Grive, à la Perdrix, à la Bécasse et à la Gelinotte. Les grands marchés aux petites bêtes de l'Est, s'appelaient : Metz, Nancy, Colmar, Verdun, Bar-le-Duc, Langres, etc.

En ce temps-là, les tendues que les gardes exploitaient dans les forêts de l'État occupaient des milliers d'hectares. Même, elles y tenaient tant de place qu'elles y gênaient la circulation des chasseurs et des promeneurs pendant les trois mois d'août, de septembre et d'octobre, et il était très-difficile d'entrer sous bois dans les taillis de cette région-là, sans tomber dans quelque coupe-gorge à petites bêtes, tendue de raquettes, ou de collets de pied, ou de collets volants. Toutes les sentes, toutes les fontaines, toutes les places à fourneaux y étaient garnies de piéges. Quelques-unes de ces tendues en employaient jusqu'à deux mille. Des tendues de cette importance exigent naturellement aussi qu'on pratique des percées de deux à trois kilomètres à travers le fourré. MM. les agents de la conservation des Eaux et Forêts, essertaient, émondaient, coupaient, comme gens qui sont chez eux. J'entendais dire alors que certaines de ces tendues rapportaient plus d'argent à leurs propriétaires que beaucoup de petites fermes à leurs pauvres tenanciers. Le fait n'a rien qui nous étonne, puisque cette industrie ne payait aucun impôt et que le prix de ses produits augmentait tous les jours.

C'est un garde qui fut mon centaure Chiron, qui m'apprit le secret de fabriquer la glu, le collet, la raquette, qui dressa mes mains inexpertes à disposer le piége, à construire la pipée, à courber le *reinvolant* et à *égrener* la fontaine, à *faire la touïte* et à *sifflotiner*. Et bien d'autres que moi, et de plus reconnaissants ont étudié à la même école.

C'était donc un bon temps que celui dont je parle, pour les gardes de l'État et pour les gamins de Lorraine ; mais la félicité des hommes, nous ne le savons que trop, est bâtie sur le sable. Alors les mauvaises langues firent courir le bruit qu'un pauvre garde, condamné à *revécher* mille collets et autant de raquettes par jour, avait toutes ses heures prises par cette besogne importante... et partant il ne pouvait guère s'éloigner de chez lui pour surveiller les délinquants du dehors... D'où des logiciens subtils en vinrent à tirer cette conclusion que l'exploitation d'une tendue par un garde, constituait la plus parfaite des garanties d'impunité pour les braconniers de son ressort...

Cette conclusion était d'autant plus spécieuse qu'on avait cru s'apercevoir encore que la race du Lièvre, comme celles de la Perdrix et de la Gelinotte, avait quasi complétement disparu des districts forestiers où les gardes de l'État avaient établi le siége de leur fructueuse industrie. Bref, par ces motifs ou par d'autres, les envieux triomphèrent, et la loi du 3 mai par son article VII corroboré de son article XII, interdit le droit de chasse et de tendue à tous les gardes forestiers de l'État ou des communes, sous peine de deux cents francs d'amende et de deux mois de prison pour la première fois.

Maintenant, cette loi barbare a-t-elle reçu partout son application rigoureuse, et aucun garde de l'Est ne tend-il plus aujourd'hui aux petites bêtes ? —La prudence nous impose le devoir de le supposer, puisque l'administration supérieure a naguère été sur le point de nous faire des misères pour en avoir douté et l'avoir dit trop haut. Une fois, pourtant, que j'étais de villégiature chez un riche ami de la Haute-Saône, il n'y a pas deux ans de ça, quelqu'un me fit voir par des chiffres...qu'il avait été dépensé pour la table du maître, dans le seul mois d'octobre, SIX CENT SOIXANTE-QUATORZE grives, sans compter une masse innombrable de Rouges-Queues et de Rouges-Gorges... Or, le témoignage de l'opinion publique, confirmé par celui de la véridique cuisinière de l'hospitalier manoir, attribuait à un garde, à un garde de l'État, l'honneur et le profit de cette fourniture merveilleuse.

Mais que la loi du 3 mai, qui a interdit le droit de chasse aux gardes, soit ou ne soit pas aujourd'hui

rigoureusement exécutée, peu nous importe. La
vérité indéniable est que jadis et longtemps avant
cette loi, l'administration qui s'intitulait la Conservation des Eaux et Forêts, ne répondait pas complétement par ses actes aux promesses de son titre, et
qu'elle avait tourné contre la Grive et le Rouge-
Gorge les armes qu'elle avait reçues pour les défendre;... et qu'elle s'était abattue gloutonnement
la première sur les provisions commises à sa garde,
à l'instar de ce mauvais chien consacré par l'histoire qui portait à son cou le dîner de son maître;...
et qu'elle avait semé le vide et la dévastation parmi
les oiseaux du bon Dieu, protecteurs des champs et
des vignes, pour que le vigneron et le cultivateur
récoltassent la vermine.

Fatalité : c'est elle, vous voyez bien, qui souffle
le législateur et lui fait méchamment écrire dans
sa loi des dispositions innocentes dont la conséquence imprévue bat systématiquement en brèche
le principe invoqué.

Il n'y avait dans toute cette législation de police qu'un article à peu près sensé, l'article IV, qui
prohibe la vente et le colportage du gibier dans les

pays où la chasse n'est pas permise. C'est le même qui assure au gibier défendu son placement le plus avantageux et qui a changé les arrêtés de préfecture en édits somptuaires, en mandements de carême !

Fatalité : quand le Progrès dit *tue*, la Loi répond *assomme*.

Restons-en là de ce chapitre pour qu'on ne nous accuse pas de noircir à dessein la couleur de la situation. Omettons de parti pris tous les autres agents de tuerie qui pourraient réclamer le droit de figurer au programme de cette étude, et indiquons vivement les moyens curatifs.

Le gibier de France est bien bas et la destruction sévit bien atrocement sur lui ; sa situation ne serait pas désespérée pourtant, s'il n'avait affaire qu'au carnage. Car il en est de ce fléau comme de ces maladies aiguës, qui emportent rapidement le malade quand on les laisse faire, mais qui cèdent aussi plus facilement que les autres à l'action du spécifique appliqué à propos par un praticien habile. Pour mon compte, si j'avais le pouvoir, si je tenais en mes mains cette dictature absolue qui

est le rêve de tous les esprits généreux et amis de
l'humanité, je me ferais fort de sauver la France
en cinq ans du fléau de carnage ; tandis que je ne
répondrais pas de la laver de sa souillure d'oppression et de fourberie en quarante. C'est que le
carnage est un fléau aigu et que l'oppression et la
fourberie sont des fléaux chroniques, invétérés et
constitutionnels, qui ne peuvent pas comme l'autre
céder aux moyens héroïques. Or, le tableau des misères qui précède me semble avoir régulièrement
indiqué le spécifique à la suite de chaque maladie.

Nous ne pouvons pas cependant, me direz-vous,
supprimer la luzerne et le chemin de fer, et faire
reculer le progrès, pour servir la cause du gibier.
Vous avez parfaitement raison, et je ne demande
pas cette suppression non plus. Et je la demande
d'autant moins que le chemin de fer et la luzerne
ne sont *fatalement* hostiles à la conservation du
gibier qu'en phase civilisée, et qu'il doit venir un
jour où tous les éléments de la richesse agricole et
industrielle, convergeront à la richesse et au bonheur de tous. Je ne demande à la réforme que j'ap-

pelle, que de décréter ce qui peut être décrété aujourd'hui et exécuté demain.

Vous venez de voir que les préfets les mieux intentionnés sont des enfants terribles auxquels il est très-dangereux de laisser des armes à feu dans la main... Je demande, comme conséquence de ma démonstration, que le législateur écrive dans une loi nouvelle :

Article... La chasse est ouverte le 1ᵉʳ septembre et fermée le 20 janvier suivant, sur toute l'étendue du territoire français.

Article... La chasse à courre et la chasse à tir sont seules autorisées.

J'affirme hardiment que ces deux dispositions législatives, si claires et si précises, dissiperont la moitié de nos misères, rien qu'en soufflant dessus.

Voici, en effet, que déjà, par l'adoption du système d'unité d'ouverture, la loi a fait retour aux véritables principes; car la question de chasse est une question d'intérêt politique supérieur, d'intérêt général et international, et non pas d'intérêt local. Par conséquent, la réglementation des choses de la chasse revient toute à la loi, et l'administra-

tion préfectorale n'a aucune qualité pour y intervenir.

L'unité d'ouverture supprime la juridiction du bon plaisir, en rendant à la loi ce qui est à la loi. Elle substitue l'ordre au chaos et la sagesse à l'arbitraire. Elle arrête l'extermination du gibier et le massacre des innocents, en forçant les tireurs de s'éparpiller sur la plus vaste étendue possible de terrain au jour de la tuerie, au lieu de les réunir successivement et par masses compactes sur les moindres espaces, pour tout moissonner d'une seule rafle, comme fait la méthode de l'échelonnement des ouvertures aujourd'hui en vigueur. Elle arrache au braconnage un fructueux monopole, et sauve du même coup l'ordre, le gibier, les principes.

Elle dégage les préfets de leur responsabilité calamiteuse, en leur ôtant le triste droit de décréter des édits somptuaires et des mandements de carême intempestifs. Elle rétablit l'égalité de tous les citoyens français devant le gibier et la loi, égalité manifestement violée par le système de la fixation arbitraire des ouvertures et des clôtures, qui limite à quatre mois la jouissance du droit de chasse pour

les administrés du Nord, et l'étend à neuf mois
pour ceux des Bouches-du-Rhône, bien que le prix
du permis soit le même pour les deux départements.

Le second article, qui n'autorise que la chasse à
tir et à courre, rétablit dans sa sagesse primitive
l'article IX de la loi du 3 mai, et supprime l'exception dont s'est plaint avec tant de raison l'illustre
rapporteur du Sénat, cette exception fâcheuse et
qui a gâté tout. Il prohibe implicitement, en effet,
le filet, le collet, la raquette et tous les autres engins de destruction *déterminés* par les préfets, et arrache au carnage légal ses grands moyens d'action.
Et il n'y a pas simplement justice à introduire cette
disposition dans la loi nouvelle; il y a nécessité
immédiate, urgente, puisque la conservation des
oiseaux a été déclarée, par l'autorité compétente,
mesure d'utilité publique. Je n'ai donc fait que
devancer les vœux de l'opinion des sages en tra-
duisant en une formule claire la déclaration de la loi.
Il est certain que le meilleur moyen de préserver
de la destruction les oiseaux utiles à l'agriculture,
est de supprimer tous les piéges qui servent à les

prendre. Je n'insiste pas sur la puissance formidable de cet argument.

Je sais bien que les avocats de la destruction, les tendeurs de filets de l'Est et du Midi, ne resteront pas à court de mauvaises raisons pour défendre leur triste industrie ; mais on les a déjà vus ou plutôt entendus à l'œuvre, et leur cause a été jugée par arrêt du Sénat en suprême ressort. Laissons-les maudire leurs juges, sans plus nous émouvoir de leurs criailleries. Accordons seulement que l'interdiction de l'industrie honorable, si honorabilité il y a, donnera droit, comme l'expropriation, à une indemnité préalable, et n'exceptons de la prohibition universelle que les bourses à lapins et les piéges pour les mauvaises bêtes. Du reste, je laisse ici de côté les détails et ne table que sur les principes et les généralités. Je résume donc cette première application de ma thérapeutique en déclarant acquis à la discussion ce fait d'importance capitale : que l'unité d'ouverture et de clôture, et l'autorisation exclusive de la chasse à tir et à courre ont déjà tué le carnage officiel, le carnage légal, comme le quinquina tue la fièvre.

37.

J'aurais pu invoquer à l'appui de mes arguments l'exemple de l'Angleterre, qui vit encore sous les douces lois du régime féodal, et où, par conséquent, la conservation du gibier tient une place immense dans les préoccupations de la classe qui possède seule le sol, règne seule et gouverne seule. En Angleterre, la loi n'autorise non plus que deux genres de chasse, tir et courre, et le jour d'ouverture y est le même pour toutes les parties du royaume, bien que chaque espèce de gibier y ait son ouverture spéciale : Graus, 12 août ; Lièvre et Perdrix, 10 septembre, et Faisan, 10 octobre. Le gibier de France n'étant pas cantonné comme celui de la Grande-Bretagne, il serait absurde de réclamer une ouverture distincte pour chacune de ces espèces ; mais s'il est insensé d'emprunter à l'Angleterre des institutions et des costumes qui vont mal à notre tempérament, il est sage cependant de chercher à nous modeler sur elle toutes les fois que nous y pouvons gagner.

Maintenant que nous en avons fini avec le carnage officiel, il s'agit de voir à mâter l'autre, l'extra-légal, l'*outlaw*, le criminel. Je sens déjà,

rien qu'à la dureté du tirage, que la charrue entre
dans le chiendent.

Le chiendent, c'est le braconnage, cette école
libre de démoralisation, de rapine et de meurtre,
qui fournit tous les ans son contingent de recrues
au bagne, voire des patients au bourreau. Mont-
charmont fut de ces derniers, et j'estime que
Dumollard, cet amant passionné des bois et des
exploits nocturnes, a dû commencer par l'affût. Le
chiendent est une plante gourmande et parasite
qui profite de l'incurie du cultivateur pour étouffer
le bon grain et pomper la substance du sol ; et c'est
pour cela que la comparaison du braconnage et du
chiendent ne manque pas de justesse. Cette justesse
pourtant serait bien plus frappante, si le chiendent
était une herbe vénéneuse, attendu que le braconnage n'est pas seulement une industrie parasite et
vorace qui profite de l'incurie du législateur pour
étendre au loin ses racines ; mais que c'est en outre
une industrie vénéneuse et coupable, entée sur la
haine du travail, sur la cupidité, le vol et tous les
péchés capitaux, et qui abuse de ses hautes alliances
et de l'égoïsme universel pour frapper sur le pays

l'impôt de la terreur; et c'est notre ignorance et notre couardise à tous qui lui donnent sa force et son impunité.

Nos législateurs, aveuglés par la lecture des œuvres de Rousseau, de Buffon et des autres amis de la simple nature, ignorent trop généralement, en effet, que les sept droits naturels du Sauvage, parmi lesquels figurent ceux de Chasse, de Cueillette et de Vol, sont attributs exclusifs de la phase de Sauvagerie, et qu'il est aussi impossible de tolérer le plein essor de ces trois droits-là en Civilisation que d'en proscrire l'exercice dans la société primitive. Cette ignorance est un grand mal, et c'est elle qui nous vaut la tolérance de la loi pour les méfaits du braconnage, dont plusieurs procédés, comme l'affût et le panneautage, sont toujours, ainsi que je l'ai déjà dit, des tentatives de vol à main armée, la nuit, qui demandent à être assimilées à ce genre de crime. C'est elle qui nous vaut encore cette incroyable iniquité de notre Code pénal, qui punit d'une peine infamante l'enlèvement d'une simple gerbe de blé en plein champ, délit trop souvent motivé par l'extrême misère, et qui se contente d'infliger un emprisonnement de six jours avec une amende de 50 francs, qui ne se paie jamais, au panneauteur, au colleteur, au voleur de nuit de profession, au criminel qui agit toujours avec préméditation, et qui n'a pour ses seules excuses que la haine du travail et l'amour du bien d'autrui. A présent il faut bien reconnaître que cette disproportion si choquante de la pénalité aux délits n'est pas au fond aussi absurde qu'on serait tenté de le croire au premier aperçu ; et Walter Scott, Daniel Foë et Fenimore Cooper vous en expliqueront les raisons bien plus habilement que je ne saurais le faire. Écoutez parler Vamba, Gurth, Bas-de-Cuir, Robin Hood et tous les autres éloquents personnages des romans les plus populaires, et ils vous feront voir comme quoi le braconnage a été, dans son origine, une revendication légitime du droit naturel de chasse ; une protestation courageuse du Saxon et du Gaulois réduits en ilotisme, contre la tyrannie du Normand et du Franc, du Noble, du Barbare, qui s'étaient arrogé de par le droit du plus fort le droit exclusif de la chasse sur le pays conquis. Et vous vous sentirez ému jusqu'au fond des entrailles d'une touchante sympathie pour ces revendicateurs généreux du droit des opprimés ; et vous comprendrez facilement que nos mœurs anti-féodales n'aient pas dû chercher dans le principe, à modérer l'exercice d'un droit glorieusement reconquis, et que le Code pénal français, issu de la victoire du Tiers sur les deux autres ordres, ait accordé *à priori* au vol du gibier de l'aristocratie le bénéfice des circonstances atténuantes. Toutes ces choses-là étaient dans l'ordre. Le braconnage avait pour lui au moral la complicité des âmes tendres, grâce à ce vague reflet poétique qui se détachait de la figure des héros de la légende populaire pour venir colorer ses actes d'une nuance patriotique. Au matériel, il ne frappait que sur les ennemis, et les intérêts qu'il battait le plus rudement en brèche étaient ceux des privilégiés. Partant la masse, toujours hostile au privilége, la masse qui ne chassé pas, mais consomme, devait être toute au forban qui lui faisait part de ses prises.

Cependant, jamais, je le jure, la sympathie des âmes généreuses ne s'égara sur un sujet moins digne que le braconnier de nos jours ; car le misérable est à coup sûr le plus bas gradé des voleurs et le moins intéressant, et je ne vois pas bien ce que l'action de mettre un caillou dans le ventre d'un canard pour le faire plus lourd, a de plus poétique que celle de l'épicier du coin qui falsifie ses drogues et les vend à faux poids. Ces deux filous-là font la paire, et le dernier de la race passerait de vie à trépas que je n'en prendrais pas le deuil. Le haut braconnage lui-même, celui qui a ses livres, ses actionnaires et sa double division du personnel et du matériel, le haut braconnage lui-même se recrute dans la fange des cités populeuses, parmi les déclassés des professions infimes. Les ouvriers inoccupés des ports, les rôdeurs de barrière et les repris de justice y tiennent rang de notables; mais la noble compagnie n'exclut de son sein aucune catégorie de malfaiteurs. De là sortent tous ces honnêtes gens à qui la loi française fait la répression si tendre, qui dominent par la terreur les pauvres habitants des campagnes, qui jettent des sorts au bétail et empêchent les arbres de pousser, et trop souvent sont cause que les meules et les granges de ceux qui les ennuient prennent feu toutes seules.

Entendez-moi, avant de me jeter la pierre, vous qui trouvez mes paroles trop dures. Si le braconnage n'était, comme aucuns le supposent, qu'une récurrence de la passion de chasse; qu'une revendication légitime d'un des droits naturels de l'homme par un pauvre sauvage égaré en nos limbes, je serais le premier à prendre sa défense au lieu de l'accabler. Car je suis de ceux-là, aussi, qui abominent les pavés et les bornes et le désert des foules ; de ceux-là que leur imagination vagabonde emporte follement malgré eux vers les vierges solitudes et les bienheureuses forêts du pays des Esprits, où le Grand Manitou convoque ses élus à des hallalis éternels. *Anch'io, son selvagg...* Et moi aussi, à ce compte-là, je serais braconnier et braconnier de sang, comme tous les gamins de Lorraine qui furent élevés par des gardes et que la fièvre de la pipée a tenus dans leur bas-âge. Car j'ai parfaitement souvenance qu'en ces jours de vertige, j'ai tendu des collets à tout ce qui respire, et même que j'en ai inventé, et qui ont réussi, en faveur des maîtres d'étude... distraction coupable destinée à tromper l'ennui des mois scolaires, des mois qui sont plus longs que les années d'ensuite. Et parce que le remords de mes crimes est toujours vivant dans mon cœur et réclame indulgence pour les crimes d'autrui, je me sens plus tenté d'appeler frère le pauvre enfant perdu de la Sauvagerie que de lui crier raca. Et ainsi l'ai-je appelé en lui tendant la main, toutes les fois que je l'ai croisé sur mon sentier de chasse; et aussi généreusement et aussi largement que j'ai pu, l'ai-je mis de moitié dans mes fêtes et dans mes permissions de la liste civile. J'ai même à dire à ce propos que ma charité fraternelle, dont la justice d'en haut me tiendra compte un jour, n'a pas semé sur l'ingratitude; car le bien que j'ai fait à ces déshérités, d'autres bonnes âmes déjà me l'ont remboursé sur cette terre, me l'ont remboursé au centuple, et je ne suis pas fâché d'avoir cette occasion de rendre à la vertu un hommage mérité. C'est donc à vous que ce discours s'adresse, M. Charles de Mandre, M. le marquis de Louvois, M. le comte de La Salle, hauts et puissants seigneurs de Conflans et d'Ancy-le-Franc, nobles cœurs que n'a pas désséchés la fortune, comme si souvent il arrive, et qui, si honorablement, conviez à vos banquets de chasse vos pauvres frères en saint Hubert... Et à vous aussi, et surtout, mes bons amis de tous les mois et de toutes les heures, Mergez, Dethou, Durel, etc., qui fêtez avec moi d'autres patrons encore que celui des Ardennes; qui, de si bonne grâce, avez toujours fait miens vos chiens, vos gibiers, vos castels; qui, de si doux rayons du soleil d'amitié, avez doré les jours de mon automne... A vous tous, riches heureux, spéculateurs habilissimes, qui placez vos écus en actions de bienfaisance pour en toucher l'intérêt dans le ciel, j'offre en mon nom et en celui de beaucoup d'autres cette expression publique d'estime et de reconnaissance que vous pouvez parfaitement accepter comme anticipation de dividende, puisqu'on dit que les pauvres ont l'oreille de Dieu. Si seulement, en chantant les louanges des bons riches, on pouvait faire monter le rouge de la honte à la face de tous les mauvais, à la face de tous ces vilains, marquis et comtes de pacotille, vilains de sang malgré leurs titres, qui, non contents de garder jalousement leurs plaisirs pour eux seuls, cherchent à entraver ceux d'autrui!

Mais je sais ses principes, à l'ennemi des foules, puisque ses souffrances sont les miennes et que nos âmes sont sœurs. Or, comme il n'a jamais pratiqué les ténèbres, jamais fait de la chasse métier ni marchandise, ce n'est pas lui qui peut trouver mauvais que j'appelle la juste sévérité des lois sur ces artisans de rapine qui font de la nuit le jour et marchent constamment armés, constamment précédés, accompagnés, suivis d'une pensée d'homicide.

Cependant, il ne suffit pas de dire plus ou moins vertement son fait au braconnage, et d'appeler sur lui la condamnation infamante pour en avoir raison. D'autre part, ces redoublements de rigueur dans la répression qui plaisent aux esprits simplistes, fréquents chez les Civilisés, sortent des voies et moyens de l'analogie passionnelle, qui a expressément déclaré vouloir procéder par l'hygiène et qui précisément désire prévenir, pour n'avoir pas à réprimer. Le lecteur judicieux devine donc que cet appel que nous venons de faire à la sévérité du Code, n'est pas le dernier mot de notre méthode curative.

L'analogie, en effet, bien qu'elle regrette, en personne sage, que la loi ait faibli à l'endroit du vol du gibier, l'analogie ne veut, comme l'Église, que la conversion du pécheur, et le seul moyen qu'elle comprenne d'arriver à ce résultat est d'entourer la profession du braconnier de si dangereuses épines et de si nombreux déboires, que nul n'ose plus l'aborder. L'analogie estime que l'homme en général n'est pas si méchant qu'on le dit; et que le Civilisé lui-même ne demande pas mieux que de rentrer dans le bien, quand il y trouve plus de profit qu'à rester dans le mal; et elle table naturellement sur cette bonne opinion qu'elle a de l'humanité. Or, sa confiance en nous ne sera pas trompée, pour peu que la loi à venir incline à la logique. Car l'article de notre grande réforme qui supprime le filet, porte virtuellement en ses dispositions la mort du braconnage. Et, comme l'unité d'ouverture a tué le carnage légal, la suppression de la chasse au filet a exterminé l'autre. La proposition n'a pas même besoin d'être démontrée, tant elle est simple et claire.

Du moment, en effet, qu'il est décrété par la loi que la chasse au fusil est la seule permise avec la chasse à courre, il découle de ce décret que le gibier tué au fusil est le seul qu'on puisse mettre en vente et colporter. D'où prohibition absolue de la vente de l'autre, saisie, confiscation au profit des hospices, avec condamnation rigoureuse contre les contrevenants. Et ici il n'y a plus moyen d'éviter la pénalité; ici nous n'avons plus affaire au maraudeur insaisissable, insolvable et impunissable, qui s'appelle légion; nous tenons le recéleur, nous tenons les objets volés; nous avons à traduire devant les tribunaux d'honorables citoyens domiciliés, patentés et solvables, qui feront leur prison et paieront leur amende. Et comme le corps du délit ne peut plus nous échapper, et comme nous sommes sûrs de l'efficacité de la peine, il ne nous reste plus qu'à la proportionner au délit.

Comme le crime de braconnage qui emporte toujours avec lui la préméditation et les circonstances aggravantes, la contravention à la loi qui défend de mettre en vente du gibier non tué au fusil n'est jamais excusable. Par conséquent, la loi lui doit être sans pitié.

Je demande donc que l'amende soit portée à cinq

cents francs pour la première fois et à mille francs pour la seconde ; l'emprisonnement à trois mois pour la première fois, à six pour la seconde. La peine toujours portée au double et même au triple, quand les délits auront été commis dans le temps défendu. Il sera bien de distraire aussi le cinquième de l'amende en faveur de l'agent de l'administration, garde, gendarme ou préposé du fisc, qui aura constaté le délit. Les juges de paix, et en leur absence les maires, auront le droit d'ordonner des perquisitions chez les particuliers soupçonnés de se livrer au commerce du gibier interdit.

Là est le grand moyen de la législation répressive. Quand on veut détruire le Blaireau, on commence par lui barrer la voie de ses refuges, après quoi on lui donne les Chiens, et la mauvaise bête, que le grand jour intimide, est bientôt sur les dents. C'est la tactique à adopter contre le braconnage. Le braconnier ne tiendra pas plus longtemps devant les limiers de la police spéciale, lorsque nous aurons commencé par lui fermer la voie des bouges et des cabarets borgnes où il était sûr autrefois de trouver le placement de ses vols.

Et une fois que le marchand aura pris peur, il fera au pauvre voleur des conditions si dures, que celui-ci, ne les pouvant accepter et ne voulant pas demeurer voleur pour l'honneur seul, renoncera à sa profession et se convertira au bien. Et ce jour-là il y aura de grandes réjouissances parmi les Perdrix et les Lièvres.

Ce résultat sera d'autant plus vite atteint que le service de la police de chasse rencontrera un concours plus actif de toutes les administrations rurales et municipales et aussi des honnêtes gens. Le procès fait aux recéleurs amènera toujours, en effet, la connaissance des origines et la mise en jugement des braconniers complices. Tous les noms seront connus, et alors adieu le métier !

La mesure aura bien pour inévitable conséquence de rejeter un certain nombre de panneauteurs parmi les affûteurs qui auront conservé le droit de vendre le produit de leur industrie ; mais ce ne sera là qu'un tout petit malheur. Parce que, si l'affûteur est le plus redoutable de tous les braconniers pour le garde et pour le gendarme, il est moins terrible au gibier ; parce que sa profession exige de longues et pénibles études, et des aptitudes spéciales et des connaissances locales qui font que le premier venu n'y est pas propre ainsi qu'au panneautage. J'ajoute que tous les affûteurs sont connus comme des loups blancs dans toutes leurs communes, et que si on ne les prend pas tous les soirs en flagrant délit, c'est qu'on ne veut pas ou qu'on n'ose pas les prendre. Il y a pour cela, du reste, des raisons suffisantes, et je comprends parfaitement que les émoluments de 3 à 400 francs qu'on alloue à un garde n'aient pas vertu de stimuler son zèle jusqu'à lui faire braver les hasards d'une rencontre nocturne avec un malfaiteur pourvu d'antécédents fâcheux. Il y a encore à dire que les maires qui sont chargés de la direction de la police rurale, sont en même temps les gros propriétaires des communes, et qu'ils sont empêchés d'agir par la crainte d'attirer sur leur propriété des vengeances trop faciles. Mais je tiens que ces dispositions universelles de l'esprit de prudence, changeront promptement et aussitôt que la loi, pour venir en aide au courage de ses autorités, aura assimilé l'affût aux autres vols à main armée, la nuit, et infligé à l'affûteur une pénalité adéquate. Alors la perspective de se débarrasser pour dix ou vingt ans de la présence de l'ennemi public redonnera du cœur au moins brave et suscitera, comme toujours par simple réaction, des traits de dévouement et d'audace.

Du jour où la loi prononcera contre l'affût et le panneautage les peines qu'elle prononce contre le vol de nuit à main armée, il y aura certainement temps d'arrêt dans la marche de cette double industrie criminelle, et les malfaiteurs ne se feront plus ce raisonnement si simple : La loi nous condamne à la réclusion si nous dérobons dans le champ du voisin une gerbe de blé valant deux ou trois francs ; mais elle nous excuse quand nous volons pour mille francs de gibier dans un parc clos de murs : volons pour mille francs de gibier et laissons là les gerbes.

En principe, la loi a le devoir d'être d'autant plus sévère pour l'exercice illicite du droit, qu'elle est plus favorable à l'exercice légitime de ce droit. Et si je me montre à ce point impitoyable à l'endroit du colleteur et de l'affûteur, c'est qu'en retour je veux faire au chasseur honnête et loyal les plus larges avantages. Si je n'accorde à personne le privilége de chasser la nuit, c'est que je facilite à tous le droit de chasser de jour; c'est que je diminue le prix du permis de chasse, au lieu de l'augmenter, comme ont fait ces maladroits législateurs de 1844, qui, en portant ce prix à 25 francs, ont commis la double sottise de renvoyer au braconnage tous les mauvais chasseurs, et d'imprimer en même temps à leur loi un cachet de réaction aristocratique qui a profondément irrité les populations rurales. Du reste, je crois avoir parfaitement raison de demander que la loi applique à l'affûteur la même peine qu'au voleur de grand chemin; car leur industrie est la même, et je ne vois pas bien quelle distance criminelle sépare le détrousseur de grande route, qui laisse volontiers la vie à ceux qui s'exécutent de bonne grâce et ne joue du poignard qu'en cas de résistance... de l'affûteur qui ne fait feu non plus sur le garde et sur le gendarme qu'autant qu'il y est forcé.

La législation à intervenir aura ce double but à poursuivre: favoriser par tous les moyens possibles l'essor de la chasse à tir, qui est la plus dispendieuse et la moins meurtrière de toutes les chasses: semer d'épines la voie du braconnier. Le filet tue, le fusil vivifie, tel est l'aphorisme de sagesse à écrire au frontispice de la réforme.

Voilà donc, après tant de peines, notre pauvre gibier sauvé de la tutelle exterminatrice des préfets et des griffes du braconnier: reste à le garder de ses gardes.

Avant de riposter à cette méchante épigramme, j'ai à dire que M. le directeur-général des Eaux et Forêts m'a affirmé confidentiellement, il n'y a pas six mois, et m'a même prouvé par les témoignages concordants de MM. les conservateurs de la Meuse, de la Haute-Saône et de mille autres lieux, que tous les agents de son administration étaient de petits saints, et que j'avais eu tort de soutenir le contraire. Or, je suis trop bien appris pour ne pas tenir compte d'un avertissement solennel arrivant d'aussi haut, et je déclare m'incliner humblement devant l'autorité et confesser mes torts. J'ajoute même et spontanément, sans y être forcé, que je suis très-heureux d'avoir à faire cette amende honorable, attendu que j'ai toujours porté dès mes plus jeunes ans le garde dans mon cœur... et que, au lieu de le vouloir molester, ainsi qu'on m'en accuse, je rêve encore aujourd'hui son bonheur: car je rêve d'élever à la septième puissance la gloire des Eaux et Forêts. Et c'est précisément parce que je me sens animé de sentiments si sympathiques à l'égard de cette administration hautaine et susceptible, que je me crois autorisé à prier M. le directeur-général et MM. les conservateurs de l'Est, de goûter ce raisonnement-ci, lequel est des plus forts :

Puisque MM. les gardes sont tous de petits saints, et que, malgré leur sainteté et leur zèle vigilant, le lièvre des forêts et le goujon des ondes ont péri en leurs mains, c'est la preuve évidente que le goujon et le lièvre étaient condamnés à périr, et que personne ne les pouvait sauver... Mais c'est la preuve aussi que le système prétendu conservateur qu'on leur avait appliqué jusqu'ici était un système destructeur;... et alors la logique induit ceux qui veulent combler les vides que ce système a opérés, à prendre le contre-pied des errements suivis; c'est-à-dire à recourir à l'emploi du grand remède, à l'application de la méthode de l'Écart Absolu. Or voici, selon moi, la réforme que la méthode de l'Écart Absolu indiquerait en l'espèce :

CONSTITUTION DU DOMAINE PUBLIC.

« Le domaine public se compose de toutes les forêts domaniales et de celles des communes et des établissements publics, plus d'une foule d'étangs et canaux et de tous les cours d'eaux navigables.

« L'administration des Eaux et Forêts est instituée pour veiller à la conservation et à la fructification des arbres, des gibiers, du poisson du domaine public. Elle seule a droit de chasse et de pêche sur ce domaine, qui est une des principales sources des revenus de l'État et de l'alimentation des citoyens.

« L'École des Eaux et Forêts a pour but exclusif l'enseignement de la sylviculture, de la pisciculture et de la faisanderie. La faisanderie s'entend de l'art d'élever, de multiplier, d'acclimater les espèces utiles. La science qui enseigne à conserver et à propager ce qui est bon, enseigne également à détruire ce qui est nuisible.

« Tous les gardes de l'État sont faisandiers, pisciculteurs, pépiniéristes, et reçoivent un salaire double de celui qu'ils touchaient en l'an de grâce 63. Tous ont droit de chasse sur leurs cantonnements respectifs, en vertu de leur titre. Seulement, l'exercice de ce droit est soumis à l'ordre des chefs et à l'observation des époques d'ouverture et de clôture déterminées par la loi ; mais les gardes ont en tout temps le droit et le devoir de procéder à la destruction des animaux nuisibles, et il leur est alloué une prime pécuniaire pour chaque tête de vermine.

« Une autre tâche des gardes forestiers est de substituer peu à peu, aux essences grossières et primitives des forêts qui ne donnent que du bois, des espèces fructifères et perfectionnées qui donnent du bois et des fruits, et d'augmenter ainsi dans des proportions colossales les ressources alimentaires de la population.

« La chasse du domaine public ne peut pas s'aliéner plus que la pêche ; mais l'administration supérieure peut concéder le droit de chasse à qui bon lui semble, pour un jour seulement et pour un gibier dit, et le permissionnaire a le droit d'emporter son gibier en en laissant le prix, qui est versé dans les caisses de l'État. L'administration ordonne aussi de temps en temps de grandes chasses et de grandes battues auxquelles elle convie les chasseurs honnêtes du canton. Le gibier tué dans ces battues est transporté sur les marchés des villes, et vendu à la criée au profit du Trésor ou des communes, suivant les cas. Une prime est prélevée sur le prix de cette vente en faveur des gardes méritants, c'est-à-dire des gardes des cantons les plus giboyeux.

« Des concours universels de sylviculture, de pisciculture et de faisanderie ont lieu tous les quatre ans. Les gardes couronnés reçoivent des coupes d'or d'un prix inestimable, et leurs noms sont gravés sur les tables de marbre d'un panthéon quelconque. Une récompense nationale est décernée au créateur, à l'introducteur et à l'acclimatateur de toute espèce nouvelle, fruit, gibier ou poisson. Il lui est attribué en outre une décoration spéciale... pour empêcher qu'on ne confonde le héros de l'ar-

mée productive avec celui de l'armée destruc-
tive, etc. »

J'en reste là de ce programme, croyant en avoir
dit assez pour faire voir où j'en veux venir et
reconquérir les bonnes grâces de l'administration. Il
se peut que ces réformes, si facilement et si immédiatement praticables, paraissent encore utopiques
à beaucoup de bons esprits, et que l'administration elle-même à qui elles doivent le plus spécialement profiter, ne soit pas très-pressée de prendre
possession de sa gloire ; mais il n'en est pas moins
vrai que si l'on veut que la réforme aboutisse, il
faut qu'on la fasse passer par les points que j'ai
indiqués. Il faut qu'elle débute surtout par l'allo-
cation d'un traitement suffisant aux gardes, en
outre de la restitution du droit de chasse dont la
loi de 1844 les a ignominieusement dépouillés.

Attendu que le traitement actuel est scandaleu-
sement insuffisant, et que l'insuffisance des salaires
est une économie ruineuse en même temps qu'une
iniquité.

Attendu qu'il est illogique et cruel de tantaliser
les gens, et qu'il n'est pas plus raisonnable de

mettre un fusil entre les mains d'un garde, en lui recommandant de ne pas s'en servir, que de donner un tambour à un enfant, en lui interdisant de faire du bruit *avec*.

Attendu enfin qu'il n'y a que les vrais gardes, c'est-à-dire ceux qui chassent, qui s'intéressent sérieusement à la conservation du gibier qui est leur... A preuve que c'est surtout depuis 1844, depuis que les gardes ont cessé de chasser par ordre, que les forêts de l'État ont perdu tout leur beau gibier pour devenir le réceptacle de toutes les infamies, blaireaux, renards, vipères, dont la prospérité et la postérité menacent de s'accroître indéfiniment. *Sed satis de illis*. Assez sur le chapitre du Carnage qui a pour pendant harmonique la *Paix universelle et constante*, que je ne vois pas encore paraître à l'horizon.

L'ordre du jour appelle la discussion sur le cinquième fléau.

INTEMPÉRIES OUTRÉES

L'homme est le roi de la terre. Sa mission est de cultiver, d'embellir sa planète et de lui fournir les moyens de tenir dignement son rang parmi les astres du tourbillon solaire. Le bonheur et le salut de l'humanité sont attachés à l'accomplissement de cette tâche providentielle. Un jour viendra par conséquent où elle opérera le déglacement des pôles et le désensablement des déserts, qui sont les deux grandes plaies de ce globe. Un jour viendra où elle rétablira l'équilibre de température sous toutes les latitudes et fera ruisseler partout l'opulence, la joie, la santé, le luxe externe, le luxe interne. Maintenant, pour attaquer sérieusement cette énorme entreprise, l'humanité a besoin de se rendre préalablement maîtresse de toutes ces puissances aromales qu'on nomme les éléments de la nature. Et, quoi qu'en puisse affirmer la science, nous ne les tenons pas encore, sachant à peine manipuler la vapeur et la foudre et n'ayant pas même conscience de notre pouvoir d'ordonner les saisons et ¦de faire pleuvoir nos nuages où et quand il nous plaît. C'est un aveu pénible et qui me coûte d'autant plus à faire que l'aurore du grand jour dont je viens de parler est bien moins éloignée de ce temps-ci qu'on ne pense. Je sais même qu'elle ne demanderait pas mieux que de luire prochainement, si on lui faisait des avances... J'affirme hardiment, en effet, que s'il passait par la tête d'un fou de génie, d'un dom Sébastien de Portugal, d'un Christophe Colomb quelconque, d'essayer d'éteindre la tempête en éteignant les fournaises des déserts d'Afrique et des autres où prennent naissance l'ouragan, la trombe et le typhon... et que si tous les États maritimes consentaient à allouer à cette œuvre la centième partie des trésors qui se dépensent chaque année à bourrer les canons de poudre pour en tirer du bruit et des jambes cassées... j'affirme qu'aussitôt le bien empiéterait sur le mal dans des proportions gigan-

tesques. Malheureusement la grande politique de
notre âge est au jeu du soldat et non au tarisse-
ment des sources du naufrage; et les gens sensés
se rient des Grecs, ces sublimes fous du monde
antique, qui avaient inventé d'enfermer les vents
dans des outres pour faire régner le calme sur les
ondes et accroître la durée des jours alcyoniens.
Or, cette prédominance de l'esprit belliqueux chez
les Civilisés entraine d'innombrables sinistres pour
le gibier comme pour l'homme.

Le roi David, qui était un saint homme, pecca-
dilles amoureuses à part, écrivait, il y a très-longtemps, que les cieux énarraient la gloire de Jéhovah.
C'était peut-être vrai alors des cieux de la Judée,
mais certainement que les cieux de nos jours, s'ils
chantent une gloire, chantent celle de Satan ; car
à considérer sérieusement les désordres qui se
passent aujourd'hui dans les choses de l'atmosphère, on est plus tenté d'attribuer au hasard qu'à
la sagesse providentielle l'agencement des saisons
et la conduite des astres. Et je ne puis pour mon
compte appeler ordre des saisons cette série bizarre
de phénomènes météorologiques où l'on voit quel-

quefois la température de l'hiver se continuer jusqu'au solstice d'été, ou le printemps éclore à Noël, comme en l'année présente. J'ai souvenance que l'année 1845, où il n'y eut pas d'été, fit périr de la pourriture une foule d'animaux et de végétaux, et que celle qui la suivit fut une année brûlante où l'été commença en mars pour finir en novembre ; ce qui fut cause que la sécheresse fit périr beaucoup de plantes et la faim beaucoup de monde. C'est l'année de la grande famine où la vieille Angleterre perdit à elle seule dix-huit cent mille citoyens libres... d'une maladie étrange dont les symptômes disparaissaient quand on donnait à manger aux malades. Chantons et célébrons la gloire de la vieille Angleterre : *Rule Britannia...*

Et ces intempéries outrées sont, comme je l'ai fait voir au chapitre de la Perdrix et ailleurs, le résultat de l'imprévoyance des Barbares, des Patriarchaux et des Civilisés, qui ont presque partout déboisé les montagnes, et par ce fait ouvert les vallées et les plaines aux rages de l'ouragan. Car il est arrivé par suite, que l'eau des nues que la chevelure des monts tamisait jadis en pluie fine

pour le bien des récoltes, a crevé en cataractes bru-
tales sous la perforation des aiguilles du roc chauve ;
que le ruisseau s'est fait torrent ; que ce torrent a
raviné les pentes et empierré les champs, et que
l'inondation qui transforme les fleuves en bras de
mer a tout déraciné, démoli, confondu, tout roulé
pêle-mêle en ses ondes bourbeuses, les arbres et
les cadavres des hommes et les débris de leurs demeures avec les cadavres des bêtes et leurs demeures aussi. À la suite desquelles destructions le
Chevreuil et le Sanglier, les Tétras, la Palombe, la
Perdrix rouge et le reste ont déserté à tout jamais
l'Occitanie et la Provence et les autres contrées
ravagées.

L'intempérie outrée a des rigueurs à nulle autre
pareilles pour l'infortuné gibier plume. La grande
sécheresse crevasse le sol et creuse sous les pas des
poussins de la Perdrix et de la Caille de dangereux
abîmes, où s'engloutissent parfois des compagnies
entières : j'ai été bien des fois témoin de ces malheurs. Les hivers rigoureux, d'autre part, les
neiges persistantes et le verglas surtout, font périr
les adultes de faim, de misère et de froid. La *mouil-*

leté excessive du printemps paralyse la puissance de l'amour maternel et tue l'œuf dans le nid. La foudre en fait autant. L'auteur des *Tristes*, Ovide, avait, bien longtemps avant moi, signalé cette influence néfaste du temps mou, dans un pentamètre fameux qui est devenu proverbe :

Tempora si fuerint nebula, solus eris.

Par les temps nébuleux, bonsoir la *compagnie*.

la compagnie de Perdreaux ; ces anciens voyaient juste.

Le fléau des intempéries outrées a pour terme harmonique correspondant l'équilibre de température qui supprime le rhume de cerveau, la phthisie et toutes les autres maladies généralement quelconques, et prolonge jusqu'aux environs de la cent-cinquantaine la durée moyenne de la vie de l'homme. J'admire que l'importance d'un pareil résultat ne stimule pas davantage l'esprit de réforme chez les Civilisés... La restauration de l'équilibre des températures est la première conquête du régime d'harmonie, qui n'y va pas de main morte, quand il s'agit de réaliser les grandes entreprises d'utilité humanitaire... Trente années lui suffisent pour convertir les Saharas, les Cobis et les autres déserts en autant de jardins de délices. C'est que les Harmoniens estiment par dessus tout le bonheur, la santé, les fontaines de Jouvence, et que leur politique diffère essentiellement de celle des Civilisés d'aujourd'hui, qui mettent toute leur gloire à conquérir des Indes-Orientales pour en rapporter le choléra, et des Indes-Occidentales pour en rapporter la fièvre jaune.

MALADIES PROVOQUÉES

Le fléau des intempéries outrées qui provient de
l'imprévoyance et de l'ignorance des sociétés limbiques, a naturellement engendré un autre fléau
dit des *Maladies provoquées*. Ces maladies, dont le
chiffre s'accroît tous les ans et qui affectent les
êtres organisés de tous les règnes, ont pour cause
première les violents soubresauts de température
que j'ai signalés plus haut et qui déchirent les tis-
sus des plantes et des bêtes, que la nature n'avait
pas préparées pour de pareilles épreuves. Les plantes
et les graines, que l'humidité excessive de la saison
a putréfiées ou étiolées, communiquent au sang des
animaux et des hommes qui s'en repaissent, les
principes morbides dont leur séve est viciée, comme
firent les pommes de terre malades de l'an 1845,
et d'effroyables catastrophes s'ensuivent. Il y au-

rait un très-gros volume à écrire sur chacune de ces pestes confluentes, épicarpies, épizooties, épidémies, qui s'enfantent l'une l'autre, se nourrissent de leur propre venin et finissent par ramasser indistinctement dans les mailles de leur drap de mort, hommes, bêtes et fruits. Il n'y a pas d'année que la mortalité ne frappe en ce pays une espèce de gibier ou de récolte quelconque. Elle a horriblement sévi en ces dernières campagnes sur le lièvre, la perdrix, le chevreuil et la vigne... et il n'y a pas de raisons pour que le mal s'arrête.

Le fléau des maladies provoquées appartient, en effet, comme celui des intempéries outrées, à la série de ces maladies chroniques et constitutionnelles de la planète dont le germe est partout, et pour lesquelles la pauvre Civilisation, morcelée et affaiblie par l'antagonisme des intérêts nationaux, n'a pas de remède efficace. Et c'est lorsque l'on considère la question de chasse dans ses rapports avec ces maladies incurables, qu'il devient facile de comprendre que cette question est de celles qui demandent à être résolues par un concile de chasseurs appelés à voter de toutes les latitudes du même continent. Et du même continent, ce n'est pas assez dire; car les intérêts des chasseurs de l'Europe et des chasseurs de l'Afrique, sont évidemment solidaires et ne peuvent être discutés utilement, sinon en la présence de tous les intéressés.

Pour démontrer l'inapplicabilité des moyens curatifs dont la Civilisation dispose au fléau des maladies provoquées, je n'ai qu'un mot à dire; je n'ai qu'à répéter le titre du bienfait qui lui correspond en régime d'Harmonie; car ce titre seul est plus que suffisant pour glacer le courage des plus fiers Civilisés et les acoquiner de plus belle à leur guenille sociale. Cette institution bienfaitrice est donc intitulée des *Quarantaines générales*. C'est un moyen de salubrité publique, qui consiste à isoler en des lazarets splendides, richement pourvus de toutes les délicatesses du confort, tous les crétins, avortons, rachitiques, cacochymes et autres affectés de maladies incurables et transmissibles par voie d'hérédité... pour faire s'éteindre avec eux le germe de tous les vices et de toutes les contagions qui affligent notre espèce. Ce procédé est une nouvelle preuve que les Harmoniens n'agissent pas en simplistes comme les Civilisés, qui se bornent à éliminer de la catégorie des reproducteurs de leurs races ovine et bovine, les étalons tarés et incorrects, et qui tirent l'échelle après ce trait d'audace. Les Harmoniens, qui ont dans l'âme le culte de la beauté morale et naturelle, se croient tenus à plus de respect encore pour leur espèce que pour les bêtes, et ils ne se bornent pas à décerner des primes au bétail. Ils généralisent d'abord l'institution des concours de beauté pour l'enfance des deux sexes, et peu à peu l'étendent aux autres âges. Ensuite ils décernent à leurs lauréats des primes d'argent fabuleuses et des ovations triomphales, et par ce moyen ils arrivent à produire des types merveilleux de perfection hominale, de perfection féminine surtout, lesquels se multipliant à l'extrême et de plus en plus incarnant l'idéal, finissent par nous donner ici-bas les joies du septième ciel et par rendre les anges jaloux du bonheur des mortels.

CERCLE VICIEUX

Le *Cercle vicieux*, qui clôture la série des fléaux qu'on vient d'analyser, est le septième cercle infernal qui enferme les six autres. C'est un réseau de misères congéniales étroitement unies dont le Civilisé ne peut rompre la chaîne; c'est la hart qui relie les autres fléaux en gerbe, les fait se tenir en corps et se prêter appui; c'est une figure dédalique engendrée par la révolution d'un faux principe et qui jouit de propriétés atroces. Une de ces propriétés est de vous empêcher d'aboutir; l'autre de vous conduire tout juste où vous ne vouliez pas aller; une troisième est de casser l'esprit et les bras aux chercheurs et de les pousser au suicide, à l'instar du scorpion captif dans le cercle de feu.

Le tread-mill et la cage tournante de l'écureuil sont des cercles vicieux. Le tread-mill est une meule qui ne broie rien et à laquelle on attache un Anglais, un libre citoyen anglais, pour l'empêcher de consommer inutilement ses heures. *Rule Brit...*

Le cercle vicieux est la figure décorative qui se reproduit le plus fréquemment dans l'ornementation de nos monuments législatifs, religieux et autres ; c'est comme la marque de fabrique que portent les institutions de l'ordre civilisé. Les neuf dixièmes des piéges à loup auxquels nous nous prenons les pieds en circulant autour de nos libertés politiques, sont des cercles vicieux. J'ai été pris à tant d'entre eux que je ne sais plus duquel me plaindre.

L'Économisme, qui n'est pas une science, mais le simple catéchisme de la religion du hasard, l'économisme abonde en cercles vicieux ; un des plus amusants est celui de sa liberté, qui aboutit toujours au monopole par la concurrence anarchique.

Un plus joli encore est celui de l'assurance contre l'incendie, qui pousse l'assuré à brûler son immeuble pour s'en défaire le plus promptement et le plus avantageusement possible. Le diable seul sait le chiffre des incendies produits par l'assurance.

En Angleterre, pays modèle de prévoyance et de liberté, où tout le monde est assuré contre tous les sinistres, il n'est pas rare de voir, par les temps de chômage et d'encombrement de produits, tous les dépôts engorgés prendre feu l'un après l'autre, comme s'ils se donnaient le mot. Comme voilà deux ans et plus qu'il n'y a pas eu engorgement de coton dans les districts manufacturiers d'Albion, je parie que le chiffre des indemnités des sinistre pour incendie n'est jamais descendu aussi bas qu'en ces deux campagnes.

Un cercle vicieux très-autorisé en politique et dont le Prudhomme abuse, est d'attendre, pour octroyer des libertés inédites à un peuple, qu'il sache s'en servir : c'est aussi prudent que d'attendre qu'un chien sache nager pour le mener à l'eau.

Un des plus agaçants de tous est celui qu'on appelle la *filière administrative*. Cette filière est une abominable machine bureaucratique qui fait passer fatalement par la main des commis tous les projets de réformes qui s'attaquent aux commis et veulent troubler leurs joies. De là tant de projets enfouis dans les cartons, enterrés, comme ils disent ; de là le maintien éternel du *statu quo* bureaucratique, et tant d'inventeurs éconduits, désespérés, ruinés, poussés au suicide.

C'est cette mécanique-là qui fait retomber inévitablement entre les mains du lieutenant de la vénerie impériale la plainte adressée contre lui à Son Exc. le grand-veneur ou à Sa Majesté.

Un autre cercle vicieux dans lequel aiment à tomber les ministres du département de la chasse les mieux intentionnés, est celui qui consiste à demander aux préfets s'il ne conviendrait pas de se passer de leur avis pour clôturer universellement la chasse le 1ᵉʳ janvier 1863. Il est clair que ces dignes administrateurs, qui savent parfaitement qu'ils sont soixante de trop en France, n'iront pas courir au devant de leur disgrâce en reconnaissant qu'on fait bien de rogner leurs attributions. Ils répondent donc à leur ministre que tout est pour le mieux dans l'état, et la destruction du gibier continue de marcher son train. Avis à tous les destructeurs que la chasse de la bécasse reste ouverte jusqu'au 31 mars... (bécasse, sous-entendez lièvre, perdrix, gelinotte et le reste).

Le cercle vicieux qui affecte le gibier de France de la façon la plus terrible, est celui que j'ai déjà signalé au chapitre de l'Indigence : la *rareté* du gibier a produit la *cherté*... la cherté est une prime à la destruction qui amène la rareté.

Rareté et cherté sont les deux foyers de l'ellipse de mort aux rayons convergents.

Et le pivot de mouvement de la série infernale est l'insolidarité.

DOUBLE PIVOT :

ÉGOÏSME GÉNÉRAL, DUPLICITÉ D'ACTION

La série des fléaux limbiques a pour double pivot l'Égoïsme général et la Duplicité d'action, tristes fruits de la misère et de l'insolidarité des intérêts humains.

PIVOT DIRECT : ÉGOISME GÉNÉRAL.

La misère est le principe de tous les maux et le vrai péché originel des sociétés maudites. Là où il n'y a pas assez pour tous, tous ont peur de manquer et chacun tire à soi sans souci de l'équité ; et de ce tiraillement en sens divers résulte une épouvantable mêlée d'intérêts de tous ordres où s'absorbent et s'anéantissent les neuf dixièmes des forces vives produites par le travail humain.

Dieu a soumis toutes les créatures, toutes les humanités, tous les globes à une loi de solidarité étroite qui ne permet pas à une seule nation, voire à un seul individu, de faire son salut en ce monde ni dans l'autre, en dehors du salut commun. Malheureusement la plupart de nos institutions civilisées, les religieuses elles-mêmes, pivotent sur la doctrine du bonheur et du salut individuel ; et de grands États portent écrite sur leur bannière l'affreuse devise de la politique de l'isolement et de l'Égoïsme : *Chacun pour soi, chacun chez soi.* Or, cette devise est celle des sociétés en lutte avec le Créateur, et de toutes les théories politiques, la plus fausse, la plus sotte et la plus inhumaine est celle de la non-intervention ; car Dieu n'a donné la sagesse et la force aux aînés que pour soutenir la faiblesse de leurs frères en bas âge et leur frayer la voie. Si j'étais roi de France, aucune iniquité que je pourrais empêcher ne se commettrait sur la terre. Et quand le roi noir de Dahomey et le roi blanc de Moscovie s'aviseraient de faire égorger

quelques-uns de leurs sujets, comme l'envie leur
en prend souvent à l'époque où nous sommes, je
commencerais par les dépouiller de leur trône et
ensuite je les ferais amener à Paris par la gendarmerie, et tous les matins pendant un mois, je les
servirais à la curiosité du public dans une position
humiliante, à genoux sur une estrade et coiffés d'un
bonnet de tigre; après quoi je les enfermerais dans
une maison d'aliénés pour le reste de leurs jours.

Hors de la solidarité, point de salut. Vainement
une nation favorisée du ciel et puissante en génies
féconds aura réalisé chez elle des merveilles d'industrie rurale et porté à son maximum le rende-
ment de ses terres, et soigneusement purgé son sol
de toutes les végétations parasites et de tous les
foyers d'infection, son bonheur n'en sera pas assuré
pour autant; car l'emploi des méthodes perfectionnées d'agriculture ne saurait la sauver de l'invasion des fléaux météorologiques qui continuent de
prendre naissance ailleurs, et les trombes, les ou-
ragans et les contagions mortelles ne respecteront
pas sa richesse. Ce n'est pas elle qui aura livré aux
eaux saintes du Gange ces milliers de cadavres dont

les crocodiles, les vautours et les argalas ne veulent plus, et c'est elle peut-être qui, la première et le plus cruellement, subira la visite de la peste noire qui sortira demain de ces monceaux de corps morts putréfiés. Et comme le choléra lui sera venu des rivages fortunés de l'Inde asiatique, le vomito nero lui viendra des bords américains, et l'oïdium, le chardon, le hanneton, la chenille, des terrains voisins négligés, et à rien ne lui aura servi d'avoir distancé d'aussi loin les nations rivales dans la voie du progrès.

Hors du principe de solidarité, pas de salut non plus pour l'oiseau de passage. Vainement la loi de chasse française a essayé de protéger la Caille en retirant son nom de la catégorie des oiseaux de passage, sur lesquels les préfets exercent droit de vie et de mort. La mesure n'a porté aucun fruit, parce que l'application en a été restreinte au petit pays de France ; parce qu'il est parfaitement inutile de protéger un oiseau de passage contre le filet de l'oiseleur français, si l'on accorde en même temps à l'oiseleur des contrées étrangères où cet oiseau séjourne pendant sept mois de l'an, la liberté d'a-

buser du moyen contre l'espèce malheureuse. La
solution de la question de la Caille réclame donc,
comme je l'ai déjà dit vingt fois, le concours et
l'entente cordiale de tous les gouvernements des
États situés sur la ligne de passage, et je déclare
pour mon compte que si je pousse très-énergique-
ment de mes vœux à l'unité et à l'indivisibilité de
la Péninsule italique avec Rome pour capitale,
c'est surtout parce que j'y vois un moyen d'arriver
plus rapidement à la solution de la question de la
Caille.

Je me suis laissé dire à ce propos que le vieux
roi chasseur Charles X avait affermé autrefois dans
le royaume de Naples, la majeure partie des terrains où abordent les Cailles à leur retour d'A-
frique, afin de soustraire ce gibier à la rapacité
des oiseleurs indigènes et de lui permettre d'opérer
son heureuse rentrée en France. Cette marque
touchante de sollicitude du gouvernement français
de droit divin pour les plus chers intérêts de son
peuple, fait honneur à sa cendre.

Ainsi le bonheur parfait pour les bêtes comme
pour les humains, ne peut descendre sur cette terre

qu'après que les principes de la solidarité universelle auront été posés et acceptés comme bases de la
nouvelle politique des nations, de la grande politique.

L'Égoïsme général, en matière de chasse, est ce
vil sentiment de meurtre contre lequel s'élèvent
tous les cœurs généreux, et qui nous ravale presque tous, chasseurs civilisés que nous sommes, au
niveau de la brute, au niveau des bêtes de proie
les plus rapaces, les plus inassouvibles, comme le
tigre, la fouine, la taupe. Demandez à ce chasseur
indigne, dont le carnier gonflé refuse place à de
nouvelles victimes, pourquoi cependant son bras
n'est pas encore las de frapper, et il vous répondra
qu'il continue de tuer, parce qu'il a peur que le
gibier qu'il ne tuera pas aujourd'hui soit tué demain par un autre et parce qu'il n'est pas bien sûr
que sa générosité lui profite. Chacun pour soi, que
voulez-vous, c'est la loi de ce monde, à la chasse en
plaine comme ailleurs. Voici que vous venez d'apercevoir au gîte un pauvre lièvre qu'à l'écartement de
ses oreilles vous avez jugé être une hase, et votre
raison vous a dit tout d'abord qu'en détruisant cette

mère vous alliez tuer du même coup les petits qu'elle allaite et ceux qu'elle va mettre bas, et que ce serait grand dommage. Sans doute ; mais d'autre part il y a la voix de l'Égoïsme qui sataniquement vous objecte que rien ne vous répond que le plaisir futur vous doive indemniser du sacrifice que vous êtes tenté de faire du plaisir du moment. Puis il y a aussi la funeste question d'amour-propre, la méchante gloriole d'avoir massacré plus qu'un autre et d'être appelé le soir le roi de la journée ; et encore l'instinct machinal, l'instinct de meurtre inné chez le Civilisé, et qui fait que bien souvent votre coup est parti et votre assassinat perpétré avant que l'idée vous soit venue de discuter avec vous-même le mérite de votre acte. Et tel qui vous reprendra de votre turpitude ne fera pas mieux que vous en pareille occurrence, surtout s'il est bien sûr de n'être vu de personne ; car volontiers on est ménager de sa poudre quand on chasse sur soi, mais adieu la délicatesse quand on est sur autrui.

Il nous est arrivé certainement à tous de faire grâce de la vie à un malheureux lièvre que nos chiens chassaient bien et qu'il eût été déplaisant d’empêcher de courir. D’autres fois nous en avons vu que nous avons fait semblant de ne pas voir, et nous nous sommes applaudis *in petto* de notre générosité ; mais peut-être bien que ces jours-là aussi les lièvres nous paraissaient plus lourds que d’habitude à l’estomac ou à l’épaule. Une fois que je chassais au doux pays de Touraine, en société de mon noble ami de chasse, le commandant de Laguerrie, un chasseur hors ligne celui-là, un héros de légende, un lièvre levé par lui me passe à une trentaine de pas : j’oublie de le tirer. — « Eh bien ! à quoi diable pensez-vous donc ? me crie le héros étonné qui, galamment, a conservé son feu pour me faire les honneurs du coup. — Dam ! commandant, je pense que si je l’avais tiré, vous auriez été peut-être forcé de le manger. — C’est juste, répondit-il ; merci. »

Autrefois le chasseur qui vendait son gibier était déshonoré ; aussi le misérable prenait-il des peines infinies pour céler sa bassesse. Aujourd’hui, au contraire, la honteuse industrie marche la tête haute et se targue de ses profits. Alors l’avarice est devenue le plus vil et le plus énergique de tous les stimulants du Carnage. Vous voyez d'ici les fléaux se reprendre par la main et se regrouper autour du pivot infernal pour recommencer la grande ronde. N'y rentrons pas, mon Dieu! et tâchons, au contraire, de reporter nos regards sur de plus doux tableaux.

Le pivot direct de félicité harmonienne qui fait pendant à l'Égoïsme général, a nom *Philanthropie universelle*, qui se traduit en langage de chasse par *Bienveillance universelle* des hommes pour les bêtes. L'imagination sèche et maussade du triste Civilisé n'arriverait qu'avec beaucoup de peine à se représenter le milieu vraiment édénique qu'a refait aux Harmoniens le retour de la paix entre l'homme et la bête. C'est pourquoi je ne tiens pas à le lui faire voir. J'ai besoin seulement de dire que cette série de scènes merveilleuses dont seraient éblouis ses regards, n'aurait rien d'étonnant pour les esprits lucides habitués à lire la splendeur des futures destinées humaines dans ce grand livre de la révélation divine permanente qui s'appelle l'Attraction. Une vérité peu consolante à enregistrer maintenant, c'est que la transition du milieu anarchique actuel en celui qu'habitent nos rêves, ne s'opérera pas en un jour, parce qu'il faut son temps à chaque chose, et que le progrès social, pas plus que la nature, ne procède par sauts brusques. Prenons donc encore en patience nos misères civilisées, et en attendant la grande heure du pacte solennel de réconciliation entre l'homme et la bête, glorifions le courage et les nobles efforts des initiateurs charitables qui ont osé donner chez nous le signal de la conversion et prendre sous leur patronage la cause des pauvres bêtes; et appelons de nos vœux toutes les prospérités et toutes les réussites sur la Société protectrice des animaux de France, qui naguère m'a fait l'honneur de m'appeler dans son sein *de proprio motu*. Me permette à cette occasion l'honorable Société de lui dire que ce témoignage spontané de son estime est la plus douce récompense que j'aie reçue encore de mes humbles travaux.

PIVOT INVERSE : DUPLICITÉ D'ACTION

In caudá venenum. Le dernier et le plus redoutable peut-être de tous les fléaux de la chasse.

La Duplicité d'action est la mise en jeu de forces contraires destinées à se faire échec et à se paralyser ; c'est un système de mécanique absurde qui fait se briser la force vive contre la force d'inertie. L'Europe civilisée, qui emploie la meilleure partie du revenu de son travail à solder la paresse de trois millions d'oisifs, nous offre un spectacle qui témoigne de la merveilleuse puissance de la Duplicité d'action.

Nous savons par l'histoire de Caïn et par celle des Atrides, que la Discorde trouble depuis longtemps la paix de ce bas-monde, et qu'elle ne respecte pas toujours le seuil sacré de la famille. Nous savons que chacune de nos institutions sociales et de nos branches d'industrie est une arène d'ardents conflits *où l'on voit que l'un tire à dia, l'autre à huaut.* Or, de tous ces champs-clos de l'antagonisme universel, le domaine de la chasse, inféodé de par ses origines à toutes les oppressions, est celui que les ravages du fléau pivotal ont le plus profondément convulsé. La Duplicité d'action n'y est pas seulement dans la lettre de la loi qui règle l'exercice du droit ; elle en pénètre l'esprit et la substance; elle en régit le fond comme la superficie. Et tous les autres fléaux disparaîtraient du règne de la chasse, qu'elle seule suffirait à les ressusciter, comme un seul des anneaux du ténia parasite en fait renaître mille.

Retournez-vous pour regarder à la première venue des diverses analyses pathologiques qui précèdent, et vous y retrouverez marquée à chaque symptôme la griffe de la Duplicité d'action.

Les trois quarts des cercles vicieux ont leur source en la Duplicité d'action, entre autres celui si connu du soldat qui exige l'impôt, qui exige le soldat.

Notre loi de police du 3 mai, qui a été si funeste à la fortune du gibier de France, n'est dans ses trente et un articles qu'une inspiration triomphante de l'esprit de Duplicité d'action.

Et le souffle de l'esprit malin n'est nulle part aussi saisissable qu'en cet article IX si vertement relevé par le rapporteur du Sénat, ce malencontreux article IX, qui débute par *proscrire impitoyablement tous modes et procédés de chasse autres que le courre et le tir...* pour finir par *autoriser le filet, le collet, la raquette, la glu et le reste...* Cette contradiction-là peut passer en effet pour le beau idéal du genre. Quand ils sont en travail de loi, les avocats ont généralement l'habitude de s'accorder pour se dédire un intervalle de deux ou trois articles. Cette fois ils étaient si pressés de dire à la fois blanc et noir, qu'ils n'ont pu patienter jusqu'au quatrième paragraphe pour s'en passer l'envie.

Mais le satanique génie de la Duplicité ne se contente pas de pousser l'infortuné législateur à écrire dans sa loi des dispositions qui se détruisent; son autre bonheur est de rendre le service de cette loi éminemment désagréable, sinon tout à fait impossible, à ceux qui sont chargés de son exécution.

Ainsi les préfets que la loi charge de la tutelle du malheureux gibier, savent aussi bien que moi que l'intérêt dudit gibier exigerait qu'ils s'entendissent tous pour ouvrir et fermer la chasse le même jour; mais ces mêmes préfets comprennent parfaitement aussi qu'ils ne pourraient se rallier à mon système, sans reconnaître en même temps qu'ils sont sans qualité pour intervenir aux débats de la chasse. Et alors il est naturel que plutôt que de commettre une pareille imprudence, ils préfèrent continuer à échelonner les ouvertures, à décréter le massacre des innocents, et à déterminer les modes et procédés de destruction du gibier jusqu'à ce que mort s'ensuive. — Chacun chez soi, et après nous le déluge. A leur place, nous ferions comme eux.

Les gardes des eaux et forêts ne demanderaient pas mieux non plus que de veiller à la conservation des espèces utiles et à la destruction des nuisibles, s'ils y avaient profit et gloire, comme dans mon système. Mais le régime administratif sous lequel ils ont le malheur de vivre, semble avoir été institué tout exprès pour paralyser dans leur âme ces deux puissants mobiles des actions humaines. Et l'agent des eaux et forêts abandonné à la seule impulsion de l'intérêt personnel, écoute la voix qui lui conseille de réduire le lapin en gibelotte, plutôt que de le garder pour un autre. Et quel autre, je vous prie, un bourgeois, un profane, un épicier de petite ville, un misérable *payant,* comme disent les ouvreuses du Théâtre-Français.

Le devoir du garde champêtre serait aussi de

s'opposer aux déprédations des panneauteurs et d'exposer courageusement ses jours pour la défense de la propriété. Mais la commune n'est pas donneuse et le traitement moyen de cinquante centimes par jour qu'elle alloue à ses défenseurs, ne suffit pas pour entretenir l'enthousiasme nécessaire à la profession. Ce qui est cause que la soif du péril n'est pas toujours la seule qui dévore le garde champêtre, qu'on a d'ailleurs le tort de choisir trop souvent parmi les écloppés. Et comme, d'autre part, l'amitié du panneauteur est plus profitable que sa haine, le digne fonctionnaire se résigne fréquemment à faire commerce d'amitié avec lui, sauf à se rattraper de son indulgence à l'égard du coupable, par sa sévérité à l'endroit de l'innocent.

J'en ai connu pourtant d'honnêtes, de ces pauvres malheureux gardes à cinquante et cent francs par an, un entre autres qui ne craignit pas de déclarer procès-verbal à son préfet qui chassait en temps prohibé ; mais son zèle lui profita peu ; car ce préfet titré, un illustre veneur cependant, eut l'insigne faiblesse de faire casser aux gages le serviteur fidèle pour le récompenser de son courage.

M. le marquis de G... n'avait pas pour les braves gens la même affection qu'Henri IV qui fit entrer dans ses gardes du corps un soldat qui lui avait porté de rudes coups à la journée d'Aumale.

La session des conseils généraux se tient dans les derniers jours du mois d'août, une semaine avant l'ouverture de la chasse, en plus de cinquante départements de la France. Combien sont-ils de préfets de ces cinquante départements qui se privent d'offrir du gibier de primeur à leurs convives de leur banquet annuel ?

Et le garde forestier, et le garde champêtre, et le douanier de la frontière suisse, l'ennemi juré de la gelinotte et du coq de bruyère, ne sont pas seuls à conspirer la ruine du gibier qu'ils devraient défendre. Car plus d'une administration municipale, soi-disant éclairée, se fait journellement leur complice. Et les oiseaux chanteurs ne sont pas plus que les oiseaux de table à l'abri des mortelles atteintes de la Duplicité d'action ; le roitelet qui niche au chaume des cabanes est sujet à ses lois, comme l'oiseau des champs, des vergers, des savanes, comme l'oiseau des bois.

Et, par exemple, à ce propos de Duplicité d'action, je nous demande à tous à quoi sert qu'un pieux prélat, monseigneur de Bordeaux, prête si fréquemment l'appui de sa parole éloquente à la cause sacrée des petites bêtes? A quoi sert que nombre de préfets, non moins bien inspirés, prohibent tous les ans, par des arrêtés pleins de sagesse, l'enlèvement des nids?... Si, d'autre part et dans le même temps, les marchés des grandes villes doivent continuer de s'ouvrir au commerce des jeunes oiseaux dès les premiers soleils... Je demande à quel résultat peuvent aboutir ces pieuses exhortations des princes de l'Église jointes aux sages mesures de l'administration départementale, si la capitale de l'Empire, si la cité reine et modèle, continue de trouver bon de consacrer à la vente de ce produit un emplacement spécial, et d'offrir, ce faisant, une prime à la destruction des espèces et au mépris des arrêtés préfectoraux. Ils m'ont répondu, une fois que je leur tenais ce langage, que la mise en vente de chaque nid, de chaque oiseau peut-être, je ne sais plus trop bien lequel, rapportait trois sous à la Ville. De l'argent bien gagné, vraiment... Or, s'ils ont cru me fermer la bouche par un argument sans réplique, ils se trompent étrangement, et je ne veux pas attendre plus longtemps pour leur dire que leur marché aux nids du square Saint-Martin est une calamité publique.

Ils sont plusieurs, du reste, à l'hôtel de la rue de Grenelle aussi bien qu'à l'Hôtel-de-Ville, à qui ces mots de Duplicité d'action et de pivot inverse semblent pris d'une langue étrangère et qui s'inquiètent médiocrement d'en avoir la signification. Et de même au Jardin d'Acclimatation, où j'ai perdu beaucoup de paroles un jour à essayer de leur faire entendre qu'il serait peut-être plus urgent de s'occuper de la conservation de nos espèces indigènes que de l'acclimatation des exotiques ;... vu qu'il n'était guère croyable que des gens qui n'auraient pas su conserver chez eux les Perdrix qui y étaient venues d'elles-mêmes, réussiraient à y naturaliser le Marail et le Lophophore qu'il fallait tirer de très-loin. Mes raisons leur parurent tirées de l'autre monde, et ils en rirent beaucoup.

Tout cela est fort triste, et en somme, par cet abandon total de ses protecteurs naturels, le malheureux gibier n'a conservé qu'une seule amitié, dévouée, courageuse et sincère, celle du bon gendarme, pierre angulaire de l'ordre public et refuge des persécutés. Mais encore ici mille soins, mille intérêts divers appellent en d'autres lieux la présence de l'ami fidèle, qui ne peut consacrer à la protection de la perdrix que ses moments perdus. Et puis le gendarme passe et ne séjourne pas, et il a sous le garde un immense désavantage comme dépisteur des ruses du braconnage, n'étant pas du pays non plus que du métier. Ce qui n'empêche que sur le peu de gibier de plaine qui nous reste, la moitié au moins ne doive la vie à la peur du tricorne, qu'on est toujours sûr de retrouver, comme le panache blanc d'Henri IV, au plus fort du péril, sur la voie de l'honneur.

D'où il résulterait qu'au département de la chasse, la grande majorité des services exécutifs actuels serait organisée de telle sorte, que l'intérêt de la grande majorité des agents se trouverait en discordance manifeste avec le vœu de la loi et la base de l'institution.

Ce qui naturellement impliquerait l'urgente né-

cessité de refondre l'institution du sommet à la base
et de prendre pour fondement du nouvel édifice le
principe d'unité d'action. Je ne demande pas la
création d'un ministère spécial pour le département de la chasse, mais simplement celle d'une
importante direction générale, ressortissant du
ministère de l'agriculture, à défaut de la Grande-
Maîtrise des divertissements publics qui fait faute à
nos mœurs. Peut-être qu'en changeant beaucoup
de choses dans le régime actuel, on parviendrait à
le modifier heureusement.

Cependant, j'ai hâte de le redire, de tous les
maux que j'ai fait dériver jusqu'à présent de la
pernicieuse influence de la Duplicité d'action, aucun
n'est sans remède. J'ajoute que j'ai déjà indiqué,
dans le chapitre du Carnage, le spécifique infaillible qui doit les guérir tous. Un seul me reste à
définir pour terminer cette œuvre ; mais j'ai besoin
de prévenir mon public qu'ici, comme dans les
drames qui finissent très-mal, la toile va tomber
sur le plus lugubre tableau.

Ce dernier et ce plus terrible des fléaux de la
chasse est né de l'antagonisme qui tient armés l'un

contre l'autre les deux maîtres du sol, le fermier, le propriétaire. Cet antagonisme fatal est le plus formidable et le plus inaccessible de tous les repaires de la Duplicité d'action; car il n'y a que la raison qui le puisse forcer, la loi seule n'y suffirait pas.

Il a été écrit par quelqu'un de très-spirituel et de parfaitement renseigné, dans un ouvrage très-bien pensé et très-récréatif (*Braconnage et contre-braconnage*, par Adolphe d'Houdetot, receveur des finances) :

« Désolante vérité !... Le braconnier cause moins de dommages que le renard ; le braconnier et le renard moins que le fermier ; le braconnier, le renard et le fermier *ensemble*, moins que le propriétaire avare, difficultueux et inintelligent ; car ce qu'il ne détruit pas, un autre le détruit en haine de lui. »

Désolante vérité ! suis-je bien forcé de redire. Tout le mal est là, en effet. Veut-on savoir maintenant comme a débuté ce mal, comme la pustule maligne est devenue un ulcère, qui, à force de s'étendre, a fini par ronger et déshonorer le corps social ?

Laissons parler le spirituel et judicieux receveur des finances du Havre ; car il y a, à ma connaissance, quelques lustres aussi qu'il s'occupe sérieusement de la question cynégétique, qu'il avoue lui-même volontiers posséder plus à fond que la question financière.

Origine du mal :

« L'État a loué les forêts et domaines qui de proche en proche concouraient au repeuplement des grands animaux ; les communes ont suivi l'exemple donné par l'État ; et, entrant dans cette fatale voie, de grands noms, de grands propriétaires et de grands agronomes ont mercantilement affermé le droit de chasse dans leurs domaines. Ils l'ont affermé *au préjudice des fermiers*, qui pouvaient consentir à supporter des dommages consacrés par les us et coutumes, mais qui se sont crus en droit de secouer ce joug pesant, onéreux, lorsque ces mêmes domaines, passant de mains en mains, ont, sous le régime de nouveaux baux, consacré de nouvelles relations.

« Le gibier est une récolte dont le fermier faisait, à des titres parfaitement accrédités, l'abandon à son suzerain, qui en jouissait *honorifiquement* et en faisait jouir ses amis ; mais voici qu'entraîné par le courant des idées de l'époque, ce suzerain, escomptant les plus douces joies attachées à la possession de la terre, les rabaisse à l'état de produit, les met aux enchères publiques. Par qui le droit de chasse est-il affermé ? Par des spéculateurs citadins qui, tranchant du seigneur et du maître, heurtent, choquent et offensent la noble et primitive nature de l'homme des champs. Or l'homme des champs s'est redressé, et à son tour il a réclamé sa part de tous les fruits de la terre ; mais cette part on la lui a refusée : il se l'est faite... il a chassé. Puis, las de guerres, las de luttes et de procès et affaissé de dégoûts, il a brisé son arme ; mais du poids de son large pied posé dans la balance, il a étouffé les nids et les couvées, fait le vide autour de lui. Plus de joie contestée, plus de semences de discordes et d'humiliations ; oui, mais aussi plus de gibier ; car son hostilité entraîne naturellement celle de tous les prolétaires, garçons de ferme, journaliers, femmes et enfants qui relèvent de lui. L'honnête fermier, celui qu'aucune rivalité n'excitait au mal, l'a laissé faire, et le mal s'est encore aggravé.

« Voilà, sans fiction de langage, la cause dominante de la disparition du gibier en France. Sans doute que le braconnier et le renard, secondés par de mauvaises lois et de pernicieux exemples, peuvent ajouter à la somme de nos misères; mais partout où le propriétaire et le fermier seront en désaccord sur la grande question qui les divise chaque jour de plus en plus, aucun effort n'en pourra paralyser l'effet désastreux. »

L'auteur cite à l'appui de cette conclusion l'exemple de la magnifique plaine de Caen ouverte à tout venant de temps immémorial, où jamais chasseur ni braconnier n'eut à se plaindre de l'indiscrète curiosité d'un garde particulier quelconque, et où cependant le gibier continue d'abonder, parce que le fermier n'y a pas d'intérêt à détruire. Je ne sais pas *de visu* comment les choses se passent dans le département du Calvados, où les préfets ont l'habitude d'ouvrir la chasse six semaines trop tôt; mais je sais que le monde est plein de plaines d'où le gibier s'en va dès que le garde y vient. Ce fait, qui paraît anormal, démontre que lorsque le fermier ne se mêle pas de la destruction, la reproduction est toujours plus forte qu'elle, mais que la chasse est absolument impossible là où le fermier n'en veut pas.

La suzeraineté absolue du fermier sur le domaine de chasse se démontre encore mieux par des faits d'un autre ordre.

Un de mes amis possédait, il y a une vingtaine d'années, dans le département d'Eure-et-Loir, une superbe propriété de trois cent quarante hectares affermée 30,000 francs et admirablement giboyeuse. J'y ai fait pendant nombre de campagnes des ouvertures princières, où l'on n'était pas sûr d'être roi de la chasse avec soixante pièces. Nous chassions d'habitude à dix : trois ou quatre de Paris, le fermier et ses deux fils, plus deux ou trois propriétaires voisins. Le fermier se faisait une fête de nous traiter ce jour-là ; c'était un homme parfaitement honorable, qui entendait à merveille son rôle d'amphitryon, et que ses autres mérites classaient très-haut dans la double série des chasseurs et des agronomes. Ainsi jamais il n'arrivait chez lui que la fauchaison des prairies artificielles fût mortelle aux couvées, à cause du grand soin qu'il avait d'intéresser pécuniairement tous ses faucheurs et ses autres gens de service à la conservation des nids ; et les dernières gerbes d'avoine quittaient à peine les champs, qu'elles y étaient remplacées par une vigoureuse plantation d'épines dont la hauteur et la solidité mettaient le désespoir dans l'âme du panneauteur et le tenaient à distance respectueuse. Enfin, les chiens de bergers et les bergers eux-mêmes de cette ferme-modèle, semblaient professer pour le lièvre un souverain mépris. Il résultait de ces dispositions que les vides de cinq à six cents pièces que nous opérions en septembre dans la masse du gibier de la propriété, se comblaient chaque printemps avec une rapidité merveilleuse.

Les choses marchaient sur cet heureux pied-là depuis plusieurs années, lorsque l'ami, qui n'avait jusqu'alors songé qu'à dépenser sagement ses revenus, eut la fâcheuse idée de les vouloir doubler par la spéculation. Il perdit donc, n'étant pas juif, puis essaya de se rattraper et perdit davantage, après quoi, la réflexion lui vint qu'il était un grand sot de garder une terre qui ne lui rapportait que trois pour cent, au lieu de la vendre et d'en placer le capital à six. Et, en attendant de trouver acquéreur, il résolut de tirer le plus fort revenu possible de l'immeuble onéreux. Il afferma sa chasse, au prix de 600 francs, ne se réservant qu'une action pour lui et un ami.

Quand vint le premier septembre, il m'invita gracieusement à profiter du bénéfice de la réserve; mais comme mes principes ne m'ont jamais permis de chasser avec les gens qui vendent leur gibier, je refusai la partie et bien m'en prit, comme vous allez voir.

A huit jours de là, en effet, je le rencontrai chez Devismes, plus que jamais dégoûté de la propriété et de la chasse, et pestant contre son fermier qui lui avait joué, à l'entendre, vingt tours pendables dont le moindre méritait un peu les galères. Or voici quels étaient ces crimes.

D'abord le grand coupable, qui n'était plus de moitié dans les joies de son *maître*, n'avait plus bien compris la nécessité de se mettre en frais d'argent et de soucis pour l'unique plaisir des autres, et il avait supprimé la prime à la conservation des nids;

ce qui avait porté un coup mortel à la perdrix. Il avait ensuite poussé l'oubli de ses devoirs jusqu'à négliger d'épiner après l'enlèvement des avoines, et le panneauteur était venu qui avait fait sa rafle. Le misérable enfin, par un raffinement d'atroce machiavélisme, avait imaginé d'emblaver cette année-là une quantité de terrain déraisonnable en récoltes d'automne, Sarrazin, Navette, Colza, etc., pour que tout le gibier s'y retirât...; et il avait eu l'impudence d'interdire aux chasseurs l'entrée de cette réserve. Si bien, qu'à une dizaine de tireurs qu'ils étaient, au jour de l'ouverture, ils n'avaient pas tué cinquante pièces. D'où mon ami s'était cru obligé de rendre leur parole aux amodiateurs de sa chasse et de faire mettre en vente sa terre déshonorée.

C'est-à-dire que le propriétaire seul s'était conduit d'une façon indigne et que sa disgrâce n'était que la juste punition de son indignité. Il avait semé sur l'égoïsme et sur l'ingratitude, et il avait récolté la bredouille. Dieu veuille qu'autant il en arrive à tous les marchands de gibier !

Quant à la vengeance du fermier, elle était

forcée et fatale. Le fermier, qui ne chasse pas, a plus intérêt à détruire qu'à conserver le gibier qui dévore ses récoltes; et il n'a pas besoin de pousser ses gens de service à la destruction, il n'a qu'à ne pas empêcher.

Cet exemple en vaut mille et tire la situation au clair. Il fait voir aux plus obstinés que le cultivateur, que l'usufruitier du terrain, tient dans sa main les destins du gibier et qu'il n'a qu'à serrer les doigts pour écraser dans l'œuf les plaisirs du propriétaire. Or, il est impossible que le législateur ne comprenne pas la nécessité de tenir compte d'une semblable puissance et de réparer à l'égard de cette puissance les torts de la loi antérieure.

Car le fermier, usufruitier du sol, a pour lui le droit comme le fait, la justice comme la force.

En principe, en effet, le gibier est censé appartenir à celui qui l'héberge et qui le nourrit *actuellement*. La loi civilisée dit au propriétaire : Le gibier a vécu de toi, il est juste que tu vives de lui. Et c'est pour cela qu'elle a fait le droit de chasse inhérent et conséquentiel à celui de propriété.

Donc, le propriétaire de la forêt reste toujours

possesseur du droit de chasse en icelle, puisqu'il héberge et nourrit son gibier en tout temps. Mais si la propriété est en terre au lieu d'être en forêt et que le propriétaire ait concédé l'exploitation de la superficie de cette terre et la propriété des récoltes à un autre, le droit de chasse se retire immédiatement de ses mains pour passer en celles du fermier; — parce que ce droit de chasse est inhérent à la propriété des récoltes, — parce que le fermier qui fait venir le grain et nourrit le gibier, a seul le droit de vivre de lui; — parce que ses perdrix sont à lui et au même titre que ses poules, ses dindons et ses oies.

Et cela est si vrai, remarquez, que la loi actuelle, malgré tous ses respects et toutes ses tendresses pour le privilége de la propriété, a été forcée d'interdire au propriétaire le droit de pénétrer dans les récoltes du fermier, tandis qu'elle permet à celui-ci, au contraire, de s'opposer par tous les moyens en son pouvoir et même par les armes à feu, à l'invasion de ses récoltes par le gibier du maître. La loi de 1790 allait plus loin; elle ne permettait pas même au propriétaire de la récolte d'y chasser;

de sorte que ce propriétaire, qui avait le droit, par
exemple, de faire passer son troupeau de moutons
sur une luzerne, n'avait pas le droit d'y faire passer un chien. C'était absurde, mais c'était comme
cela !

Ainsi le droit de chasse appartient au propriétaire des récoltes, et non au propriétaire du fonds,
et la loi du 3 mai, en consacrant le principe contraire, a commis une énorme faute.

Car ce déni de justice a exaspéré l'ayant-droit,
et la lutte entre le propriétaire du fonds et le propriétaire des récoltes a pris un caractère d'acharnement désastreux ; à preuve que jamais le chiffre
des procès en réparation de dommages causés par
le gibier ne s'est élevé aussi haut que depuis que le
gibier est devenu plus rare.

Et le moindre malheur qui puisse de cette lutte
advenir à la France est que son gibier y périsse.

Donc, s'il est dans les vœux de la législation nouvelle de préserver le pays de cette calamité, il ne
faut pas qu'elle tarde d'une minute à se mettre à
l'œuvre ; car elle n'a pour virer de bord que le
temps strictement et rigoureusement nécessaire.

Aujourd'hui ne serait pas trop tôt, mais demain serait trop tard.

Virer de bord, c'est rentrer dans le droit et imposer son joug aux préjugés de caste, à la sotte coutume, à l'orgueil ; c'est substituer le principe de l'Unité d'action à celui de la Duplicité. Virer de bord, c'est mettre le cap sur l'Utopie.

L'Utopie, en matière de chasse, est d'arriver à ce que le paysan, le propriétaire des récoltes, s'éprenne pour ses perdrix et ses lièvres des champs, du même amour qu'il a pour ses poulets, ses canards et ses lapins de choux, qui continuent d'être du gibier ailleurs. Il faut que son intérêt personnel le pousse à tirer de son gibier un profit analogue à celui qu'il a su tirer de sa volaille, dont la propagation indéfinie et l'éducation intelligente ont accru dans d'énormes proportions la fortune publique de la France et fait d'Albion sa vassale.

Les Incas du Pérou n'avaient ni chiens, ni chevaux, ni fusils, ni chemins de fer, ni lignes télégraphiques, ni aucun des moyens perfectionnés d'entente que possèdent les Civilisés. Ils n'avaient rien pour eux que le principe d'ordre et d'Unité d'action, et pourtant il leur a suffi de ce principe unique pour réaliser des merveilles et pour assurer au plus pauvre de leurs nombreux sujets un minimum suffisant de vêtement et de nourriture, et pour faire dire à leur gloire que leur empire est demeuré jusqu'à ce jour le seul où n'ait jamais pénétré la misère, où jamais le froid ni la faim n'aient ôté la vie à un homme.

Les Incas ne se bornaient pas à prélever comme nous un tribut annuel de chair et de toison sur leurs troupeaux de lamas domestiques ; ils assujettissaient encore à ce tribut les troupeaux indomptés des Vigognes et des Guanacos qui peuplaient les hautes cimes des Andes. Qui nous empêche, nous autres Civilisés, si richement pourvus de tous les moyens d'action, d'aménager le Chamois, le Bouquetin, le Moufflon de nos Andes, et le Chevreuil de nos forêts, et le Lièvre et la Perdrix de nos plaines, à l'imitation des Incas, les pauvres enfants du Soleil !

Mais j'entends à ce seul nom les hommes sérieux se récrier de plus belle au Rêve, à l'Utopie ! Soyez satisfaits, hommes sérieux, j'accède à vos désirs, je rentre dans le réel, votre réel que voici :

Comme il n'y a pas de loi contre le droit, entendez-vous, mes maîtres ; comme le paysan est plus fort qu'il ne faut pour prendre sa justice, au cas qu'on la lui refuse, il la prendra, soyez-en sûrs. Et pour avoir la paix, il brisera l'objet en litige ; pour prouver qu'il est le Lion, il écrasera la proie de sa griffe royale, et il fera le désert pour être sûr d'y régner sans partage.

Seulement, quand la paix se sera faite avec la solitude et que le gibier français ne sera plus, la France aura cessé d'être la plus belle et la plus délicieuse des demeures de l'humanité, et le sceptre du monde ira à d'autres mains !

AUX MEMBRES DU CORPS LÉGISLATIF, DU SÉNAT
DU CONSEIL D'ÉTAT

Élus du Peuple et de l'Autorité,

La législation du 3 mai 1844 a conduit la France à un abîme ; le gouvernement ne peut pas nous y laisser périr. Il est donc à peu près certain qu'un nouveau projet de loi sur la chasse sera prochainement soumis à vos délibérations. Or voulez-vous réparer un grand mal et faire œuvre qui dure... Commencez par vous inspirer du principe d'éternelle sagesse qui commande de souffrir ce qu'on ne peut empêcher. Puis rappelez-vous après ces paroles mémorables qu'un ex-garde des sceaux, M. Persil, adressait dans le temps à ses collègues de la Chambre des Pairs : « *Craignez surtout de laisser s'accréditer l'opinion que votre loi de chasse est faite contre la petite propriété.* » Et alors vous comprendrez sans peine la nécessité d'introduire dans votre loi réparatrice les dispositions ci-après :

« Unité d'ouverture et de clôture.

« Autorisation exclusive de la chasse à courre et de la chasse à tir.

« Interdiction absolue de colporter et mettre en vente le gibier non tué au fusil. — Confiscation, saisie dudit gibier, avec condamnation sévère contre les contrevenants. — Indemnité de 100 francs aux constatateurs des délits.

« Assimilation du braconnage nocturne au vol de nuit à main armée.

« Restitution du droit de chasse aux gardes des Eaux et Forêts, et adoption d'un large système de primes d'encouragement pour la destruction des animaux nuisibles.

« Abrogation de la loi financière qui prescrit l'amodiation du droit de chasse dans les forêts de l'État et des Communes.

« Restitution de la propriété du droit de chasse en plaine aux propriétaires des récoltes.

« Retour à l'ancien port d'armes et à son ancien prix, etc., etc., etc. »

Ce votant, vous aurez fait faire à la législation cynégétique un pas immense vers le bien ; et la chasse de France rentrera dans sa gloire, et le peuple des chasseurs chantera vos louanges jusqu'au ciel, et le Seigneur vous fera passer à sa droite au jour de sa justice.

FIN

ERRATA

Page 115, *au lieu de* trente-trois millions d'hectares, *lisez :* cinquante-trois.

Page 117, *au lieu de* et que les pauvres bêtes, *lisez :* et les pauvres bêtes.

Page 228, citation espagnole où il est parlé du grand amour que l'empereur du Mexique avait pour les enfants de lait, assaisonnés à une sauce spéciale, *au lieu de :* al su modo, *lisez :* a su modo.

Page 467, *au lieu de* tempora nebula, *lisez :* tempora nubila.

TABLE DES MATIÈRES

DOUBLE PIVOT.

FIN DE LA TABLE

Librairie de E. DENTU, Éditeur

Palais-Royal, 17 et 19, galerie d'Orléans.

EXTRAIT DU CATALOGUE.